装备科技译著出版基金

国家太空实力发展论
一种理论化模型

Developing National Power in Space
A Theoretical Model

［美］布伦特·D. 齐亚尼克（Brent D. Ziarnick） 著
常 壮 张占月 李苏军 王 谦 译

国防工业出版社

·北京·

著作权合同登记　图字:01-2023-3420 号

图书在版编目(CIP)数据

国家太空实力发展论/(美)布伦特·D.齐亚尼克著;常壮等译.—北京:国防工业出版社,2024.7
书名原文:Developing National Power in Space:A Theoretical Model
ISBN 978-7-118-13274-8

Ⅰ.①国…　Ⅱ.①布…②常…　Ⅲ.①航空航天工业—发展—美国　Ⅳ.①F471.265

中国国家版本馆 CIP 数据核字(2024)第 072312 号

Developing National Power in Space:A Theoretical Model
Published by special arrangement with McFarland & Company, Inc., Publishers, Jefferson, North Carolina, USA
Copyright © 2015 Brent D. Ziarnick.
本书简体中文版由 McFarland & Company, Inc.授权国防工业出版社独家出版发行。
版权所有,侵权必究。

※

*国防工业出版社*出版发行
(北京市海淀区紫竹院南路 23 号　邮政编码 100048)
三河市天利华印刷装订有限公司印刷
新华书店经售

*

开本 710×1000　1/16　印张 13½　字数 234 千字
2024 年 7 月第 1 版第 1 次印刷　印数 1—2000 册　定价 99.00 元

(本书如有印装错误,我社负责调换)

国防书店:(010)88540777　　书店传真:(010)88540776
发行业务:(010)88540717　　发行传真:(010)88540762

译 者 序

殖民谋霸魂未散，以史为鉴知兴衰。继1698年英国人发明蒸汽发动机后，1812年"邓达斯（Dundas）"号和1818年"莽原（Savannah）"号蒸汽动力船的出现，将始于15世纪葡萄牙的海上奴隶贸易推向高潮，殖民者将海外殖民地作为原料生产地、工业品倾销地和攫取财富的投资地，用大型船队进行远海航运，将殖民地从非洲向亚洲、美洲不断延伸拓展，直至19世纪末奴隶贸易结束，这段长达4个世纪之久的殖民掠夺史让欧美主要殖民国家累积了海量财富，得以持续繁荣发展至今，虽然充斥着手执毛瑟枪漂洋过海征服殖民地的血腥味，但却是西方引以为傲的所谓"自由文明史"。这期间，华夏民族也在殖民者坚船利炮下辱国丧权、饱受欺凌。正因为此，西方统治者和学者始终执迷于"殖民"理论，认为"控制了海洋就能控制世界财富，从而控制全世界"，造海上战舰到海外征战（campaign）、控制海上通道，才是大航海时代的国家实力（power）来源和象征；正因为此，在奴隶制落幕的1890—1905年间，美国军事学者阿尔弗雷德·塞耶·马汉所著《海上实力（Sea Power）》三部曲，始终强调"争夺海上主导权对于主宰国家乃至世界命运都会起到决定性作用"的观点，阐释海上军事实力与国家综合实力的关系。这一理论一经问世就被美西方世界奉为宝典，美、英列强以其为指导，自19世纪以来用庞大的战列舰、航空母舰雄霸大洋大洲，延续盎格鲁·萨克逊人妄图统治全球的"使命"，这大概也是"北大西洋公约组织"的内在逻辑——两大航母强国联手挟大西洋控制全球海洋。直至2009年，美国学者詹姆斯·霍姆斯（James Holmes）和道希·吉原（Toshi Yoshihara）进一步将马汉的海上实力理论模型化为"生产-航运-殖民地"的三维立体"德尔塔（Delta）"，用形似海神波塞冬的标志性武器"三叉戟"隐喻大航海时代统辖世界的实力之杖，堂而皇之将三者视为进入并利用（access）海洋这种域环境的基础"要素"。这是西方海上殖民主义思想延续6个世纪之久的傲慢与执念，是在21世纪"不死僵尸"的极致包装与粉饰。但很难回避且超乎想象的事实是，21世纪的今天再去细细翻阅世界地图，亚非拉地区还有大量西方殖民地国家仍未取得民族独立和国家解放，南太平洋散布的许多海洋岛国仍要在国名之后以括号标注殖民属国。正是这样一种历史进程和现实，让西方政界沉醉于将海洋时代的国家实力与殖民主义思想紧密绑定,这种迷信深入骨髓,无法自拔。

强者讲实力,弱者讲权力。马汉的海上实力论的确引发了一个多世纪以来各国战略界对国家发展、战争与军事的思考,尽管国内学界偏执地将"Sea Power"译解成"海权论",但原著本身的要旨也确非纯粹的海上军事与战场制权理论。2018年,美国军事航天学者布伦特·齐亚尼克(Brent Ziarnick)就曾在美空军杂志《空天实力》上公开指出,"将马汉的海上实力理论狭隘地诠释为单纯的军事思想是严重的错误和偏见"。当然,战略界尤其是军事战略界认为,不论是国家实力还是战场制权,都离不开强大的军事实力。陆地如此,海上如此,空中如此,太空亦是如此。继马汉之后,意大利军事家朱里奥·杜黑(Giulio Douhet)在1921年针对飞机用于空战提出"制空权"理论,美国军事家丹尼尔·格雷厄姆(Daniel O. Graham)在1982年针对卫星与"星球大战"提出"高边疆"理论。时至今日,在太空"大航海"(大航天)时代到来前夕,齐亚尼克重拾殖民主义思想,寻求在多极化世界引领美西方再塑国家实力,走出以贸易开放和反恐为名,滥用武力导致国家信用透支、综合国力下滑的困境迷途,极力匡扶行将没落的美式文明灯塔和全球领导地位,以期再现冷战后"重回美好"的"帝国荣光"。《国家太空实力发展论——一种理论化模型》一书完整展现和诠释了他这种顽固式执迷。书中,齐亚尼克将太空域视同海洋域,套用海上实力理论和"三叉戟"模型,构建太空实力通论和模型,阐释在该理论下组织起有效发展的逻辑和语义内涵,通过分析1922年签订《华盛顿海军条约》和1941—1945年太平洋战争的经验教训,为2053—2057年在超越地球轨道之外打一场"太空主义者的战争"提出场景、技术、军事和组织等多个准备工作框架。这一整套海上殖民主义思想熏染下的新说教,秉持以航天实力殖民外空、恃强凌弱剥夺后发者权利,堪称航天时代皇帝的新装。

何后益作革,而禹播降?荆勋作师,夫何长?屈原《天问》,是问也是答。无法回避的现实是,在齐亚尼克等一批战略学者鼓吹下,美国政界信奉了这套所谓太空实力(Space Power)的航天殖民理论,且正日益愈行愈远。自2017年以来,美国政府将太空视为新的战争域,重启了国家航天委员会,陆续发布重启太空探索计划、商业化利用航天监管、太空交通管理、建设太空军、太空核动力与推进等一系列航天政策令,新颁国家太空战略政策突出向太空进军的殖民战略布局,军方将太空军正式调整设立为独立新军种(这是自1947年美空军独立成军后70多年来首次增设新军种),加大跨国和联合系列太空军事演习力度,2019—2024年间军方发布的4份《航天产业化基础》报告显示,美国政府正军商一体、以商掩军持续推进殖民式太空军备和产经发展,航天科技网红马斯克的 SpaceX 公司也签约美国军方加紧研发用于征战太空的航天"莽原"号星舰和笼罩地球、瞰制全人类的"星盾",以发展国家航天实力为名寻求太空图霸实力,在继大航海之后的大航天时代延续"殖民"美梦,通过掌控太空来掌控世界财富,进而掌控甚至主宰全球人类命运。受美国影响,俄国、英国、法国、德国、澳大利亚、加拿大、日本、印度等数十个主要航天国家都已随之调整国家航天战略政策,增编增设军事航天力量,加快国家航天实力的投资和发展步伐,以期在太空"大航海"时代谋得一席之地。我们不禁要问,这到底是美国需要用太空实力殖民太空去征服另一个宇宙世界,用统治外空文明的实力统治地球,还是地球人类文明发展需要来自外太空的视角和智慧,并将地球人类的伟大文明和美好愿望向外太空可能存在的文明世界传递延伸?大航天时代遇见新殖民主义的回归,人类命运将何去何从?

浩瀚宇宙,命运与共。习近平主席指出:"外层空间是人类共同财富,探索、开发、和平利用外层空间是人类共同的追求。中国倡导世界各国一起推动构建人类命运共同体,坚持在平等互利、和平利用、包容发展的基础上,深入开展外空领域国际交流合作。中国一贯主张合理开发、利用外空资源,保护外空环境,推动航天事业造福全人类。"随着全球多极格局的持续发展,国际秩序正在深刻演变,未来的国际形态和人类社会将绝不再会容得下霸权主义横行天下。我们相信,当有一天人类完全克服万有引力进入太空生活并开辟新领地,太空中的人类社会也必将不再是"殖民"时代的没落形态。中华民族崇尚求同存异、和合与共,倡导和而不同、止戈为武,我们期待到那一天吟叹"虎踞龙盘今胜昔,天翻地覆慨而慷""全世界人民大团结万岁"!

译文付梓之际,我仍在思考,太空是全人类的宝贵自然资源,人类社会开发利用太空服务于人与自然的和谐共存,自命承载技术先驱和负责任大国使命的头号航天强国却始终不曾绕开枪炮武力的价值导向,到底是著者开篇即述的悖论,还是殖民主义的惯常偏执?我想,答案应留给翻阅此书的人们去掩卷深思。

需要要说明的是,本书是关于航天发展与国家实力的战略性理论书籍,适合于从事战略理论、航天战略研究的专业学者,爱好航天和人文社科交叉领域的学习者也可用作参考书目。本书译者母语非英语且不具备英语本土生活背景,受限于语言技巧、文化背景和专业知识等,译文在信达雅上仍未尽如人意,误漏不足之处,恳请读者批评指正。

最后,译书成稿历时近 3 年,凝聚了作者团队和国防工业出版社张冬晔编辑的大量心血,要感谢困惑之际多次答疑解惑、无偿援助的朋友们,更要感谢爱人刘娟娟女士、岳父母和父母亲人的无限理解与鼎力支持,是你们的鼓励和陪伴给予了译书出版的后台援助。

译 者

2023 年 12 月 30 日

致敬我的妻子梅丽莎(Melissa)和我的孩子阿什利(Ashley)、戴维德(David)和克里斯托弗(Christopher)。

愿该书助你们生活在更安全、更繁荣的未来。

致美国军事航天部队的官兵,不管是在过去、当前,还是未来——循此苦旅,以达天际!

目 录

引言 美国太空实力正趋没落? ··· 1

  0.1 悖论 ··· 1
  0.2 太空实力发展理论 ··· 4

第1章 太空实力通论 ·· 7

  1.1 "通论"目的 ··· 7
  1.2 太空实力的定义 ·· 9
  1.3 "通论"概述 ··· 10
  1.4 太空实力的语义:太空领导力的基础要素 ····················· 11
    1.4.1 语义鸟瞰图 ··· 12
    1.4.2 "语义德尔塔"侧视图 ································· 13
  1.5 太空实力的首要条件(促成因素) ···························· 14
  1.6 太空实力的要素 ·· 15
  1.7 组合体:集碎为整 ··· 16
  1.8 使用权:扩大活动场所 ····································· 17
  1.9 太空实力的逻辑:最终战略目的 ····························· 18
    1.9.1 逻辑鸟瞰图 ··· 19
    1.9.2 "逻辑德尔塔"侧视图 ································· 19
  1.10 本领:最原始形式的太空实力 ······························ 20
  1.11 转变器:应用本领 ·· 20
    1.11.1 经济太空实力 ······································ 21
    1.11.2 政治太空实力 ······································ 22
    1.11.3 军事航天实力 ······································ 22
  1.12 应用性太空实力 ··· 23
  1.13 逻辑与语义的联系 ······································· 23

  1.13.1 本领较之使用权 ………………………………………… 23
  1.13.2 反馈环 ……………………………………………………… 25
 1.14 战略性使用权:对本领的当前限制 ……………………………… 25
 1.15 太空开发利用的层级:一种等级架构 …………………………… 26
 1.16 发展太空实力 ………………………………………………………… 29
  1.16.1 路径(1) …………………………………………………… 30
  1.16.2 路径(2) …………………………………………………… 31
  1.16.3 路径(3) …………………………………………………… 32
  1.16.4 路径(4) …………………………………………………… 33
  1.16.5 路径(5) …………………………………………………… 34
 1.17 "通论"中实力的双重概念 ………………………………………… 35
 1.18 科学在太空实力中的作用 ………………………………………… 36
 1.19 科学小说较之太空热情的逻辑 …………………………………… 38
 1.20 太空实力的从属语义 ……………………………………………… 40
 1.21 太空实力的谬论 …………………………………………………… 42
 1.22 太空实力"德尔塔"的应用 ………………………………………… 44

第2章 组织起有效发展——逻辑篇 …………………………………… 45
 2.1 组织机构的重要性 …………………………………………………… 45
 2.2 三种或四种太空发展愿景 …………………………………………… 48
  2.2.1 插旗、踏足与技术征服——冯·布劳恩式愿景 ………… 48
  2.2.2 科学、探索与"淡蓝色光点"——萨根尼特式愿景 ……… 50
  2.2.3 产业、殖民地和自由——奥尼尔式愿景 ………………… 52
  2.2.4 服务于国家实力的公共和私营努力——格雷厄姆式愿景 … 53
 2.3 美国的太空努力:保持冲动 ………………………………………… 55
  2.3.1 美国国家航空航天局 ………………………………………… 56
  2.3.2 各航天司令部 ………………………………………………… 56
 2.4 两面神和派系分立 …………………………………………………… 57
 2.5 美国的传统大开发与发展 …………………………………………… 60
 2.6 太空中的美国空军人员 ……………………………………………… 63
 2.7 空军的错误转身 ……………………………………………………… 66
 2.8 深空兵力:太阳系使用权和本领 …………………………………… 68
 2.9 夭折的太空时代:萨根尼特式愿景的辛酸 ………………………… 71
 2.10 军事航天组织中的太空实力逻辑 ………………………………… 72
 2.11 通论对愿景的建议 ………………………………………………… 77

第3章 组织起有效发展——语义篇 79

- 3.1 太空实力较之技术发展战略 79
- 3.2 破坏性太空实力发展 81
- 3.3 技术逻辑较之经济逻辑 83
- 3.4 影响技术与使用权技术的对比 84
- 3.5 技术战运动 85
  - 3.5.1 技术战略 86
  - 3.5.2 技术的本质 86
  - 3.5.3 追击的原则 88
  - 3.5.4 一种技术战运动模型 89
  - 3.5.5 克劳塞维茨的见解:追击和优势终点 92
- 3.6 商人与勇士 95
- 3.7 发展商业服务 98
- 3.8 核冲击与冲量之路 101
  - 3.8.1 启动组件:固态、液态和气态堆芯裂变 103
  - 3.8.2 冲量发动机:聚变与反物质 104
  - 3.8.3 使命任务与快艇 105
- 3.9 系统工程与"使命症" 106
- 3.10 三大"莽原号" 110
  - 3.10.1 "莽原号"蒸汽动力船 111
  - 3.10.2 "莽原号"核动力船 111
  - 3.10.3 "莽原号"美国太空警卫艇 112
- 3.11 创新案例研究:作为用户的联合兵力指挥官 115
- 3.12 太空实力组织:将逻辑与语义校准 117

第4章 海军至上主义者的战争——太平洋 1941—1945 年 118

- 4.1 海上实力革命 118
- 4.2 太平洋战争 119
- 4.3 为海上实力组织海军 120
  - 4.3.1 总理事会 121
  - 4.3.2 海军战争学院 122
  - 4.3.3 海军军事行动部长 124
- 4.4 为海军至上主义者训练舰队 126
- 4.5 商船队 135

- 4.6 案例研究：《华盛顿海军条约》与基地问题 ········· 141
- 4.7 用太空实力通论为海军至上主义者的战争做准备 ········· 146
  - 4.7.1 海军战争学院、总理事会与海军军事行动部长的三角体 ········· 147
  - 4.7.2 舰队问题 ········· 147
  - 4.7.3 技术采办 ········· 148
  - 4.7.4 商船队 ········· 149
  - 4.7.5 一次软实力失败 ········· 150
- 4.8 经验教训 ········· 150

第5章 太空主义者的战争——超越地球轨道 2053—2057 年 ········· 152

- 5.1 场景想定筹划 ········· 152
- 5.2 太空珍珠港 ········· 155
- 5.3 夺取高地 ········· 157
- 5.4 行星防御的语义：上帝之锤 ········· 160
- 5.5 行星防御的逻辑：末日餐厅 ········· 164
- 5.6 行星防御的统一体 ········· 168
- 5.7 太空战略贯穿场景想定 ········· 171
- 5.8 技术工作线：核冲击 ········· 172
- 5.9 军事行动工作线：和平的战略性攻势 ········· 175
- 5.10 组织工作线：培育太空主义者官员 ········· 177
  - 5.10.1 技术战争的属性 ········· 179
  - 5.10.2 太空战争学院 ········· 180
  - 5.10.3 航天总理事会 ········· 182
  - 5.10.4 航天学院 ········· 182
- 5.11 结论 ········· 185

章节引注 ········· 186

参考文献 ········· 199

引言　美国太空实力正趋没落？

人类自古便知晓太空。自人类祖先人伦启智，只要仰望天际，便可一览四方环绕的璀璨群星和无边黑暗。然而，也只在刚刚走过的一百年中，人类方才能够拥有并驾驭通往宇宙之旅的创造力。1957年10月4日，人造卫星"斯波特尼克"（Sputnik）成功发射永远改变了太空与人类的关系。太空不再只是一种灵感、奇迹、知识或恐惧的来源，而是人类利用机械装置能够到达之地——人类环境。在21世纪早期，太空之旅依然危险、艰难、昂贵，但像人类能够经由空中、海上或海下航行一样，仍是可到达和可利用的。人类如今可以将太空用于自身目的。人类已经开始将统治权力向太空中延伸，并将不利环境置于控制之下。人类如今已能够建立太空实力。

在21世纪初，最能将太空用于自身目的的国家是美国。美国人是唯一踏上另一个世界的人。几乎每一种美国生活每天都要接受太空服务。驾驶员通过全球定位系统提供的卫星导航到达目的地。天气预报使用气象卫星数据生成，并通过卫星通信传送给公众。来自太空望远镜或无人探测器的新照片经常发布在互联网上，并被学生和利益相关的公众所使用。在一天的任何时候，基础有线电视都将播出来自太空的广播，这可能是非小说类历史或科幻节目，也可能是科幻冒险节目。地球上没有其他社会像美国一样直面太空。没有哪个国家能像美国一样对源于太空的巨量财富与实力唾手可得。但如今，许多美国人在仰望星空的同时深感忧虑，担心不久的将来在太空可能很快失势于国外竞争者。

0.1　悖　　论

无论如何，美国的太空活动远非世界上最宏大、最先进的计划，但人们越来越相信，美国的太空领导地位已失之于中国。因此，21世纪早期的太空实力悖论在于：世界上居支配地位的太空强国极恐惧被远小于自身规模的计划所取代。从某些指标看，中国的太空活动似乎开始超越美国。太空基金会2013年太空报告显示：[1]

> 2012年，中国在轨道发射次数方面继续超过美国，全年进行了19次轨道发射尝试且均取得成功。这使得2012年中国连续第二年超过美国，

成为世界上第二大最活沃的发射运营商。这主要是由于中国在部署新的科学和通信卫星，并且继续部署"北斗"卫星导航星座方面进展加快。中国2012年的活动还包括2012年6月在长征2F火箭发射的第四次载人飞行任务——"神舟"九号。中国官员表示，在可预见的将来，他们计划保持每年最多20次飞行任务的发射率。过去5年里，美国平均每年发射18次，如果中国达到这个水平，就可能会进一步领先。

入轨火箭发射也许是一个国家太空活动最显著、最轰动的体现，一些人认为中国每年在太空发射数量上超过美国，表明中国在太空中处于领先地位，这并不奇怪。然而，我们必须记住，世界发射领先者多年来并非美国，而是俄罗斯。当然，俄罗斯发射如此多火箭的原因在于其为低成本发射服务出口国，处理来自世界各地的许多商业有效载荷，且其国家安全卫星系统的设计寿命相对较短，需多次发射才能产生与美国同等水平的常规服务，而美国的系统能够在10年或更长时间内用一颗卫星实现。中国的太空计划正在增长，但简单地提高发射率并不能成为太空领导者。

即使发射率不足以证明中国在太空中的领先地位，他们的载人航天计划也值得特别考虑，该《太空报告》再次澄清以下事实：[2]

中国第四次载人航天飞行任务"神舟"九号于2012年6月完成，为中国实现了几个新的里程碑。"神舟"九号的主要目标是与"天宫"一号太空站对接，这是一个技术试验台，也是复杂程度不断提高的一系列类似太空站中的第一个，旨在最终建成一个更大、更永久、模块化的中国太空站。2011年，中国进行了"天宫"一号和无人的"神舟"八号之间的自动对接程序，而"神舟"九号则是中国第一个人工控制的对接行动……到目前为止，中国已在四次载人飞行中利用每一次发展自身能力并进行程序试验，让人联想到美国"双子座"计划。在可预见的将来，这种模式预计会持续下去。

另外，报告还谈到了美国的太空计划：[3]

美国仅次于苏联，是第二个将人类送入太空的国家，但在2012年航天飞机退役后，美国在未来几年内将不具备自主载人航天能力。

中国载人航天计划的飞速提升，加上美国航天飞机的退役，使得中美太空能力之间存在巨大差距，这似乎是一个严峻和不可否认的现实。这种明显的差距导致一些人对美国太空政策发表了可怕的声明。一位前美国国务院官员声称："美国太空计划正在萎缩，这表明美国将被迫合作或将太空的高端领域永远让给中国。"[4]一位海军战争学院教授呼吁合作至关重要，因为"它可以防止中国在银河系'西部荒野'的成为太空中的世界领导者。"[5]即使有些人不希望美国与中国在太空合作，鼓吹以对手的身份与之竞争，但他们还是对中国明显领先的地位感到敬畏。

酒店行业亿万富翁、美国太空企业家罗伯特·毕格罗（Robert Bigelow）曾表示，对于中国不可避免地控制月球，美国无法提出抗诉，而在太空中打败中国的唯一途径就是放弃月球，而在登陆火星中将其战胜。[6]

中美太空合作可能是一个值得追求的目标，也可能不是值得追求的目标，但如果从被认为的软弱立场出发寻求合作，就可能会像所担忧的中国太空优势那样，损害美国利益。但在太空域，中国真的正在取代美国吗？作家埃里克·西德豪斯（Erik Seedhouse）认为：[7]

> 由于中国的载人航天飞行任务引人注目，世界大多数人认为中国正赶超美国的太空能力。事实上，随着中国持续加速其载人航天计划，两国或最终走向一个决定美国是否被认为载人飞行领导者的关键汇合点，这是唯一可能的现实真相。然而，美国极不可能抛弃载人航天飞行的领导地位，因为这将产生超出太空域的战略后果。同样，在媒体对其成功载人飞行任务的报道的支持下，中国将决心坚持不懈的努力，实现太空领导者的目标。

那么，真相到底是什么？中国是否已超过美国，成为全球公认的太空领导者？难道美国必须被迫与中国合作，否则就有可能被彻底扫地出门？还是美国仍然是无可争议的太空大国？

这一悖论之所以存在，是因为用太空活动的两种不同度量方法作对比，讲述了中美两个截然不同的故事。第一项衡量标准，即每个国家累积太空计划规模的绝对值（以美元计），清楚地表明，美国的太空计划比中国的太空计划大一个数量级。然而，第二项衡量标准——每项计划的年增长率，描述了一个相对停滞的美国太空计划，而中国的太空计划却以惊人的速度扩张。富创公司（Futron）的年度太空竞争力指数为评估美国和中国太空计划的绝对规模和增长率提供了良好工具。Futron公司将指数描述如下：[8]

> Futron公司的太空竞争力指数（SCI）是一个以全球为重点的分析框架，它界定、衡量和评定国家在发展、实施和执行太空活动方面的竞争力。太空竞争力指数框架通过分析与太空有关的政府、人力资本和经济驱动因素，评估一国开展太空活动的能力，并评估相对于匹敌国家和全球太空领域的表现。

Futron公司的专有模型试图解释每个国家太空计划的绝对值和变化率，但它确实允许进行直接比较。通过分值范围0~100的Futron指数比较两国，美国得分为91.36，中国得分为25.65。根据太空竞争力指数，美国显然占主导地位。然而，Futron解释它不是故事的全貌：[9]

> 在2009年、2010年、2011年和2012年太空竞争力指数结果中，相对于调查的其他9个国家，美国的地位持续弱化。在太空竞争力指数基准

测试开始后,2008年美国太空竞争力指数总分下降了4%。而2012年及以后,中国显示了令任何国家都印象深刻的成绩,与2008年开局成绩相比增长了41%。

美国占主导地位,但太空竞争力指数也表明,美国的计划正在一定程度地萎缩,而中国的计划是世界上改进最快的太空计划。Futron如此正面评价中国计划有很多原因:[10]

中国连续第二年在太空竞争力指数中排名第四,稳居日本之前,但低于俄罗斯。在2012年SCI中,中国享有最显著的相对竞争力增长。只有四个国家比前一年提高了其相对地位。中国领先这些国家,平均竞争力增长2.52个基点。此外,相对于其他国家,中国在科研方面提高了自己的分数。主要原因在于其发射工业持续取得成功,卫星导航和载人太空计划取得长足进展,且新政策声明揭示了其今后五年的太空活动计划。此外,美国现在拥有最先进的计划,但世界其他地区也在追赶。

与Futron太空竞争力指数以前的版本一样,美国仍然是2012年太空竞争力指数排名最高的国家,总得分为91.36。然而,随着其他国家提高相对于美国的能力,美国和其他国家之间的差距继续缩小……造成美国得分变化的关键因素包括:

(1) 美国年度发射的次数排在中国之后,从第二位下降到第三位;
(2) 与美国相比,大多数其他国家的太空活动普遍扩大。

在挑战美国地位方面取得最大进展的国家包括中国,得分主要为三个基点……虽然美国的航天领导国地位逐渐削弱,但其他国家与之差距仍然很大:总体上领先于位列第二的欧洲超过40个基点,领先于位列第三的俄罗斯超过50个基点。[11]

因此,美国的太空计划固然强大,但相对于其他国家已在失利。美国太空计划的进展率相对停滞,甚至可能正在萎缩。因而,该悖论的答案是,美国的计划规模庞大,占主导地位,但进展速度表明,美国可能在很长一段时间内无法占据主导地位,将引发对"增长巨头"中国在短期内成为太空领导者的担忧。

0.2　太空实力发展理论

确保美国太空计划未来数年的主导地位,归根结底只有一件事,即提升美国太空计划实用性的改进速度,直至匹敌或超越全世界太空竞争对手。仅略微接近诸如竞争对手中国的改进效率就足以确保美国凭借现有制高点在未来几年内掌控太空。但仅靠增长是不够的,任何太空计划都必须提高其技术能力才能发展。正如经济学家约瑟夫·熊彼特(Joseph Schumpeter)所说[12]:"随意大量增加邮政专列,将永远无法搭乘铁路抵达。"同样,随意发射大量微小卫星,将永远无法实现载人星舰。为增加真实值,太空实力如同经济领域,与积极发展相比,数量增长本身很苍白,而创新才能实现积极发展。

本书关于发展太空实力,并提出一个如何发展太空实力的理论模型,且描述实施哪些战略能够有助于促进国家发展太空实力。该理论基于经典军事和经济理论,并经常从军事历史中汲取历史与战略经验。因此,本书提出的思想或远不同于一般太空爱好者对太空的理解。而采用通常用于传统军事事务的方法为分析星际航行和其他"未来主义"思想找到依据,也许军方读者可能会对此感到不快。作者希望通过为众多群体打开新的视野,更好地综合这些群体从而支持太空实力的发展。

最后,由于本书试图为国家航天计划编写一个严谨的军事型战略理论,则须坚持面向军事理论需求。海军上将威利(J. C. Wylie)强调理论的作用如下:[13]

> 在任何领域中,一个诸如战略之类的理论,本身并非真实且有形的事物,也非实际上具体存在的事物。理论仅是为解释现实或理论家认为将变成现实的一种理念。它是真实或假定的事件范式的有序合理化。任何理论正确有效的基本衡量标准之一,是在任何实际情况下,理论的假设都与现实相吻合。如若任意军事理论具有任何有效性证明,则原因在于一些实战军人在实际情况下确实给予了其有效性。理论能够收集和整理他人的经验与思想、厘清其中哪些对新的不同情形具有有效变迁价值,并帮助践行者以有序、可管控和有效用的行事方式扩展自身视野,该理论服务于上述方面的有益目的并应用于其所面临的现实应用。

威利将军对成功的理论提出了要求。哈罗德·温顿(Harold Winton)教授认为,成功的理论必须实现五大功能。第一,该理论必须"界定正在调查的研究领域";第二,理论必须"分类,即将研究领域划分为其要素构成部分"[14];第三,也是最为重要的一点,该理论须对其学科进行阐释,须能够解释事务按其自身方式发生的原因,就温顿而言,"阐释是理论的灵魂";第四,该理论必须将研究领域与"自然界其他相关领域"联系起来;第五,理论须可预测。[15]在假定已尽可能充分了解涉及研究领域的当前事实之情况下,必须合理预测未来结果。

第1章描述的太空实力理论将尽力满足温顿博士的所有要求。本书将定义太空实力,并将源于历史的定义与以往提供的其他定义进行比较。然后,将主题对象分解成要素部分:太空实力的逻辑和语义原理,以及构成该两部分的要素。其次,该理论将阐释特定活动如何能生成太空实力,以及如何发展太空实力。最后,本章将太空实力理论与其他研究领域联系起来:主要内容为经济理论、军事理论、政治学和一般战略,以展现太空实力是人类的努力并对人类行为负责。

后续4章将讨论温顿理论的最终功能——预期。第2章研究太空实力的语义原理,并开发释义工具和概念,如果运用该理论预期将增强某能动方的太空实力。第3章转向太空实力的逻辑,并预测能够增强国家太空实力的组织性行动。第4章以美国海军的历史及其从19世纪80年代直至第二次世界大战太平洋战争结束时发展海上实力的方法为样例,展示这种太空实力模式产生作用所隐含的概念。第5章运用该理论预测哪些技术和哪些组织变革将最有利于美国太空部队应对21世纪中叶的大量潜在的太空实力挑战。

  本书提出的理论和思想不能也不打算作为向太空实力职业人员、政策制定者和其他太空领导人确切解释在任何特定情况下如何行动的操作指南。相反,本书旨在实现温顿期望的成熟太空实力理论所能:协助太空领导者进行自我教育,并明确能够指导有效太空实力的使用和发展的解释关系。[16]如本书的些许部分对积极培养美国下一代太空领导人有所裨益,则达成其目的。这些领导者甚或将推动美国太空实力发展到令世界其他国家心生艳羡的境地。

第1章 太空实力通论

本章概述太空实力的通论。由于旨在描述任何时代出于任何目的的所有太空活动,因而是通论。这与往往侧重于太空活动具体应用(如军事航天行动)的其他太空实力理论形成鲜明对照。通过以其最宽泛的形式描述太空实力,该通论可应用于真实的或是想象的任何类型的太空活动。通论展示了一套完整的太空活动观,使读者有机会看到太空实力所涉及的众多因素。

1.1 "通论"目的

太空实力通论旨在实现多个目标。太空实力理论仍然是一个相对较新的领域,到目前为止,所提供的大多数模型在许多方面还不完善。有些完全由新近的技术与运行活动所驱使,另一些则完全致力于军事行动模型。本太空实力模型由海军上将阿尔弗雷德·泰耶·马汉(Alfred Thayer Mahan)和经济学家约瑟夫·熊彼特(Joseph Schumpeter)以及其他的思想适应性改编,尝试纠正当中一些错误并将过去、现在和未来的太空活动涵盖在内加以拓展分析。具体而言,该模型旨在实现以下目标。

(1)"通论"部分意在全面理解各种活动。通论旨在从整体上全面理解太空实力及其自身发展,因此必须适用于商业、民用、政治和军事等所有形式的太空活动。它不侧重于任何特定的具体活动,也不过分偏向于军事活动。该模型意在成为军事航天规划人员的关键工具,但对太空政治和经济利益同样有用。它能够对天基雷达等军事项目和太空旅游等商业项目的平均水平进行评估,并就各国政府为改善国家太空实力应该促进哪些努力提供指导。与马汉(Mahan)的海上实力理论一样,通论涵盖所有太空活动,并为有宏大抱负的太空大国针对最具价值活动提供洞察视角。

(2)"通论"部分意在经久普适。该模式不想受过去、现在或未来的技术或时间框架限制。正如马汉的海上实力理论源于帆船时代,但在石油为燃料的太平洋战争甚至当今核能时代才得以直接使用,本通论也旨在阐释贯穿人类付诸太空努力期间的活动。无论是用于探索冷战时期太空运动、卫星作为全球公用事业的时代、殖民月球的未来活动,还是甚或以科幻小说著称的星际巡洋舰,该模型都有意要提供一种现成而有用的分析框架。

（3）"通论"部分意在阐释叙述。通论假定了太空实力的要素，以及商业、政治和军事航天实力如何相互作用。利用通论，我们能够探索太空历史，找出部分太空活动取得成功而其他活动失败的原因，以及太空实力如何兴盛或衰落。通论能够批判以往反对太空实力理想的旧行为，而非仅仅模仿历史和设想取得成功。事实上，通论并无多少值得庆贺的历史，恰恰相反，由于各领导人在制定太空政策中接纳了一个或多个错误，它表明太空历史更多的是一部有关愚蠢错误和拙劣行动的故事。

（4）"通论"部分意在规范约定。通论就太空大国获得、发展和保持太空实力须为之事提供了具体建议。因此，通论意在告知决策者并为其建立聚焦太空实力增长的更好战略和太空政策提供建议。它提供一种理想途径和讨论与分析框架，以此评判各种行动路线。作者相信，遵循通论规范建议的太空大国将以切实可行且收效明显而脱颖而出，并有助于通过太空活动帮助其人民实现安全与繁荣。

（5）"通论"部分意在弥合军事现实主义与热衷未来主义之间的鸿沟。在海军和空军中始终不乏热衷于发展其环境的官员。虽然海军的源起已无从考证于久远岁月，但我们知道，空军官员们是最早一批使用当时科幻小说中奇特装备的呼吁者之一——想想比利·米切尔（Billy Mitchell）关于超声速、高空、重型轰炸机的构想。太空实力目前并未欣赏这种连续性。月球基地和载人航天的推广通常源于美国国家航空航天局（NASA），而不是空军航天司令部。航天爱好者梦想在太空生活，而太空军官则专注于冷酷的短期现实。为发展太空实力，航天军官需要成为航天爱好者，爱好者需要采用军事术语，以便更好地共事，促进他们在航天发展方面的共同利益。通论将两种观点结合成单一的族谱，可能有助于开启实质性对话。

通论不是假装解释各构成部分之间每种相互作用的模型（一种系统动力学模型），也不主张数学上的精确性。它只意味着，一种定性和顶级模型可以为决策者、战略家与分析家提供高层次军事行动和关系的视觉表征。大量反馈环出现在一些层级的所有模型部分当中。此外，语义和"逻辑德尔塔"（它的两个主要组成部分）之间并无线性递进，而是多种技术和理论的持续此消彼长。不管怎样，如同通论的流线模型充分容纳了太空实力发展的本质，是一种有效的分析工具。

通论力求不只是简单的学术兴趣。决策者、战略家、爱好者和商人以及太空现实主义者打算使用这一工具，帮助发展所提议的太空活动并试验有效性。未经多年的辩论、研究和同行评审，任何模型都不可能完美或者完整，而本通论既不完美也不完整。正如战略家科林·格瑞（Colin Gray）所说，"一个强大的阐释工具是优秀理论所在，无须具备诠释一切的能力"，只为有用。[1]

然而，我们希望本引言将成为规划和分析人们为了和平、繁荣和保卫安全而征服太空环境的坚实基础。

1.2 太空实力的定义

空中实力可以定义为在空中从事某事的本领。
——威廉"比利"米切尔(William "Billy" Mitchell)准将,《空中防务论》[2]

在多年的人类太空活动中,很多作者提供了众多有关"太空实力"的定义,作者固有的偏见使得大部分定义存在严重不足。许多定义的共同点,在于对太空实力的军事形式的病态式成见。弗里茨·拜尔(Fritz Baier)上校将太空实力定义为"利用航天器建立军事和政治影响的本领",界定了太空实力的两种用途(建立军事和政治影响)[3]。但下一句中政治影响消失了,换作另一定义的叙述为"在履行太空使命任务时源自、存在于或贯穿太空的军事实力"[4]。鉴于大多数"实力"理论的兴趣主要在于军事和兵力应用,定义中出现对武装冲突的这种偏见可以理解,但不可原谅,因为它使作者和读者都陷入严重短视,从而导致完全的奇谈怪论。例如,菲利普·梅林格(Philip Meilinger)上校指出,空中实力(几乎完全被军事维度所归并的一种因环境而产生的实力)"本质上是瞄准,瞄准在于情报,且情报在于分析空中行动的影响。"[5]梅林格的主要受众由空军军官组成,因此在适当背景下,其表述合乎情理。然而,美国中央情报局当然不认为其情报工作只是分析空中行动。此外,难道喷气发动机也非空中实力的案例?梅林格的定义应当是对我们的警示,将定义锁定在范围过小的受众议程上会很危险。

太空实力的其他定义已经越来越接近标志性特征。大卫·卢普顿(David Lupton)中校称:"太空实力是一个国家在追求国家目标和意图中充分开发利用太空环境的本领,且囊括该国的全部宇航能力。"[6]这是一个引人注目且几近完美的定义。卢普顿史诗般大胆地明确了太空实力的三个具体真理:太空实力是通过充分开发利用太空环境来发挥,太空实力的目的是实现目标和意图,太空实力涵盖太空实力掌控者拥有的全部太空能力。然而,卢普顿的定义也存在缺陷,因为虽然卢普顿的陈述大量列举了应用于各国的太空实力的属性,但因不够全面,通常不足以作为太空实力的定义。卢普顿的定义未阐释除国家以外的太空强国。可以想到,太空强国可以是民族国家或联邦国家以外的实体,如公司或恐怖主义团体等非联邦行为体。比一个国家还小的团体可以开发利用太空实力,这一事实必须在太空实力的任何完整定义中加以阐明(尽管为了便于讨论,我们经常谈论国家,即使一个太空强国是指能够利用太空活动实现自身目的的任何组织)。扩大这一批判范畴是因为太空实力存在于除国家以外的层面,一个国家的全部宇航能力并非普遍适合作为衡量标准。尽管卢普顿为太空实力扮演着忠勇卫士,但他的定义并不完全充分。必须指出,太空实力通论能够应用于在太空运维活动的任何组织。虽然用于分析的最熟悉的组织或许是一个国家,但通论可用于分析任何组织的太空实力,不管是全人类、一个联盟、一家公司、一个政府机构,还是恐怖团体。所有太空行为者都能够用通论建模。

1925年,威廉"比利"米切尔准将把空中实力定义为"在空中从事某事的本领"[7]。该定义简明雅致,迫使读者拓宽视野,把能够想到的在空中从事的所有事情都囊括于空中实力。其雅致在于其简明,但实力在于其包容性。作者认为,空中实力尚无或未能提出更好的定义,并且如果未来的理论家没有遗弃米切尔的简明性,那么上述定义中所存在的太空实力理解上的重大错误是可以避免的。

在通论中,太空实力仅仅是在太空中从事某事的本领。修饰语可用于简化对特定层次分析中的太空实力应用分析,但如果普遍应用,则只能人为地限制太空实力概念的自然引申。通论试图在不受分析层面任何约束的情况下理解太空实力的本质。简而言之,通论必须基于对其主体的通常定义。太空实力是在太空中从事某事的本领,不需要其他修饰语。

然而,修饰语是有用处的。通论考量太空实力的定义,如卢普顿的"太空实力是一个国家在追求国家目标和意图中利用太空环境的本领,囊括该国的全部宇航能力"[8],一定程度上应用形式太空实力的定义——这种情形下,太空实力应用于一个国家。因此,通论认可两种形式的太空实力。

第一种形式的太空实力是其原始、基本或一般形式:在太空从事某事的本领。第二种形式的太空实力在于其应用形式——一个实体的基本太空实力(能力)由该实体用于特定意图。太空实力的基本形式与应用形式在分类上的差异,组成通论中一个重要概念,后续将予以充分揭示。重要的是,基本形式的太空实力在所有潜在的太空实力选手当中普遍存在。当运用太空实力有目的地行动(使用将在下文中描述的转变器)时,一般太空实力将转化为应用形式太空实力。大多数太空实力的定义都是对应用形式太空实力(国家、政体等)的特殊情形的描述,它们呈现出描述性、重要性和实用性,但贸然得出结论和情形案例,通常无法成为太空实力的有效描述语。因此,通论从不带有目的或目标的本领入手。应用形式的太空实力在通论中占有重要地位,但在"太空实力的逻辑与语义"中却从属于基本形式的太空实力。

1.3 "通论"概述

克劳塞维茨说:"战争可能有其自身语义,但无自身逻辑"[9]。从这一重大历史引述将得出太空实力的一个推论:太空实力可能拥有其自身语义,但无自身逻辑。因此,通论模型的基本直观描述由两个三维"德尔塔"(Delta)组成,是在詹姆斯·霍姆斯(James Holmes)和道希·吉原(Toshi Yoshihara)对马汉海上实力理论进行对偶"三叉戟"①直观描述后形成的模型。¹⁰正如"三叉戟"作为马汉的海上实力概念理想化直观描述一样,选择"德尔塔"形状在于它能够对太空实力通论的要点(底部三个点向上延伸至一个单点)进行建模,也在于它与军事航天实力标志图形密切联系的历史("德尔塔"是(美国)空军航天司令部盾牌标志的中心图形,并成为众多太空单位的臂章符号)。第一个太空实力"德尔塔"是太空实力"语义德尔塔",第二个太空实力"德尔塔"是太空实力"逻辑德尔塔"。两个三维"德尔塔"都可从顶部"鸟瞰"视图和侧面"轮廓"视图理解。

以"逻辑德尔塔"为模型的"太空实力逻辑"是战争者的艺术:太空实力用于促进太空实力的利益。太空实力的逻辑涉及目的和方式,是战略目的、方式、手段范式。以"语义德尔塔"表述的"太空实力语义"是石匠艺术:开发用于运用和拓展太空实力的工具。太空实力的语义属于手段的范畴。

每个观点都代表着整体看待太空实力的不同方式。从顶部看,每个"德尔塔"都有三个外部点与一个中心点连接。外部点代表太空实力的语义或逻辑的三个要件,要么支持"德尔塔"中心点,要么被其支持。从侧面看,"德尔塔"形成一个大基座延伸到顶部单点的三角形。在"语义德尔塔"中,基座点上行流向最终支持的顶点,代表太空实力语义发展目标,通论称为"使用权"(Access,进入并利用某种域环境)②。或者,"逻辑德尔塔"从顶点开始—能力—下行流向直至"德尔塔"的应用基点。每个"德尔塔"将在后文详细描述。

尽管该"德尔塔"不对太空实力通论的所有方面加以阐释,但确实提供了描述该理论大量内容的参考,应被视为该理论的核心方面。虽然或将发展和提出其他图形,但"德尔塔"囊括了太空实力通论的关键组分。因此,我们可以从太空实力通论的起点,即其语义开始着手。

1.4 太空实力的语义:太空领导力的基础要素

"以下三项事物——生产,具有交换产品的必要性;运输,交换由此得以进行;殖民地,为航运作业提供便利并加以扩大,且倾向于通过成倍

---

① 译者注:文中大量使用"三叉戟"(Trident)、三角体(Triangle)、三元体(Triad)的表述,均源自古希腊神话中的奥林匹斯12主神之一海神波塞冬(Poseidon),手持标志性武器三叉矛戟,能够呼风唤雨、粉碎万物、劈山开航道、引清泉灌大地,西方将其视为征服海洋、统治世界的实力象征。马汉在其著作《海上实力》(Sea Power)中借用"三叉戟"的一体三面来表现海上实力所需的航运、殖民地和使用权三要素的立体关系,隐喻为大航海时代统辖世界的实力象征。

② 译者注:使用权(Access 或 Access to)应为对某种介质或域环境的进入并利用(或使用)。根据著作的理论阐释,应当由生产、殖民地和航运构成,隐含使用某种域资源的实力,全文译作"使用权"。

增加安全点对之进行保护——被认为是濒海国家多数历史和政策的关键"。

——马汉美国海军上将[11]

霍姆斯和吉原对马汉理论(太空实力通论中出于以发展为导向的原因首先加以考虑)的诠释中,海上实力的"三叉戟"是海上实力的语义,从活动的战役层面展开。战争的战役层次是战争的战略层次与战术层次之间必要的联系,将国家政策和战略目标(战略层面)与单支军队和部(分)队适应战场的体能活动(战术层面)相联系。广义上,海上实力的语义将海上实力的逻辑与产生海上实力的独特行为(或分队)联系起来。该"三叉戟"保持着马汉的海上实力要素(作者略做改名):商贸、基地和航运[12]。再者,商贸(马汉的原措辞为"生产")是所有其他要素所依赖的要素。商贸包括制成品、自然资源和其他交易产品。基地(原为殖民地)是前哨基地,可拓展海上交通航线的使用权以及提升交易的市场可用性。最后,船舶(原为航运)是将商贸跨洋输送到预期市场和将财富运送到东道国的手段。他们由一国的作战海军和海运商船队组成。商贸是交易的基础,因此是海上实力语义的主要要素。太空实力"语义德尔塔"有关的通论就源于这一起点。

1.4.1　语义鸟瞰图

太空实力的"语义德尔塔"(图1.1)类似于海上"三叉戟",但一定程度上更为细致。语义指太空实力是如何由独特部(分)队建立并实施,通过使用权使太空实力逻辑得以实现。语义通过开发工具建立使用权。这是石匠的艺术。语义与容许太空实力在太空中运行的硬件建设有关。语义的独特在于它是与航天活动完全相关的唯一的"三叉戟",它"谈论航天"。而逻辑主要与将航天用于不一定主要涉及航天活动的其他目的有关。太空实力产生于国家(或其他作用者)非航天技术、教育和天性禀赋资本(太空实力语义的基础)的基础,并首先表现为太空实力要素:生产、航运和殖民地。生产从航天产生财富,是经济太空实力的支柱,其范围能够从数字信息到太阳能再到月球资源;殖民地允许通过改善使用权,将商业拓展到更远的区域。殖民地为游客提供市场和安全港湾、扩大生产机会;航运像电磁载波或太空飞船一样往返于太空交通线,将航天产品从原产地运往其市场。生产、航运和殖民地是太空实力的基本要素。它们跨越太空活动的全谱范围,每个要素都必须在其恰当尺度上加以考虑,使一个国家成为一个成熟和充满活力的太空强国。这些要素提供满足太空实力逻辑所必需的物质储备,并通过开发利用太空环境使国家富有。这些太空实力要素组合起来(将生产、航运和殖民地要素叠加在一起形成一套系统)以产生使用权的能力——即在太空环境的某一区域实施某些活动的承载力(出于任何原因)。通过已知的太空实力要素及其所确立的最终目的——将系统中的三个要素组合起来产生通道使用权——我们能够转向使用权如何通过侧视图"语义德尔塔"产生。

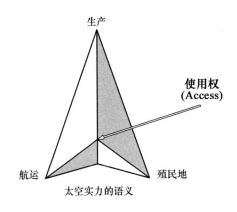

图1.1 太空实力"德尔塔"的语义(顶视图)

1.4.2 "语义德尔塔"侧视图

"语义德尔塔"的鸟瞰图确定了太空实力的要素(生产、航运和殖民地)和用以产生的内容(使用权),侧视图则审视这些要素如何发展使用权(图1.2)。在语义和"逻辑德尔塔"中,鸟瞰图用于太空实力重要概念的明确,而侧视图则用于研究太空实力语义和逻辑如何培育发展。因此,侧视图明确起点和终点。在"语义德尔塔"中,培育发展由基座上行流向顶部。

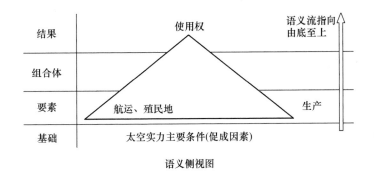

图1.2 太空实力"德尔塔"的语义(侧视图)

"语义德尔塔"始于"德尔塔"所依赖的基础。这个层次称为基础,并体现太空实力的首要条件(或促成因素)。这些条件包括太空实力的必要条件(如受教育的

13

人口、自然资源、工业产能,以及下面详细讨论的其他条件),但不直接作为太空实力要素本身。例如,工程人才是太空实力发展的必要条件,尽管并非一国的所有工程师都支持航天计划。继续向上找到"德尔塔"的基础或太空实力的要素:航运、生产和殖民地。这些是真实而发达的航天技术硬件(天线、公共汽车、火箭等类似)最基本的表现形式。这些要素与"德尔塔"组合部分的其他要素匹配,直到开发出一种产生这些组合最终结果的系统:太空实力使用权,即"语义德尔塔"的顶点。"语义德尔塔"的每一部分(由鸟瞰和侧面视图)是太空实力语义发展的一个重要阶段,本书将由底至顶详细讨论。

1.5 太空实力的首要条件(促成因素)

吉姆·奥伯格(Jim E. Oberg)在《太空实力理论》一书中明确了他认为的太空实力要素的十项内容。鉴于将这些要素认定为"一国范围内使其有能力行使'太空实力'"[13]的特征,他对太空实力的要素界定如下:设施、技术、工业、硬件和其他产品、经济、民众、教育、传统和思潮、地理、独有的能力或知识[14]。这的确是一份很好的太空实力重要组分清单,但奥伯格错误地将其称为要素。他的错误在于未对太空实力的要素和促成因素加以区分。

奥伯格的清单至少在某种程度上受到海军上将马汉所提出的影响各国海上实力的六项首要条件的启发:地理位置、物理构造(包括与之关联的自然生产和气候)、领土范围、人口数量、民众特质、政府特质(包括其中的国家制度)。[15]由此可见奥伯格的错误所在。他将马汉提出的海上实力要素(生产、航运、殖民地)和影响各国海上实力的首要条件这两个独立观点组合到其统一的太空实力要素之中。通论纠正了这个小错误并将奥伯格的要素重新置于恰当位置。硬件和其他产品及大多数设施都在生产、航运和殖民地中作以解释,且因此都是太空实力真正的要素。其余设施都纳入工业,独有的能力或知识被视为技术的利益子集。最后,一国的资源基础(如铝、钛、铀和航天计划所需的其他材料)必须视为一项基础的必要条件。奥伯格观点的其余要素恰好是太空实力的首要条件(或促成因素),构成太空实力语义的基础。

一份不完整的太空实力促进因素清单包括教育基础设施、人力资本、人口数量和特征、自然资源、工业基础承载力、科学性理解与知识的水平(往往被错误地假定为太空活动自身的结束)、经济、独有的能力或知识(例如,航天工业从业者对比普通工业从业者以及航天关键技术领域的专家数量)和地理。有关太空实力的关键基本能力的案例可能还有更多,但是大概不可能就有助于一国建立太空实力的承载力列出一份详尽无遗的清单。重要认识在于,间接有助于国家航天计划的任何事物都应当视为太空实力的促成因素,并与太空实力的一般理论分析密切关联。

1.6 太空实力的要素

正如海上实力一样,太空实力(过去、现在甚或遥远的未来)由三个基本要素组成:生产、航运和殖民地。这三个概念将总是至上的,太空实力的成熟从现在到远景将只会改变这些要素的表现形式,而非本质。与马汉对海洋的描述类似,太空实力的生产是指源于航天、被用于交易并由此产生财富的商品和服务。航运是将航天生产运输到各自市场的全部服务和容许运输发生的交通线。最后,殖民地是产生生产、给予该生产以市场、通过提供"安全港口"和保护来促进航运安全的所在地。这些要素对于海上实力而言易于想象。生产包括从海上运输的石油、其他原材料和制成品;航运包括遍布世界各大海洋的众多油轮和集装箱船舶;殖民地是世界各地众多港口,提供暴风雨中的避风港和用于装卸货物的场所。对于太空实力而言,纵使在研究的不同时间框架之下每个要素展现出极为不同的形式,但这些要素始终不变。

无论研究什么形式的太空实力,太空实力的要素都存在。正在开发利用的航天领域(后面全面讨论太空环境方面)不论是否诸如使用当代技术的高空或轨道动力学(如导航、通信和成像卫星所利用的技术)那样相对简单,还是要求相对先进的技术(如开采小行星或月球资源用于经济),相同的要素总是存在。不论是现在使用的,还是仅仅存在于实验室或科幻作家想象中的,太空实力的所有类型和工具都可以用这些基本要素进行描述。

生产——航天生产是指从太空提取或通过太空输送的全部货物和服务。随着太空实力的成熟,生产类型将随着时间的推移而增加、删减和扩大。此外,生产的性质很可能会因当今盛行潮流而发生巨大变化。

生产的当前形式——在众多生产中,近期的航天生产主要包括以图像和导航数据等形式提供的信息。如卫星照片和天气数据等可视化数据都由太空中的平台利用高空独特的太空环境特质产生。这种生产无法通过其他手段轻易产生。虽然数字信息似乎并非经典"商品和服务"意义的生产,但它是当今太空实力的主要产品。

生产的未来形式——随着航天技术的成熟,未来航天生产将采用更传统的物理生产形式。此类产品可包括来自原位资源的航天器推进剂、工业量级太阳能、微重力加工药品或结构材料。

航运——将航天生产从建造地点运送到最终市场的手段,无论是在地球上还是在其他太空目的地。和生产一样,航运将随着航天技术的进步而变得更加为人所熟知。

航运的当前形式——目前航运的案例可能是与海上类似要素有关的

15

太空实力的最外部样貌。大多数太空航运不是由火箭和运输工具(尽管有些无疑是的)实施,而是由信号波形式的电磁(EM,electromagnetic)辐射进行,将基本数据从卫星传送到地球上的地面站。卫星天线而非航天飞机聚集的传送使得贯通全球的沟通得以发生,是当今太空航运的主要标志。火箭也是一种航运方式,但与天线相比目前只是次位角色。它们将在未来发挥更大作用。

航运的未来形式——未来太空实力对于普通民众而言会出乎意料地比现在看起来更为熟悉和舒适。尽管电磁传送在太空实力中始终扮演重要角色,但未来将是真正类似于当今商船和战斗舰队的航天器时代。未来航运的近期案例是能够将航天器从低地球轨道运送到地球同步轨道的无人"太空拖船"。其他案例将是载人航天器穿越月球、火星和地球之间的宇宙空间,更晚期可能是巨型星际飞船载运着难以想象的奇特货物行驶于太阳系之间。

殖民地——殖民地是太空实力的活动产生和终结的地方。殖民地使得天基产品生产及其消费得以实现,并为这些货物的安全运送提供便利。殖民地具有新世界中欧洲乡村的历史内涵。尽管人们认为太空殖民仅在科幻小说中找得到,但在太空实力中它们具备非常真实的现代类比。

殖民地的当前形式——当今最普遍的太空实力殖民地是卫星。尽管卫星拥有井井有条进行生产的传感器和照相机,但它本身不是太空实力的产品。它们不运送生产数据,但通过给运送产品的电磁信号提供"安全通道"来为其运送提供便利。由于提供了进行生产和着手航运的平台,因此卫星是殖民地。

殖民地的未来形式——从未来形态将看到太空实力殖民地接近其更传统的解释。太空商业殖民地将逐步演进为传统的有人居住殖民地。太空站、采矿平台、月球和火星驻留点都将成为生产货物、消耗供应品的生机勃勃的区域,并为巡洋舰和各种商用飞船提供中转站,它们还可能孕育新的文明。

可以看到,尽管当今的卫星和电磁信息看起来与商业帝国未来版本的采矿基地、商用运输航天器等相去甚远,但今时和明日的太空实力有着共同的逻辑和语义。现在和将来的太空商业都由生产、航运和殖民地组成。任何时代的太空实力都可用这些术语进行分析。既然理解了这些要素,我们就可以想象它们如何结合形成太空实力的语义。

1.7 组合体:集碎为整

在上述"语义德尔塔"的要素章节,我们发现"德尔塔"中心的结合区域构成了

"德尔塔"的重心。在本节,将各种离散要素(生产、航运和殖民地要素)组合起来形成太空系统,进而产生对太空环境的新的使用权。不同要素在理论上能够以无数方式组合起来,通过新系统产生许多离散的新型使用权,而太空实力语义主要关注发展新型太空实力要素并以创新方式组合起来,从而尽可能多开放太空领域的区域以进行开发利用。

由于太空实力要素以多种规模存在,可以看作不规则碎片,表现出极大和极小的形态。提纯的月球钛可被看作生产,航天飞机是一种航运类型,国际太空站是目前我们所具备的最接近大规模太空殖民的案例。然而,每一个小型(但完整的)太空系统也可看作每种太空实力要素的组合。例如,全球定位系统(GPS)卫星星座可以描述为一个将生产(定位、授时和导航信息)与航运要素(GPS 电磁载波信号)和殖民要素(GPS 卫星总线本身,在此生产产生且航运开启)相组合的系统。将三个要素组合到一个功能系统最终产生一种新型使用权,即沿着"语义德尔塔"行动的最终目的。

1.8 使用权:扩大活动场所

使用权是"语义德尔塔"的最终目标。使用权通过将要素组合到系统之中而发展起来,每个系统产生对太空环境新的离散的使用权。使用权的定义是,能够在太空某一区域放置和运维一件航天装备(由要素组成的系统)。例如,通过组合生产、航运和殖民要素(相机有效载荷、与地面的通信链路、将系统送入轨道的火箭、卫星总线等),我们可以创造新的太空实力的使用权:从低地球轨道拍取和接收太空图像的能力。

詹姆斯·霍姆斯和道希·吉原通过海上实力逻辑与语义的二重透视探讨了极重要的马汉的"使用权"概念。他们主张,马汉的逻辑驱使政府出于商业原因探寻使用权,战争语义意味着坚持通过武装部队获持使用权。[16]对他们而言,海洋军事行动使用权是尽管存在军事抵抗仍强制进入到争斗地区的能力。[17]海运技术十分先进,现代设备事实上能够以低物质和经济消耗轻松抵达任何海洋目的地(除海底最深处外)。因此,海上使用权与不受武装侵略的人身安全最为相关。人类轻易获得海洋的物质使用权,以至于物质层面的使用权不再受到质疑。太空环境中并非如此。

在太空环境中,战略现实是与海洋环境相反。除费用高昂到令人望而却步的最先进太空实力外,任何能够拒止太空使用权的军事实力都微不足道。太空中绝大多数使用权遭到拒止的原因在于抵达的技术受限且缺乏在太空行动的基础设施支持,而非源自某个积极对手的行动。我们在物质层面仅有极为受限的太空使用权。我们只稍许调整霍姆斯和吉原的术语,将"使用权"定义为在太空某一特定区域放置太空系统(能够产生行动的要素组合)的能力。太空能力是在没有重大妨碍的某一区域开展经济、政治、军事航天行动的本领。尽管太空和海洋环境在运维使用权方面存在一些差异,但战略能力的根本定义相同:在某一特定区域为某种目的不受限制而无重大的人体、经济或军事障碍地进行任何类型的行动的本领。成倍的使用权联合起来激发太空活动的最终目的——优势。太空活动的这一优势是通过太空实力逻辑表达。

1.9　太空实力的逻辑:最终战略目的

军事预防措施及其所依据的条件……虽然其本身具有重大和绝对的重要性,但从命令式政治家风度、担任公职者或其他官员观点来看,在今天不能被视为首要因素。战争已不再是自然甚至正常的国家状况,军事方案只不过是配饰且从属于它们确保并因此推动的经济和商业等其他重大利益……其出发点和基础是通过有利于军事或海军力量的政治措施保护商业安全的必要性。这个排序表明对于国家的商业、政治、军事三大要素实际的相对重要性。

——阿尔弗雷德·塞耶·马汉美国海军上将[18]

马汉是伟大的军事思想家,但他模型中的和平商贸是海上实力的核心基础。正如马汉所言,海上实力在类型和不同层次上存在等级架构,我们可以由此理解海上实力——太空实力也正是如此。

詹姆斯·霍姆斯和道希·吉原用克劳塞维茨的术语探寻海上实力的层次。2009年,《马汉的幽灵仍在徘徊》中也叙述了海上实力的逻辑。[19]海上实力的逻辑是海上实力的国家战略特征——描述海上实力对一国的功用。霍姆斯和吉原将海上实力的逻辑以时尚的图形化描述为"三叉戟",顶视的尖顶代表商业、侧视的尖顶代表政治和军事。[20]"三叉戟"这三个点标识海上实力的三大首要用途:商业海上实力通过贸易和生产为国家带来财富和繁荣;政治海上实力通过外交手段和准予或限制其控制下的海洋交通使用权,为支配方提供对其他国家施加控制的手段;军事海上实力既能够保卫国家及其商业,也能够投送实力以将敌方队伍驱离相应水域,并拒止对手对海洋的使用权。

获得经济福祉来源的使用权——外贸、商业和国家资源——在逻辑"三叉戟"中位居第一,军事实力也许位居第三。[21]海上实力的逻辑在于海上实力的最终目标是从海洋产生财富。商业是通向富裕和民族伟大的真正道路。[22]商业海上实力提供这些财富并通过获得市场使用权寻求更多财富。政治海上实力通过外交压力和其他非暴力手段,确保并扩大商业使用权(使用权的关键影响将在后面讨论)。军事海上实力是国家的剑和盾,是海上商业的卫士和海洋使用权的捍卫者。

太空实力的逻辑与海上实力的逻辑是彼此孪生的对象。太空实力的最终目的是从太空活动中产生财富,而商业则是在太空中实现强盛的真正途径。我们再次使用三维"德尔塔"(空军航天司令部的常用符号)取代"三叉戟"来可视化表达太空实力的逻辑。为充分理解"逻辑德尔塔",我们必须从鸟瞰和侧视分别观察。从鸟瞰视角,这些端点与二维海洋"三叉戟"一样:"德尔塔"中央和顶端代表商业,两个侧翼支撑还是政治和军事。"德尔塔"的顶点或者尖顶,即为在太空中行动的能力——太空实力的最终定义。

1.9.1 逻辑鸟瞰图

从顶部看"逻辑德尔塔"(图1.3),三个尖顶代表着经济、政治和军事实力,中心顶点代表本领。这些尖顶代表服务于某个国家利益的应用型实力。顶点、能力是太空中行动能力的原始来源,所有应用型太空实力(经济、政治或军事)由此外流。本领是纯粹的太空实力,是"语义德尔塔"所完成工作的最终表现。

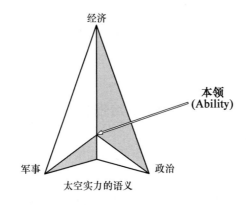

图1.3 太空实力"德尔塔"的逻辑(鸟瞰图)

太空实力最基本的形式是源于太空的财富,无论是科学、哲学还是最重要的自然界物质。经济太空实力从太空产生至为重要的财富,因此被赋予在"逻辑德尔塔"前端的首要地位。政治太空实力产生外交和其他非暴力国家实力,并利用其扩大和确保对市场和财富来源的商业使用权。最后,军事航天实力保护商业对其基本市场和财富产生区域的使用权,并在冲突时期拒止对手的太空财富使用权。然而,商业总是产生太空实力的首要目的和基本手段。政治实力和军事航天兵力不是最终为了自身目的而存在,而只是扩大和确保太空商业的手段:正常太空强国的重要命脉。

1.9.2 "逻辑德尔塔"侧视图

与"语义德尔塔"一样,"逻辑德尔塔"的侧视图(图1.4)也与太空实力逻辑的发展有关。然而,"逻辑德尔塔"发展是自上而下,而并非语义发展那样自下而上。最顶端是纯粹的太空实力,在太空从事某事的本领。这表示源于"语义德尔塔"的并集总和。在本领的原始能力之下,我们拥有作为转变器的"逻辑德尔塔"主体。转变器是用来将在太空从事某事的原始本领转化为具体应用实力的思想和概念。转变器将太空行动能力转化为源于太空的具体实力,该实力可应用于经济、政治或军事用途,以达成国家目标的。"逻辑德尔塔"底部是应用于国家利益的太空能力,由此产生和运用源于经济、政治和军事实力的应用。

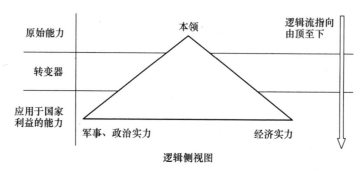

图1.4 太空实力"德尔塔"逻辑(侧视图)

1.10 本领:最原始形式的太空实力

因为太空实力不过是在太空中从事某事的本领,提升在太空中从事任何事情的本领是成熟的太空实力的最重要的利益。纯粹太空实力的发展是"语义德尔塔"的独有领域,产生新的使用权。每种成功组合都创建新的各异的使用权。本领只不过是将一种太空实力各异的使用权(每件太空系统的能力)集成为综合性整体:国家的(或机构的,因为任何组织都能够成为太空实力者)在太空从事任何事情的全部本领。

纯粹的太空实力存在于一个国家的太空实力本领之中。本领是对任何给定时间没有应用但可以立即实现的潜能的衡量。本领本身没有目的或导向,它是国家出于任何原因在太空采取行动的能力。由于没有内在的目的或导向,本领需要行动概念和有目的的行动来创建应用性太空实力。随着"逻辑德尔塔"的深化,这些思想和行动将能力转化为应用性实力。

1.11 转变器:应用本领

原始太空实力是在太空从事某事的本领。只有通过使用这种原始太空实力寻求某些利益(不论是一个国家的国家利益,或是作为太空实力代理的公司法人利益),它才终究会真正有用。太空实力只有转化为代理的(如国家的)实力才变得具有实用性。原始太空实力(本领)通过"逻辑德尔塔"流向下方并到达"德尔塔"的转变器部分。正是在转变器部分,原始太空实力变成了应用性太空实力:经济、政治或军事实力。这种原始实力通过转变器成为应用性实力。

转变器是将太空实力本领转化为应用性实力的概念,是使太空实力对于国家目标实用的思想。通论明确太空实力可以转化为高产能用途的三种类型(经济、政治和军事)。虽然转变器本质上是一种将太空实力本领用于实用目的思想,但转变器有三种不同的主要形态,它取决于太空活动产生的实力类型。因此,转变器通常采取商业计划、软实力概念或军事教条的形式。有效和可持续的转变器对于发展太空实力至关重要,因为原始本领能够转化为几乎无穷类型的目的性用途。一旦建立了太空实力本领,它只需要成功的想法将其转化为有益于国家的实用性和目的性活动,一个国家拥有的转变器越成功,从太空实力产生的应用性实力就更多。

1.11.1 经济太空实力

太空实力和海洋实力一样,主要是经济实力,并因此占据"逻辑德尔塔"最重要的尖顶。经济实力最终在于财富的产生,并通过商贸实体(通常是商贸)的发展和成熟来实现。因此,产生经济太空实力的主要转变器是商贸业务计划。商贸业务计划可定义为"概述贸易的运营和金融目标并载有表明如何实现这些目标的详细计划和预算的一份文件"。[23]采用通论框架,商贸业务计划是利用太空实力本领产生财富的详细计划,这是任何商贸业务活动的最终"运营和金融"目标。商贸业务计划采用原始太空实力本领,并将其用于一个产生财富的可持续盈利过程——经济太空实力。更成功的商贸业务计划产生一国原始太空实力的更成功太空商贸和更经济化应用——最终增加源于太空的国家财富。太空商贸业务计划的创新将导致太空财富的大量增长。

目前有许多基于通信卫星的成功商贸业务计划,现有的多个成功的太空通信公司可作例证。通信卫星业务不仅用于电话和互联网连接,而且还用于卫星电视服务。从通信卫星制定的商贸业务计划催生了多个行业,而不仅仅是多个公司。然而,尽管抵达距离最近的小行星有着大量技术,开采小行星有着许多工程概念,而且已确定的资源可能达到数万亿美元(存在进行该运营所需的生产、航运和殖民地要素——必要的语义),但目前没有盈利的小行星采矿公司投入运营。尚无任何盈利的商贸业务计划制定出来并被证明有效(尽管詹姆斯·卡梅隆(James Cameron)的"行星资源"公司计划尝试)。小行星采矿可能被许多人视为科幻小说,但如果基于该太空实力本领的成功商贸计划得以制定,则无疑将展示一种新形式的革命性经济太空实力。因此,商贸计划是太空实力理论中一种实质类型的转变器——也许是最本质的。然而它并非是唯一能够存在的转变器类型。

1.11.2 政治太空实力

政治太空实力是应用于政治或外交目的的原始太空实力本领。政治太空实力可以是胁迫性的(如源于情报活动的实力),或用约瑟夫·奈的措辞也可以是互选和吸引性的(所谓的软实力途径)。然而,由于天基情报长期以来一直与军事航天实力紧密相连,通论中的政治太空实力就将聚焦软实力部分。琼·约翰逊·弗里斯(Joan Johnson-Freese)说,"阿波罗11号"飞船登月或许是"美国最鼓舞人心的全球激动时刻",并指出它"象征着美国的领导地位及其面向未来的导向"。[24] 毫无疑问,这次太空实力事件使得许多非结盟国家在冷战期间偏好于美国,是政治太空实力的一个关键案例。约瑟夫·奈将这种实力称为"软实力"。软实力是"让别人想要的是你所要的相同结果",取决于塑造他人偏好的本领。[25] 基于太空实力的软实力行动案例有很多。"阿波罗11号"飞船登月可能最为著名。另一个著名案例是里根时代的"太空站自由计划"出于外交目的重构到国际太空站。

尽管胁迫形式的政治太空实力最具可能性,但往往是将不同类型应用性太空实力的政治性使用。例如,天基情报胁迫会利用军事航天实力情报的概念,且可以设想针对使用经济太空实力的犯罪国家实施潜在的可能制裁。然而,很大程度上由于许多人对太空活动抱有敬畏和理想主义观点,政治太空实力似乎往往属于软实力的范畴。因此,通论将软实力概念作为最重要的政治太空实力的转变器案例。

1.11.3 军事航天实力

军事航天实力将原始太空实力用于军事任务。军事航天实力可以成为战斗实力,也可以用于除通过或源于太空介质的战争以外的军事行动。在通论中,转变器是将原始实力转化为应用性实力的手段。根据空军少将霍利(I. B. Holley)①的说法,转变器在一种介质中运行、通过在介质中的活动实现实力的转化本领所发挥的角色作用在于学说,因为学说内在本质上关乎手段。[26]

鉴于任何军事概念都可作为转变器,但全面制定的学说是军事航天实力的首选转变器。原因何在?霍利将军解释如下:

> 官方颁布的学说有两个主要目的。首先,为决策者和计划与政策制定者提供指导,基于在类似背景下的大量过往经验总结出简明易懂且欣然接纳的学说性陈述,就如何在特定形势下推进工作提出建议。第二,规

---

① 译者注:霍利(I. B. Holley)是杜克大学历史学家、美国空军预备役少将,著有《技术与军事学说》(美国空军大学出版社,2004年),针对技术与军事组织、军事理论和条令的关系做了研究。

范的学说提供了共同的思想基础和针对可能出现问题的共同处理方法、策略或其他方面[27]。

学说是一套在过去被证明成功有效的军事概念。从过去被证明成功且今后可能仍将成功的角度,学说因而与经证明成功的商贸业务计划相似。然而,与商贸业务计划一样,实用的学说也有保鲜期,必须不断适应新的情况。因此,军事航天学说必须始终是太空部队学习研究和实验的一个恒久源泉,以拥有最优手段去利用其在太空环境中运行的本领。

实验、测试和验证诸如商贸业务计划、软实力应用和军事学说之类的新概念,是发展太空实力的关键途径。鉴于物理工具是"太空实力语义"中发展的主要来源,通过逻辑实现太空实力发展则主要是为现有工具开发新的转变器。转变器是通论的核心概念。

1.12 应用性太空实力

应用性太空实力表现为经济、政治和军事实力,是实力的三种具体表现。必须指出,在应用层面,国家实力是实力,而非严格地将其视为太空实力。它是机构间和联合意义上的实力,是国家经济、政治和军事实力,国家的最终利益在于这种实力的影响,而非它产生于太空这一事实。国家领导人对应用层面的实力影响感兴趣。只有负责太空活动的航天领导人才对某些能力源于航天系统感兴趣。

读者无疑会将应用性太空实力(经济、政治和军事)的三种模式与众所周知的外交、信息、军事和经济(军事缩略语 DIME)实力相提并论。两者都试图建立相同的动力学模型。出于美学原因("德尔塔"仅有三个基点),通论将实力应用于三种表现形式,但主要是为忠实于马汉的海上实力最初的三点式描述。确实,一个有力的案例是,外交实力和信息实力(DIME(外交、信息、军事、经济)中的 DI)都只是政治实力的不同机制。

正如克劳塞维茨所说,战争是以其他方式延续的政治。外交与信息实力通过合规手段构成了政治的正常运行。

1.13 逻辑与语义的联系

1.13.1 本领较之使用权

通论至关重要的在于太空实力的逻辑和语义之间的联系。为确定太空实力的逻辑和语义之间的联系,我们必须明确界定本领与使用权的概念。它们虽然关系密切,但不是同义词。

太空实力的基础通过"语义德尔塔"建立。太空实力的要素(生产、航运和殖民地)以不同的方式组合在一起,产生太空使用权。使用权再次定义为掌握太空实力的实体出于某些实用性目的(无论是什么),将任何类型的太空实力要素置于特定太空区域的承受力。例如,如果机器人航天器能够送往木星,则能够说探测器的拥有者利用所谓探测器拥有木星使用权。自从探索航天器送到木星之后,美国就拥有使用机器人航天器对木星的使用权。然而,由于缺乏足够的发动机和环境设备,尚无设计(更别说建造)的载人航天器能够送往木星,美国至今尚未实现载人的木星使用权。注意,使用权不需要目的或表明目的。使用权只是对潜力的一种表述,不需要背后有任何正当理由或依据。使用权也是一个含义各异的术语。我们可以利用特定要素拥有特定地点的使用权。正如上面案例所述,我们能够利用一种特定要素或要素类型,拥有某地而非其他地方的使用权。当我们开始为一项拥有实现使用权的任务增添有意识的目标,并且当我们聚集不同的使用权时,就开始发展这一本领。

本领是"逻辑德尔塔"的顶点。在"语义德尔塔"中,我们从太空实力要素建立使用权,"逻辑德尔塔"始于本领,并通过转变器将太空实力的本领转化为特定的太空实力,加强经济、军事和政治实力。但"逻辑德尔塔"的起点是本领,是最原始和最简明朴素形式的太空实力。本领通过"语义德尔塔"的使用权形成。

本领是所有各异的使用权外加与这些使用权如何能够用于获利的非常重要的知识和针对某些目的而利用使用权的意图有关的总和。鉴于基本使用权是一个含义各异的术语(是否利用要素 B 拥有地点 A 的使用权?),我们能够在太空从事的事情总和必然是所有这些各异使用权的总和。当然,不需要特别列出太空中所有地点的所有要素的使用权,使用权的总和通常易于猜测和聚集。然而,聚集使用权的术语并非本领的全部。逻辑和语义之间的关键区别在于使用的意图。语义建立工具,逻辑揭露工具是否和如何用来产生某种效果。

重新参考太空实力的定义:在太空从事某事的本领。仅仅拥有一个区域的使用权,并不意味着我们具备出于自身目的操控该区域的本领。如果我们从未从事某事(或根本没有兴趣从事),仅仅因为具备在物质上从事此事的承受力,能否真正宣称具备从事的本领? 鉴于本领确实是原始本领(尽管尚无具体意图,但带有使用意图的使用权),因为一般形式的太空实力只是原始本领,所以意图只是将使用权与为我们的红利而使用该使用权的期望关联起来的火花。但为了被真正掌控,本领要成为太空实力就必须(通过转变器机制)将太空实力应用于经济、政治和军事领域的应用性实力。因此,一旦本领确立起来,就会沿着"逻辑德尔塔"流向具体的太空努力,增强太空实力归属实体的经济、军事和政治实力。

因此,"语义德尔塔"(太空实力的基础要素)和"逻辑德尔塔"(太空实力的意图和应用器具)通过使用权和本领两个至关重要的概念联系起来。使用权是将某个要素置于太空中某个具体区域的承载力和所考虑的太空实力归属实体可获取的分散各异的使用权的总和,再加上出于任何目的使用该使用权集合的意图,即是本领。使用权和本领将语义和"逻辑德尔塔"连接起来,形成一个完整且校准后的太空实力模型。

1.13.2 反馈环

尽管我们可能试图将逻辑和语义分离到其自身包含的空间中,但不幸的事实是(为了简化模型),语义和"逻辑德尔塔"之间存在反馈环;语义构建逻辑所认为有用者(通过使用权形成本领),但逻辑也为选择和发展语义的太空实力基础输入(特别是通过转变器)提供了依据。

1.14 战略性使用权:对本领的当前限制

本领(使用权加上使用意图的总和)或在逻辑层面集成的全部使用权,对于太空实力最为重要。然而,即使存在到达太空中某一区域的科技,对该区域的使用权仍可能因对手充满目的活动而被封锁。因此,即便我们或许拥有某个区域的使用权,但由于对手施加了某些针对性限制,我们或许并未拥有某个区域的战略使用权。在太空实力的运行性语义层面,基于某方使用权从一种商贸、政治或军事视角是否受到限制(即我们从物质上能否抵达太空某部位,条约是否禁止我们在该区域运行,还是对手用武力使我们处于该区域之外),使用权能够采用不同的基调。因此,战略性使用权受限制性最强的运行性语义使用权束缚。当今海上领域中,战略性使用权通常受军事部队束缚(敌方舰队阻碍了港口使用权,而非我们缺少能够到达该港口的船只)。在太空领域,使用权目前受技术局限的束缚(我们缺乏能够将一千人送达火星的火箭)。鉴于通过战略手段对使用权的限制极少,太空中的技术性使用权通常也意味着我们具备战略使用权。因此,拓展太空中战略使用权的最优途径不是投资阻止敌方限制我们通过军事手段获取太空使用权的本领,且像大多数军事航天领导人在准备战争时继续在做的那样困扰于"太空是竞争对抗环境",而是投资于技术并攻击当前最大敌方的太空使用权,即太空环境本身的使用权——针对商业开发为主的所有人类努力,通过投资技术开放更多太空的经济使用权。

尽管我们应当利用推进技术扩大使用权,但在拓展战略使用权方面也有巨大的军事作用。扩大商贸使用权将会不自觉地拓展军事行动使用权,而军事必须始终履行其主要职能:在战时保护友好商贸并拒止敌对商贸使用权。但在和平时期,我们如何扩大战略使用权?通过和平的战略性进攻。将商贸尽可能远地向外扩大至太空,不仅会增加财富,还会扩大使用权和运维本领以及能够被政治、军事和商贸太空实力等任何应用型太空实力所利用的优势。因此,和平的战略性进攻——

扩大商贸——产生无须通过暴力获得的政治和军事红利以及国家优势。商贸活动在国家实力中具有与军事或外交胁迫同等的战略地位,而且往往更适合国际社会。在众多原因中,这是太空实力逻辑的商贸优先发展的唯一原因。

1.15 太空开发利用的层级:一种等级架构

太空实力要素(生产、航运和殖民地)在过去、现在和可预见的未来所有可想象的时间里常见于所有太空军事行动。然而,马汉的太空实力模型诠释了这些要素能够以多种不同方式组合而产生形式截然不同的太空实力。太空实力存在军事、商贸和政治形式(广度横跨太空环境特征引起的潜在用途),但能够看到不同形式取决于开发利用的是何种太空环境特征。这些不同的特征不仅描述通过太空实力能够获取什么,而且描述所研究的航天国家关于太空活动的成熟度和潜在回报的特性,用于谋取红利的主要开发利用都是通过这些特征。为认识到太空实力的这方面,该模型确定了六个关键的太空环境特征,并按升序列出这些特征(以通过必需的战略使用权和潜在经济回报表达的运行成熟度为基础),可用于对有关太空实力国家的成熟度进行分类。

1. 高度

高度是太空环境最基本的环境特征,也是最容易开发利用的。第一批有效载荷是利用首批亚轨道火箭达到极大高度的照相机或其他仪器,且当今的几乎每一项利润丰厚的航天活动都利用了太空的高度优势。影像卫星利用太空航行的高度优势为民用、商业或军事用途拍摄宽幅照片。通信卫星利用高度承担信号中继器功能。

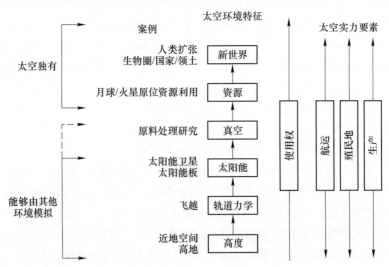

图1.5 使用权的太空实力体制等级架构

尽管高度非常宝贵,易于开发,但强健的太空实力不能只依靠它。

高度可以通过除太空系统以外的装备(如飞机)进行开发利用。事实上,军事航天圈子讨论了"近地太空"高空气球是否应被视为太空兵力。从这一太空实力模型的视角看,他们不应属于(太空兵力)。高度优势是太空实力的一种弱形式,原因在于很容易被其他环境(高空飞行器)所复制,且一国对其开发利用所要求的战略使用权极少。事实上,高度甚至不需要旨在开发利用的轨道使用权。因此,高度是太空最基本且效力最低的环境特征。

2. 轨道力学

轨道力学,如物体无须重大维护要求而保持长期在轨并规律地飞越地表的本领,是比高度更难开发利用的环境特性,但仍是太空实力的一项非常基本的应用。第一颗人造卫星"斯波特尼克"(Sputnik)证明了飞越的概念,并证明了开发利用轨道力学用于太空实力的用途。当与开发利用高度相结合时,我们开始看到能够在太空站停留多年的图像和商业卫星的崛起。然而,轨道力学甚至早于以弹道导弹形式(采用亚轨道抵达目标)开发利用的太空高度。

结合太空环境的高度和轨道力学以及太阳能初步考虑,我们随着卫星星座进入了太空实力现代领域。这是一个有力结合,大多数太空实力理论都聚焦该层面。相对于简单的亚轨道探空火箭,抵达轨道是一个重大飞跃。然而,与太空中的大量可能活动相比,它仍然是一项相对次要的应用。轨道力学使持久存在比采用替代方法更为容易,但并非不可能。因此,开发利用轨道并不能使任何活动真正对于太空而言独一无二,且停滞于这一水平上会导致太空指挥的不成熟。

3. 太阳能

近地空间丰富的太阳能是服务于太空实力的关键环境特征。鉴于前两个较小的特点,使得当今的现代化星座利用太阳能阵列为卫星提供现成的电能成为可能。由于预先假定前两者才能得到开发利用,因而它是比高度或轨道力学具有更高排序的环境特性。太阳电力通常仅用于由轨道力学产生的更长航时任务。以太阳能发电卫星为形式对该特征的重工业开发利用以向地球聚束传送能量,是具有巨大经济潜力的潜在性未来应用。

长期任务使太阳能开发利用成为必要,且所带来的延长任务时长的本领容许开发国成倍大幅提升太空的战略使用权。然而,这种特性能够通过局限于地面的技术所开发利用,尽管效率较低。因此,由于现代太空强国所利用的三个特性(高度、轨道力学和太阳能)能够由其他环境来模拟,人们有时会呼吁放弃太空实力转而寻求其他机会,正如最近为空军寻求 GPS 卫星导航替代方案的计划所证明的一样。这就使人们有理由相信,从长远来看利用上述三种特性的太空实力或许不可持续或不稳定。

4. 真空

太空接近完全真空,与微重力(技术角度是轨道力学的延伸)相结合,太空本身为开展高纯度(利用真空)和高均质结构(利用微重力)先进材料的研究与制造提供了独特环境。出于工业目的开发利用太空真空可以提供使商业太空实力量级增加的一种飞跃。

可以肯定的是,真空和微重力能够在地球上产生(因此模型假定这种特性仍非太空独有),但开发利用太空可能是使这种制造在经济上可行的唯一途径。开发利用真空极大拓展战略使用权,因为这意味着支持工业努力的航天基础设施足够庞大,因此工企业不仅能够进入其所运维的太空区域,而且还能够开展制造所必需的复杂活动——真正展现出太空中物质和经济活动的自由。这是某一区域战略使用权的最终形式;实施对于充分开发利用运维区域的优势所必需的复杂经济活动的本领。使用真空是第一种环境特性,真正为航天国家提供一种关键能力,如若本身没有开发利用太空,这种能力可能从经济上永远受到限制。

5. 资源

地球以外的太空由许多原材料和资源组成。在月球上存在少量氦-3同位素而在地外气态行星上大量存在,或许是经济且清洁的聚变能量反应堆的关键组成部分。月球上的水可以满足未来太空军事行动的关键需要。位于小行星和类地行星体上的金属和挥发性化学品确实丰富了全球各国和人类的资源基础。它们的存在使得将其纳入甚至以便自居完整的任何太空实力模型成为必要。

天基资源可用于给付飞行任务损耗,如从地球上搬运大量建筑材物资造月球基地,或仅仅在火星样品返回飞行任务中处理新的气体罐。开采和提炼天基物质资源供人类使用,是一个太空强国所能达到的第二级最先进水平。资源开采需要重工业活动和极大程度的战略使用权才能实施。涉及行星和资源开发时潜在地增加大型重力井就需要高度复杂的航天基础设施和紧邻该区域的总体战略使用权。然而,对于成熟的太空强国而言,还有最后一种优越的太空品质。

6. 新世界

处理天基物质资源可能是太空中经济活动的一种复杂表现,但能够通过无人或几乎无人驻留的远程采矿平台或前哨进行开发利用。全面系统地开发利用所有太空环境特征要求将太空作为人类环境来接受。开发利用新的世界需要航天社会利用太空位置来拓展人类生命和文化,而不是将月球仅仅视为一个访问站、一个科学研究或建立采矿的地方。简而言之,它要求对太阳系和以远的太空进行殖民。

新世界下的太空不仅获取地球上的优势或为国民经济增补新的资源,还能使得真正拓展地球以外的国家政体成为可能,或创造一种全新政体的可能性。完全发展的成熟太空强国必须能够将其文明传播到地球之外和所控制的太空区域。在殖民地区域,战略使用权变得完整。尽管技术进步可以持续使殖民地的行动更加容易,但所有人类活动都可以在殖民地区域实施。通过将太空区域作为真正的新世界加以开发利用,拥有太空实力的国家将死亡世界变成新的人类环境。

因此,该模型的6个太空环境特性及其对战略使用权的影响构成了一个整体的族谱,将我们从小型亚轨道火箭到卫星,带到了巨大的科幻式未来主义殖民帝国。所有这些都是太空实力的例子,都通过太空实力的要素建立起来。随着当前模型的完成,让我们研究能够从中汲取的一些可能的教训。

1.16 发展太空实力

经济学家约瑟夫·熊彼特(Joseph Schumpeter)的经济发展理论可以作为一个恰当的太空实力发展模型,因为熊彼特的模型与太空实力本身具有相同的特征。的确,太空实力的发展难道不正是通过太空活动实现经济发展的一种形式吗？熊彼特认为,经济发展有三个显著重点:它源于经济体系内部本身,且不是对外部信息的反应,并非连续发生且不是一个平稳过程,同时带来从根本上改变现状并导致新均衡状态的变革[28]。太空实力的发展在本质上一样。太空实力的发展是一个发生在太空实力的逻辑和"语义德尔塔"之中的内在过程,而非仅仅"发生"于模型以外活动的事务。太空实力的发展也不是一个平稳过程,而是断断续续发生,因为各要素新的表现形式以新的不同方式结合,从而培育新的使用权途径,且新能力再扩张开发利用太空环境的本领。最后,太空实力的发展往往通过将太空实力扩大到新视野,以彻底变革太空实力的语义(而非逻辑),这从根本上改变太空实力的平衡和太空兵力的形态(从卫星到太空站再到人类殖民等)。由于太空实力以与熊彼特的经济发展概念极为相似的方式发展,因此太空发展能够用熊彼特的术语描述。

熊彼特说,"发展……由实施生产要素的新组合来界定"[29]。在太空实力发展中,以新方式组合的生产要素是太空实力要素——生产、航运和殖民地。熊彼特的发展概念(和通论的发展太空实力概念)包括五个特定案例(我们将称为路径):

（1）引入一种新的商品(就我们目的而言一类新要素——生产、航运、殖民地)或一种新质量的商品。

（2）引入一种尚未纳入考量的行业新生产方法(但不一定是一种新发现本身或其中),这种生产方法能够以商业化处理商品(太空实力要素)的新方式存在。

（3）如果东道国的制造业正好拥有市场使用权,无论是新市场还是已建立的市场,开放新市场。

（4）征服新的供应源,对于所谈论的东道主而言,不论是新的供应源还是仅为最新的可用供应源。

(5) 任何行业新组织的执行。[30]

这五个发展案例不必作为太空实力发展的五条途径而加以重大改变,但很好地阐释了每一途径下的活动在太空实力视角下的样貌。太空实力通过以下途径发展起来。

1.16.1 路径(1)

模型中一种新货物的引入即为太空实力的一个新要素(生产、航运或殖民地),该路径因此在太空实力语义的要素层面与模型衔接协调。这些要素构成了"语义德尔塔"的基础,是太空实力最明显的例子。路径(1)可能是可设想的最容易的发展路径。这种发展通过创建更好的物质工具使太空实力走向成熟。研发一种更新和更强大的发动机进而创造动力更强的航天器(航运的案例)是路径(1)发展的一种案例。作为生产、航运或殖民地一个新要素的任何事物都可以视为路径(1)发展的示例见图1.6所示。

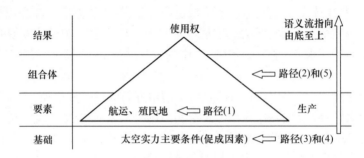

图1.6 语义发展路径

路径(1)发展主要是通过各种私营和政府实验室以太空为中心的研发来实现。路径(1)是通过硬件实现太空实力发展。由于更高质量的太空实力要素内在地更持久、更灵活且性能更高,固然会产生更大的使用权。如非这些,那这些要素的质量就不会比以往更高!然而,新要素不仅必须在实验室培育,还必须生产和部署,以扩大太空使用权。因此,通过提高工业基地的原型化能力和通过其他方式提高与太空实力有关的工厂的新生产速度(不仅仅是更大生产力),也可促进路径(1)发展。加紧和提高新技术生产速度、增量设计改进和生产周期是路径(1)发展的一个重要方面。

路径(1)发展将始终至关重要,因为太空实力要素是太空实力的基本组成部分,且仅仅因为它们是采取行动的硬件和工具,或许就被视为太空实力最重要的部分。没有太空实力的要素,一个实体根本不可能成为一个太空强国。虽然太空实力通论中的其他条项对太空实力至关重要,但它们在很大程度上仅仅是对要素的修饰。由于太空实力的要素如此重要,路径(1)发展将永远是一个负责任的太空强国至关重要的一条发展道路。

1.16.2 路径(2)

路径(2)发展是尚未引入考量行业的一种新的生产方法的引进(但本身或本质上不一定是新发现),并且能够以一种处理商品的新方式存在(太空实力要素),从而改善太空使用权。就经济用语而言,路径(2)在于通过技术、知识或创新外溢效果实现太空实力发展,这些行业本身和本质上并不一定与太空实力相关。经济学家们早就意识到,创新的一个重大驱动力是跨产业传授新思想。这种传授是为何产业间集聚(如纽约等主要都市地区存在的许多不同产业)似乎为主要城市所有行业带来更多创新的关键理论。一个常见的场景是"酒吧餐巾事件",两个来自不同行业的人在酒吧里工作几个小时后,通过将某一行业的过程应用于另一行业制定出一套新的突破性过程,从而创建一项变革性创新。这项有利的创新活动在经济学上被称为知识外溢效果。

知识外溢效果往往源于一个行业的流程适应另一个行业的方法。确实并非必然创建新的突破,但通过这些行业间的知识变迁可以取得重要进展(且往往是工业突破)。正如熊彼特所说,知识外溢效果可以采取新的生产方法或在接受它的工业中处理某种商品(太空实力要素)的新方式这一形式。因此,路径(2)创新能够影响太空实力语义和逻辑的两个领域(图1.7)。

路径(2)发展能够影响太空实力语义和逻辑的第一条途径在于"语义德尔塔"的组合层次。太空实力使用权是通过新的且不同的方式(发展的过程)将太空实力要素组合起来形成新的承载力,以便各要素在新领域高效运行。一种处理要素的新方法本质上创建了将受影响要素应用于实现新使用权能力的新方法。

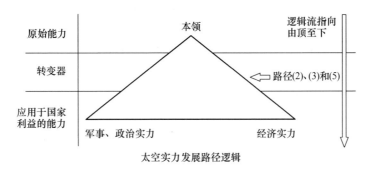

图1.7 发展路径逻辑

路径(2)发展可能影响太空实力的第二个点是太空实力逻辑的转变器层次。转变器利用经济、军事和外交概念将原始太空实力转化为国家经济、军事和政治实力。处理太空实力要素的新方法也可能转化为针对国家实力目的使用太空实力要素的新方法。因此,路径(2)开发可能既影响使用太空实力要素形成的组合,也影响这些新组合(或更具体地说,这些新组合创建的新的使用权和本领)如何用于产生国家实力。

由于路径(2)的发展是通过行业之间的知识延伸创新产生的,因此可以通过确保太空实力发展行业的一部分与其他产业密切联系,以保持开放的沟通渠道来刺激路径(2)的发展。而后,路径(2)发展使所有行业至少对太空实力发展具有间接重要性,而不仅仅是与太空实力直接相关的行业。由于事先并不知道,源于哪一个随机行业的哪一个古老过程将被证明是创建一种太空实力必不可少的路径(2)发展突破的关键。因此,任何实体中承担太空实力发展者了解其他看似不相关领域的发展情况是至关重要的。从多个角度而论,太空实力发展必然是一个多学科领域,且路径(2)发展是这种情况的一个重大原因。

1.16.3 路径(3)

如果东道国的制造业已经刚好实现使用权,无论是新市场还是已建立的市场,都将开放。由于太空实力主要在于经济(军事和外交实力只有在资金继续流动时才能维持),路径(3)发展对任何太空实力实体来说都极其重要。新市场开辟利用太空实力创造财富的新途径。给太空实力建立的新市场,为新进入的太空大国提供创造财富的新方法。全新的市场提供了开创性的空间,对太空大国而言这是一个无人竞争的市场,大大增加其自身财富潜力。

与路径(2)发展一样,路径(3)发展同时影响太空实力的语义和逻辑。路径(3)发展的第一种影响在于"语义德尔塔"的基础层次。现有市场的新使用权使实现该新使用权的太空实力将所谈论的市场纳入"语义德尔塔"的经济基础。一个市场的任何使用权使得对市场的开发利用有助于资助一项太空实力发展计划,并为其他基本活动创造税收。通过在已经建立的新市场进行竞争,可能是倡导路径(3)发展的最简便方式。从战略视角看,进入新市场将通过既威胁已确立的税收流(不完全由市场份额描述),又使他们以加强竞争来保卫自身的市场存在,来影响竞争者。通过进入新的航天市场实现路径(3)的发展,就绝对的(更多金钱)和相对的(损害竞争对手)战略原因两者而言,都是非常宝贵的发展路径。

路径(3)发展的第二种影响类型即共创新市场,在"逻辑德尔塔"的转变器阶段发挥作用,通过转化的思想和方法产生经济上的太空实力,与新的经济和商业方法形成特定联系。根据定义,经济转变器创建了由太空实力促成的新市场。只要将太空实力要素组合起来,任何时候都能提供一种有利可图的新产品或服务,一种经济转变器就创造了一个新市场。这些新市场是通过经济太空实力产生非常规巨额税收的关键促成因素。正如下一部分将讨论的那样,尽可能垄断这些由航天促成的新产业对于所谈论的太空实力形成的经济上的健康至关重要,也是可能的太空实力最有价值的表现之一。通过现有市场实现的路径(3)发展很有价值。通过新市场实现路径(3)发展绝对是重要的国民经济实力倍增器。

通过向整个太空实力事业灌输企创精神鼓励路径(3)发展。尽管军事和政治太空实力可以成为这种发展的关键促成者和捍卫者,但路径(3)发展几乎完全属于经济和商业部门的责任。太空企创精神,甚或堪比军事航天职业化,是太空发展和太空实力的关键资产。鼓励基本上不受政府干预(除了国家安全和利益要求对行为加以限制的地方)的大型、创新和承担风险的太空商业文化,可能是政府为发展成熟的太空实力所能做的最重要的事情。经济实力是所有其他国家实力依赖的基石,太空也不例外。这一事实使路径(3)发展成为发展太空实力最受欢迎的途径之一。

1.16.4 路径(4)

实现太空实力发展的路径(4)方法,是掠取一个新的供应源,不论是全新供应源还是仅为所谈论的东道国可获取的新供应源。路径(4)的发展是从对于维持太空实力所必需的战略资源新供应进行采购的结果。这些资源可以是珍稀资源,也可以是基础资源;可以像铁或铝一样常见,也可以像反物质一样珍稀——如果是维持太空实力所必需的资源,则是有用的资源。

路径(4)发展影响"语义德尔塔"的基础阶段,特别是太空能力促成者的资源基础。这也许是最直接的发展路径。拥有更大的资源基础,一个实体的太空实力就有更大的原料供应,用以建立和维持其太空实力。有些资源可能比其他资源更为重要。如果核火箭在太空行动中自此司空见惯,那么对于太空实力而言,裂变材料或聚变材料可能比铁矿石更重要也更珍稀。尽管如此,积累对于太空实力发挥功用所必需的任何资源新供应,都可以视为路径(4)发展。

路径(4)发展发可以通过多种方式得到激励。首先,可以积累资源供应,以增大新矿藏使用权,并发展开采新矿藏的本领。这种开采既可发生在陆地上,也可在太空中。鉴于越来越多的证据表明,即使在近地太空也存在大量资源(包括水、金属、挥发性化学品甚至阳光),因此,在可预见的未来某个时刻,太空实力很可能取决于太空资源。事实上,近期最重要的太空实力革命很可能是在发展太空实力要素中广泛利用太空资源,如生产(以原材料产品的形式)和殖民地(用于建造新太空前哨的原材料)。

为妥当起见,简要讨论与路径(3)和路径(4)发展相关的太空实力的殖民地要素。一旦人类航天飞行变得正常和普遍化,太空殖民地(在经典科幻小说形式中为宜居城市和远离地球的前哨站)将成为路径(3)和路径(4)发展的重要促成者。远离地球的新的人类前哨站将几乎立即成为重要物项的市场。在建立起哪怕一个小型的载人前哨站后,氧气、水和食物(以及其他众多基本必需品)将立即成为贸易商品。NASA对国际太空站的商业货运计划就是新市场(路径(3)发展)的一个例子,它源于新的殖民需求。因此,路径(3)发展的一个重要催化剂将必然是新殖民地的创立和扩大。

同样,通过从太空矿藏中提取资源,殖民地将是路径(4)发展特别重要的要素。正如美国西部边疆的许多城镇和前哨通常以采矿营地得到起步一样,太空殖民地也可能从与开采太空资源宝贵矿藏相关的经济活动中发展。为获得太空资源使用权并发展开采利用的本领,可能有必要建立一定规模的人类殖民地,以提供机器人可能从物质上或经济上都无法提供的所需劳动力和/或专门知识。因此,路径(3)和路径(4)发展将有可能会既刺激创建远离地球的人类殖民地又有赖于其建立。

1.16.5 路径(5)

任何太空行业新的组织机构的执行都认为是路径(5)发展。这也许是最不受人赏识的发展道路。熊彼特作为一名经济学家,以经济术语考量一个行业组织。如果一个行业从竞争环境转向寡头垄断或垄断结构,反之亦然,则这是该组织的一种内在发展。这种类型的经济发展作为一种太空实力发展路径是完全可行的。例如,太空探索技术(SpaceX)或比吉洛空天(Bigelow Aerospace)等"新航天"公司的崛起,打破波音(Boeing)、洛克希德·马丁(Lockheed-Martin)和其他政府承包商航天公司的寡头垄断,将有可能会刺激竞争、降低成本,并产生可供国家太空工作利用的更多太空实力要素组合(并由此实现使用权)。然而,组织机构的发展也能够影响军事和政治太空实力部门。这些路径(5)讨论的主体可以是有关独立军事航天军种的军事辩论,这将在后文详细讨论。

与路径(2)一样,路径(5)发展同时影响太空实力的"语义德尔塔"组合层次和"逻辑德尔塔"转变器层次。路径(5)发展的重要性在于行业中出现的新组织文化以及这些新行业如何影响创新。新组织在文化上往往与旧组织不同,能够以新的方式看待旧问题,最终提出新的解决办法。这些新的解决方案(新思想)将体现为组合太空实力要素以增加使用权("语义德尔塔"的组合层次)的新方式,以及使用该实体的原始太空实力(本领)达成经济、军事和政治意图("逻辑德尔塔"的转变器层次)的新方式。因此,由新的组织文化产生的新思想既影响太空实力的基础要素,也影响利用太空实力达成国家目标的能力。

通过聚焦参与太空实力发展的商业、军事和民间组织文化,可以激励路径(5)发展。理想情况是,应培养尽可能多的亚文化群,使思想市场尽可能多样化,同时尽可能使整体努力更经济。这涉及许多看似矛盾的立场。在经济面,激励路径(5)发展或许包括尽可能在航天市场提升竞争,同时允许"自然垄断"(如通过规模经济实现垄断)继续不受政府干扰。在军事面,这或许意味着鼓励创建独立太空军种(或许为军种),同时保护陆地军种(陆军、海军、海军陆战队和空军)的太空骨干不被吸纳到新的太空军种。路径(5)发展的关键是确保太空思想制造的声音与经济上的声音一样尽可能多地被听到。由于对太空实力的近期发展至关重要,第2章将进一步讨论路径(5)的发展。

1.17 "通论"中实力的双重概念

大多数战略著作仅以相对措辞考量实力。埃弗雷特·多尔曼(Everett Dolman)的"标准定义"认为:"实力是A必须让B去做B不愿做的事情,或继续做B宁愿停止做的事情,或不开始做B更愿意着手的事情这样一种能力。"[31]这一定义要求A和B都有能力做出审慎的决策和目的鲜明的行动。实际上,这种实力需要两方选手。通论中的这种实力关系定义被视为与太空实力"逻辑德尔塔"有关的实力对实力的逻辑定义。源于太空的经济、政治和军事实力主要与产生多尔曼所描述的实力类型的能力有关——即A使B以B所不愿的方式行事的本领。这种类型的实力真实而重要,但不是唯一存在的实力类型。

在讨论如陆地、海洋或空中等相对成熟的实力来源时,实力的逻辑定义可能显得完整,因为在陆地、海洋或空中,环境层次的使用权和本领实际上可以得到保证。在陆地、海洋和空中环境,使用权和本领从纯物质方面实际上是无限的。除非受到其他技术系统的防御,否则我们的技术几乎可以到达这些介质的任何位置。然而,相对于其他介质而言,太空实力严重地发展不足。当前的使用权和本领局限阻止我们在太空从事许多事情,而不需要来自另一蓄意代理的有目的的拒止。由于技术局限束缚了太空活动,需要确定一种不同类型的实力来说明这些弱点。

例如,考虑行星防御概念。许多专家认为,一颗小行星或其他天体撞击地球,造成(至少部分地)恐龙灭绝,而且未来的撞击可能足以摧毁一个大城市甚或地球上所有生命。转移或除此之外以其他方式阻止小行星撞击地球的本领,可能是人类能够发展的最重要且最关键的本领之一,但根据多尔曼的定义,它不能称为"太空实力",因为小行星碰撞不是蓄意的。当然,行星防御本领应被视为实力。使用权和本领是环境之上的实力测度。

太空实力也必须从对太空环境本身的掌控水平方面来考虑。当新的使用权可用且本领扩大时,太空实力增加。记得通论对太空实力的定义,即在太空从事任何事情的本领。而后,对太空环境的掌控被认为是实力的语义定义。因此,实力的语义定义是,A在B环境中不受技术阻碍地从事任何事情。关于太空实力,通论承认实力的逻辑和语义定义。

这两个看似不同的实力定义是相互联系的,因为两者都要求行动承载力。[32]虽然实力可以是两个审慎行为者之间的关系,但也可以是参与者和物质环境需求之间的关系。A可以选择对B采取行动,B可以选择抵制或服从(实力的逻辑),但如果A选择这样做,不论是否没有其他审慎实体选择抵制A的行动,A从环境中回收资源B的承载力也是(语义)实力。

1.18　科学在太空实力中的作用

读者或许发现,缺乏科学或知识作为"逻辑德尔塔"的一个塔尖,是通论的主要疏忽。科学和探索作为美国当前航天计划的主要驱动力,怎么能不是太空实力逻辑的一部分呢?通论确实解释了科学在太空实力中的角色作用,但知识(以科学和探索的形式)本身并非作为太空实力目标的一个终极结局。

在通论中,从探索中获得的科学和知识是构建太空实力的基础(或首要条件)之一。因此,它是"语义德尔塔"最底层的一部分。科学作为太空实力的基础要素(也仅是众多要素之一),仅用于增加设计者在发展新型太空实力要素(生产、航运或殖民地)时的可用选项。作为某个太空强国可获得的太空实力要素的一种品质限制因素(如理解核物理学使一个国家能够制造比常规化学火箭强大得多的核火箭),鉴于其非常重要,科学不是太空实力的合法正当结局,致力于纯粹知识的一项航天计划也不能发展任何重大形式的真正的太空实力。知识必须简单地用于其起作用的某种目的。

基于探索和科学的航天计划其内在弱点的证据构成了美国太空历史的主体。截至2012年,美国没有退出政府主导的载人太空飞行计划,也没有任何重大政治支持来重建该计划。自"阿波罗计划"结束以来,NASA几乎只聚焦"科学"任务,除了虚假的哈勃图像(那些装饰大学天文学专业宿舍的海报与真实色彩模糊的图像毫无相似之处)和在政治上不可持续的火星飞行任务外,几乎或根本不考虑对美国的明确结果或投资回报率。"太空探索"和"科学"根本无法维持公众对航天计划的兴趣。我们将在后续第2章讨论以科学为中心的太空实力的缺陷。

行星科学家约翰·刘易斯(John S. Lewis)在他的《星际采矿》(Mining the Sky)一书中将纯粹的基础研究作为航天计划的一个目标。刘易斯写道:

我发现,任何一个国家只为其智力价值最终会选择在太阳系的纯科学研究中投入大量资源,非常不可思议。一般来说,政府并不倾向于智力价值。例如,若要重返月球,原因在于该付出与我们国家和地球的未来物质福祉之间存在着某种明显可见的关系。只有在构成一项研究计划的平衡部分且还满足可见的经济需要时,基础研究才会被容忍。[33]

刘易斯的断言完全符合通论。基础研究仅仅只能是航天计划的一部分,该计划有赖于提升主体太空实力——不论是经济、军事或政治应用(这种情况下,刘易斯博士也许过于狭隘,因为基础研究也可能通过政治、军事优势和经济优势来维

持)。基础研究仅能有助于建立可持续的太空实力,它不是太空实力本身的一个目标。刘易斯继续写道:

> 一些人认为,政府必须支持基础研究,因为它是未来的基础;此后十年所有新的应用科学和此后20年所有新的工程研发都将建立在今日基础科学上;美国基础科学引领世界,绝不能动摇。这些观点是正确的,但那些牛津和剑桥这样顶尖大学的科学家如此"纯粹"以至于不知道或者坦诚说并不关心应用科学和商业化流程。[34]

刘易斯得出结论,我们必须"采取未来政策,在长期基础研究、短期应用研究、产品工程研发和实现新产品商业化之间达成明智的平衡"。[35]转换为通论语言,刘易斯的理想化未来政策将鼓励基础研究的进步("语义德尔塔"的基础部分),但致力于研究、发展和部署新的太空实力要素(建立"语义德尔塔"的新要素),从而增强国家的经济太空实力("逻辑德尔塔"中的应用性太空实力)。刘易斯再次无视政治和军事航天实力,但他的政策建议极好地符合通论的语境。

刘易斯对从基础科学到商业产品的路径的描述是从"语义德尔塔"底部到"逻辑德尔塔"终端的路径。泊松尼(Possony)和普尔内尔(Pournelle)在《技术战略》(*The Strategy of Technology*)中详细解释了该路径(我们将继续参考的一本非常重要的书)。在他们的技术流程四阶段模型中,基础科学的进步只是"智力突破"的第一阶段高潮。社会往往必须等待,有时超过一百年且通常是"两代人",直至依序突破推进到第二阶段,科学才被接受和理解,才能利用该科学构想和研发一项实际发明,更不用说生产和运用。[36]第2章将详细探讨该技术流程。然而,即便这一初步审视也清楚表明,基础研究本身不能创造太空实力,且不能成为终点本身。

探索同样是一种产生应用型实力的不完整方法,但仅仅是第一步。历史学家威廉·H. 戈兹曼(William H. Goetzmann)在关于探索美国西部的里程碑著作《探索与帝国》(*Exploration and Empire*)中写道:"1800年,美国是一片荒野遍布的欠发达土地,它作为联合体一部分的命运仍不确定。正是那些和其他人一样的探险家,首先帮助它免于国际竞争对手威胁,然后开发利用以定居,规划主要的移民路线,找到丰富的资源,然后针对历史上最大内陆帝国之一,调查并指出行政管理中的复杂问题。"[37]尽管戈兹曼称赞探险者在征服西方所起的作用,但仅仅探索还不够。土地需要得到免遭敌对势力(包括本地人)威胁的安全保障,并绘制资源和移民地图,以便定居和开采。探索是使得服务于实力目的的开采第一步启动成为可能。如果仅是没有其他后续活动的探索(如月球的案例),西方就可能不会对美国或其国家实力有任何增补。探索同基础科学一样,只有在能够用于为国家实力做贡献才有价值。正是这一根本原因,使通论将基础科学和探索作为太空实力的"语义德尔塔"范畴,而非"逻辑德尔塔"。

1.19 科学小说较之太空热情的逻辑

在对待太空实力时,决策者和战略家必须面对空想家。太空实力空想家有两种不同形式:科幻作家和太空狂热者。它们都能为太空职业人员提供所需指导和启发,并协助太空实力发展。

为何关心科幻小说?谁在乎那些怪诞作家写给其他怪诞人士的未来几百年不存在的幻想集呢?简短的回答是,我们应当关心的原因在于科幻小说是关于未来的最大思想库。在技术将我们送抵之前,人类的想象力预示着许多不同的可能场景,并思考其结论。"思维实验"一词能够用来描述在开始探索未知领地以外之前,对每个问题进行理解和归类的脑力工作。人类如何最好地组织征服太空的努力确实是一个非常复杂的问题。例如,NASA、军种部门或航空航天公司等机构中的伟大技术头脑(通常是科学家和工程师)在过去一百年里已对太空旅行作了数千小时的思考。确实,官方的太空认识汇编催生了许多精彩的技术进步。

然而,技术人员是范围较窄的受训群体,如人们理解的那样,在有关太空问题上主要从技术情形进行考虑。与更大量技术论文相较而言,鲜有论文探讨航天计划组织机构。另外,为 NASA 和航天行业其他机构工作的空天工程师和科学家的数量可能高达数万人。官方资料的读者或收视者并不会让揭示的人数成倍增多。空天领域的"官方"职业人员极少,且相对较少撰文涉及极少数人的航天组织机构。

现在关注《星际迷航》(*Star Trek*)。《星际迷航》拓展的宇宙包括原旨的和非原旨的(例如,"官方"宇宙和"非官方"的派生品,像书籍、漫画书、电子游戏和棋盘游戏这类物品),总体上囊括由数千名各种背景的人(演员、作家、电影制片人、英语专业人士、科学家、工程师、人道主义工作者、哲学家)制作的千万小时的电影和数百万页的著作材料,吸引着地球上几乎所有文化中各行各业数百万计的人们!尽管白宫或 NASA 的最新政策报告至多可能由几千名政策专家阅读,但最新的《星际迷航》电影却被全世界数千万人观看。毫无疑问,就太空事务的讨论而言,在世界范围的贡献和曝光中,《星际迷航》从广度和深度上超越了职业航空航天界。而《星际迷航》仅是一个极庞大和详尽的科幻神殿案例。

当然,NASA 一项载人火星任务的技术研究对于技术政策的重要性将远远高于《星际迷航之星舰技术手册》,但这个事实只适用于技术讨论。许多航天事务不是技术事务(如本书重点所在的航天计划组织机构事务),且相比于政治科学专业或历史学家甚或科幻小说迷,NASA 的工程师可能更不具备写此书的资格。在这些以人文为中心的"模糊"问题上,科幻艺术比技术官僚的 NASA 报告能更有效地承载。当曲速传动和惯性阻尼器尚未纳入人类的技术武库时,人类已经面临着太空旅行的希望和危险。仅仅因为《星际迷航》是基于某些尚未实现的技术,并不会使其不依赖于技术的主题想法失效,例如,我们应该如何对待或将在太空面临的某些人类条件。科幻小说不仅仅是大量娱乐,也是在与航天有关的几乎每一个可以想象的劳动领域(技术和人道主义),世界上一些最聪明、最富有创造力的想法汇集。

关于技术最重要的问题是,工具一旦开发,人们将如何使用它,而这根本不是一个技术问题。因此,太空旅行(一种工具)最重要的问题是人类将如何利用它。为了尽可能最好地回答这个问题,许多人必须从每一个可以想象的角度加以探讨。由一个封闭系统(如专家组)得出的报告永远无法接近一个开放系统的广度甚至深度,任何兴趣人士能够扩大或挑战该报告。

简而言之,《星际迷航》是世界历史上对太空中的人类未来的最大思想实验,历时近半个世纪,跨越几代人,涉及数百万人作为生产者、消费者和批判者,具有近乎狂热的严苛的内在连贯性。这是对太空中的人类未来曾经设计且很可能从今往后所设计的最清晰、最具内在连贯性并严格探究的场景。人类在面对太空时所想象的几乎每一个道德的、身体的或存在主义的困境,科幻小说在某种程度上可能远远要比类似的任何学术专著都处理得更加详细,若这类文案存在的话。与外国人第一次接触?检查。星际经济和外交?检查。生物学、物理学、哲学、政府、经济学、伦理学……人类活动的几乎每一个领域都被《星际迷航》在太空中的旅行所考虑。科幻小说在质量和数量上都尽可能详尽提供,不论怎么估量都不为过。

科幻小说是一个庞大的思想体,能够用来为我们最紧迫的太空问题提供洞察力——我们将如何利用太空工具?没有人能够严肃地主张,NASA、甚至联合国研究太空中的人类未来,可以像科幻小说所展现的世界那样严格地设想、测试和发展。

在通论中,关于太空旅行的科幻小说有两大主要用途。

第一,科幻小说可以充当逻辑和"语义德尔塔"的理念产生器。新的转变器也许可以从冒险太空小说中搜集,作者们在此探索未来如何使用新技术。新型太空实力要素(如先进的推进系统)能够由寻求如何模仿他最爱黄金时段电视节目的发明家受启发而来。科学家和工程师将职业工作选择归功于其最喜欢的科幻小说计划的大量报告,证实了科幻小说可以激发太空实力的事实。科幻小说不仅可以加深人们对技术进步的见识,而且不同类型的航天机构组织能够通过书面和传递的文字进行深入细致的探讨,而这对于规范人学术研究来说是不可能的。简而言之,科幻小说能够激发真正的成效。

第二,科幻小说能够作为我们太空工作的"成熟度标尺"。如果科幻小说能够突破太空实力逻辑和语义成熟度的界限,它也能在一个国家的太空实力没有尽其所能时让我们清楚,即对进步的检验。尽管通过无人卫星发展的军事航天实力使地面冲突发生了革命性变化,但科幻想法里人口稠密的月球基地和太空站让我们明白,新的太空实力概念和平台是能够发展的——我们并未实现建设真正成熟的太空实力。科幻小说通过将逻辑和语义"进度条"移向更远,展示太空实力实践者能够抵达多久的时长和距离边疆多远。因此,科幻小说可作为太空实力发展的一部分灵感和一部分制约。

航天爱好者和科幻作家在对太空实力发展的用处上有着许多共同点。航天爱好者是诸如太空边疆基金会、火星社会和众所周知的国家太空协会之类的协会成员。像科幻作家一样,航天爱好者不断地推开太空实力思维的极限,也通过永远对计划进展不满而给太空实力项目增加紧迫性。他们也因此既是思想的产生者又是进展的批评者。然而,科幻作家和航天爱好者的主要区别(存在一定的重叠)在于,航天爱好者对太空实力艺术现状的理解往往比较宽容,能够弥合科幻幻想与现实世界中发展太空实力的艰巨工程之间的差距。

科幻小说和航天爱好者都为太空实力发展者提供了关键优势,有助于太空实力逻辑和语义的进步。许多太空实力领导人或许应该成为科幻小说或航天爱好者的读者,或者两者都是,以组织健全而有效的太空实力发展制度。"通论"认可这两个团体对太空实力发展的贡献,且严肃的职业人员和太空发展计划在计划危险性上忽视科幻小说和航天爱好者。

1.20 太空实力的从属语义

尽管太空实力的通论对太空实力的逻辑和语义分开建模,但这种分离很大程度上是人为的。实际上,任何太空项目或某种技术都有逻辑和语义组分。例如,发动机通常不是在心里没有应用场景时设计和建造的。同样,致力于发展某种应用性太空实力(如军事航天实力)的组织机构对太空实力要素的看法,与天基商业风投截然不同。从应用性太空实力的三种表现(经济、政治、军事)之一放大来看,太空实力语义在对自身稍做调整适应。通论通过明确太空实力的三个从属语义来陈述这种相互作用:战争、政治和商贸语义。从属语义概念使得从"逻辑德尔塔"的一个特定点上观察太空实力语义成为可能。这些从属语义被建模为"太空实力语义"的侧视图,并做了以下修正:从"德尔塔"顶部看,一条线垂直延伸到"德尔塔"上的一点。该线和点是应用性太空实力的逻辑组分。该点是应用性实力(经济、政治、军事),该线是其关联的转变器(商业计划、软实力概念或军事教义)。这些要素在产生一种应用性实力时,也微妙地转向展现每个要素(生产、航运、殖民地)通常"看起来像什么"。每个从属语义都有自身调整后作为商贸语义、政治语义和战争语义的可视形象,见表1.1。

表1.1 太空实力的运维语义

海洋/太空实力的运维语义：同一要素多种定义			
海洋/太空实力的运维语义：马汉(X&Y)	战争语义	政治语义	商贸语义
生产(商贸)	宝藏	交通线	贸易货物
殖民地(基地)	基地	人口中心	市场
航运(舰船)	海军舰船(舰队)	条约和协定	商船队

第一，战争语义的从属语义目标是通过武力维护国家的战略使用权。[38]在我们的模型中，战争语义由经典的生产、航运和殖民地组成，但浓缩到更为军事化的表现形式上：宝藏、基地和海军舰船。宝藏是用于军队购买物资并执行战斗行动(本质上是预算)的资金和国家财富。商业产生财富，但只有用于军事用途的财富属于战争语义。宝藏是军事行动的命脉，正如商贸是太空实力逻辑和语义的关键部分，因此宝藏是战争语义中最重要的要素。基地在战争语义中取代殖民地。市场和殖民地通过成倍增加必须捍卫的地区数量，服务于削弱军事效能。然而，军事基地是推进军事使用权、为已部署兵力提供防御和允许远距离军事行动的必要事项，军事使用权通过自身基地确定。战争语义的最终要素在于海军舰船(或战斗式太空平台)：战斗式舰队及其支援舰船。海军舰船是利剑、盾牌，并通过武力投送实力实现国家本领。他们捍卫友好商贸的战略使用权，并防止对手获得这种使用权。战争语义规定军事力量和使用军事兵力来推进太空实力。然而，作为军事航天实力，战争语义是太空实力最不重要的从属语义。

第二，太空实力的第二个从属语义是政治语义。这一语义的目的是通过外交和其他非暴力手段拓展战略使用权。政治语义由政治交通线、人口中心、条约和协议组成。交通线是政治和外交通货。由于强健的商贸使得寻求财富成为可能，广泛的交通线也增加了这种可能性，以致使用权通过与其他实体建立有益的外交关系和协议得以改善。人口对于政治语义是殖民地最重要的部分，人口中心通过扩大国家的选区和其信誉，推进外交和政治实力，特别是在民主国家之中。人口中心不仅提升总体政治实力，而且还成为使用政治实力的渠道。例如，一个临近争议地区的城市可以增加针对该地区声索主权的合法性，也可以成为地区政治的重心。最后，政治语义的"行动要素"是与其他国家的条约和协定，在和平时期和正常政治互动期间巩固对使用权的担保。通过由政治行动制定的条约和协定，国家对友好或中立强国拥有的战略性太空使用权得到确保。条约是扩大使用权并推进和平的战略性进攻的宝贵方式(下面阐述的概念)。政治语义是太空实力第二大最重要的从属语义。

第三，太空实力的最后也是最重要的一个从属语义是商贸语义。商贸语义是太空实力逻辑的商贸执行机制。第一个也是最重要的要素在于贸易商品。没有产品进行贸易或利用太空自然资源生产商品,就无法获得财富,贸易商品是太空财富。贸易产品可以是实物产品、信息或科学知识。然而,所有财富都使其所有者极大地富裕。物质财富最为重要,所有其他类型的知识财富必须直接有助于积累更多物质财富,使其本身非常宝贵。第二个要素在于市场。市场对于货物交易、需求存在和进行经济活动必不可少。商贸语义在观察殖民地时看到市场。航运组成部分是商船或商业宇航军团,将货物从生产源头运输到其市场的船队。商贸是太空实力逻辑与语义最为重要的组成部分,商贸从属语义是太空实力从属语义最为重要的组成部分。

从属语义是发展太空实力语义必要的基础要素,支持太空实力逻辑。为发展真正的太空实力,这些从属语义所有要素的发展都必须与其支持整体太空努力的需要相称。在所有事情中,太空实力的目标是从太空创造财富。与太空实力要素恰当相称在于和平和战争时期从太空产生的财富最大化。从属语义的任何要素都不应放到比太空实力逻辑更高重要度。从属语义全都由传统的太空实力要素组成:生产、殖民地和航运。懂得每种语义都将特定的光环置于太空实力要素之上,有助于更好地理解任何海洋或太空实力的根本必要性——使用权。

太空实力的从属语义可用于两种特定应用中的优势:第一种应用在于对具体计划进行全面分析,以推进太空实力的具体应用,如军事航天军种,军事航天军种看待太空实力语义无疑会着眼于建造军事装备而非商业装备;第二种应用在于分析"太空实力的谬论"——一种从属语义将自身嵌入太空实力逻辑的整体。太空实力谬论将在后文阐述。

一般来说,一种特定应用的组织不会纯粹通过太空实力的语义和逻辑看待太空实力。他们将通过其特殊逻辑看待语义,即他们的目的(应用性太空实力)和方式(独特的转换器)。这种独特语义将会改变生产、航运和殖民地的详情。例如,军事航天军种往往会看到宝藏(资金)、战舰和基地,而不是太空实力的一般要素。

从属语义矩阵的一种特别有价值的用法是为特定应用程序(如商业太空系统)构建一个完整系统,并将其组件要素置于其原始从属语义的一种图形描述中。然后,使用一种不同的从属语义调整该从属语义,看看这个新构造是否提供了一种有价值的新型使用权。例如,为一种特定商业用途(太空站补给运输)开发一种遥控的国际太空站货运飞船。如果将战争语义应用于该系统,则我们能够用军事学说和概念来检验其能做什么。例如,这种运输能用于轨道侦察吗?从本质上讲,这种分析技术可以用于评估商业设备的军事应用,反之亦然,这是对通论中路径(1)(外溢效果)发展的增进。

1.21 太空实力的谬论

太空政策中遇到的大多数问题(如非全部)能够归因到用太空实力的语义(商

贸、政治或战争从属语义）替代太空实力的逻辑。就像军官们混淆战略与战术一样，太空政策制定者往往将狭隘地关注语义抬升到太空实力逻辑之上，从而极大地阻挠其行动和国家整体目标。人们可以对任何语义做这种抬升，且美国太空努力中每一个公认的错误都能够很容易地被解释为"太空实力的谬论"，它将太空实力语义置于其逻辑之上。事实上，很少有人认为太空实力逻辑与美国太空实力中的任何重大努力有联系。民用和军用太空部门的大多数主要活动都是语义良好和逻辑不佳的例证。

政治语义已经是美国政策中最常被太空实力逻辑替代的语义，且它在太空思想中继续施加不当影响。政治谬论（用政治语义替代逻辑）着重于建立太空实力的政治要素作为自身目标。这能够采取一个条约、协议、项目甚或想法的形式，带着对从太空产生财富不利或冷漠的目标。政治谬论的案例不胜枚举，许多太空选民落入其陷阱。国际太空站的建设即为这样一个谬论。建造一个太空站不是用来扩大太空使用权，取而代之的是国际太空站变成一个以"国际合作"为主要目标的项目，并被展现为外交伟绩（愤世嫉俗者称为国务院福利计划）而非经济灾难。事实上，除非多国共同努力，否则太空探索开发和栖居"太过昂贵"的整个概念，最好不过是未经证实，最坏则是赤裸裸虚构的幌子：一个正将多国主义政治目标抬升到置于从太空产生财富的目标之上的例证。

其他政治谬论的案例是所谓的插上旗帜和踩上足迹任务，如阿波罗计划和已提议的火星任务。许多航天爱好者理所当然地称之为无用功和触目惊心的资源浪费。阿波罗计划并未推进一个航天社会，因为其设计用意是在一场高风险的人气比拼中击败苏联，而非扩大太空战略性使用权。例如，"威望"和"软实力"等政治目标是暂时性政治通货，且极少对用于获取它们而投入的资源以充足的回报。规定太空资源是"人类共同遗产"的《外层空间条约》等条约对从太空产生财富是灾难性的影响，而禁止太空商贸几乎完全是灾难。尽管如此，被误导的太空倡导者常常把这些怪诞之事吹捧为伟大胜利，通过对坚持太空实力逻辑建立可持续太空项目的本领的扼杀，给人类套上永远将自己束缚在其本土星球上的命运。

政治谬论并非太空实力政策中能够采取的唯一失策。第二大谬论是用战争语义替代太空实力逻辑：战争鹰派偏好的错误。战争谬论倾向于绝对地以战斗措辞看待太空实力，并出于扰乱当前军事实力平衡的考量，抵制太空实力的增长。20世纪90年代末到21世纪00年代初军事和国防圈子中所谓太空系统双重用途的偏执狂，及其随后试图通过立法限制"对国家安全至关重要"的广泛类别的技术出口，都是这一错误的首要例证。毫无疑问，限制性出口管制严重损害了美国航天产业，许多人因美国航天公司在过去10年里的国际地位急剧崩塌而指责他们。战争谬论派认为美国在军事航天上的卓越地位需要通过试图将发展冻结为"现状"加以保护，且拒绝看到解放商业来从太空创造财富的优势。通常，这种对现状的困扰会削弱军方对太空实力的理解,将军们可以将其说成已经正面达成了太空的"战场控制",而几乎所有爱好者都知道人类的太空使用权几乎可笑的有限。遵循太空实力逻辑被认为很危险,由于胆小的国家安全领导者错判作为一个太空大国的基本优势,因此美国的太空实力发展停滞不前。这是战争谬论的可悲之处。

尽管商贸在太空实力逻辑和语义中都具有卓越地位,但对商贸语义的盲从崇尚也会导致太空实力谬论。当太空商业的崇尚者忽视或否认平衡的政治和战争在太空实力中的恰当角色时,就会出现商业谬论。这种谬论对太空政策影响最小,但对航天爱好者团体却有不健康影响。在反对太空军事存在(称为"军事化"或"武器化")的呼声中,商贸谬论最为敏锐,因为它可能阻碍对太空的投资。这是某些太空拥护者团体采取的立场,战争谬论可能确实通过使太空成为毫无目的的战争区而危及未来太空活动,但军方确实在太空发挥着适当作用。根据太空实力逻辑,军事的存在是为在战争时期保卫太空环境的战略性使用权并拒止对手。进攻性和防御性角色都是合法的。然而,由于军方必须对过度侵略性加以平衡,也必须避免过于胆怯。

商贸谬论也延伸到政治事务。自由市场航天倡导者往往否认对太空活动的征税、监管或法律管辖的合法性。他们在一定程度上具有一定意义,如应急服务或交通监控之类的政府太空保障必须通过税收来支付,公民的安全必须通过审慎监管达成确保、实用和高效,基本权利和法律保护必须延伸到太空领域。利维坦极权主义可以通过官僚化、扼杀创造力和创新来摧毁太空实力,但在其恰当的角色中,政治努力可以成为扩大太空实力逻辑的宝贵工具。

太空实力逻辑只能由其组成部分——经济、政治和军事航天实力——在其恰当的角色中推进。用语义代替逻辑所创造的谬论从诞生之日起就已阻碍美国太空实力。许多失望能够被描述为决策者未能尊重太空实力逻辑。利用太空实力的逻辑和语义结构,能够很容易地检查政策和项目,以确定它们是否有助于从太空积累财富,并推动美国太空实力事业。

1.22 太空实力"德尔塔"的应用

但是,逻辑和"语义德尔塔"所能做的远远不止是帮助确定那些抑制太空实力的谬误政策。国家和其他拥有太空实力的国家也能够利用"德尔塔"设计开明的政策,以增强其航天计划的效能。由于他们对太空实力发展的不同方面进行重大建模,逻辑和"语义德尔塔"都表明独特活动使航天计划更具效能。第3章将讨论如何优化"语义德尔塔"活动,并首先探讨能够与太空实力"逻辑德尔塔"一起用来优化行动的方法。

第 2 章 组织起有效发展——逻辑篇

本章结合所描述的太空发展理论,聚焦"逻辑德尔塔"和如何通过有效的太空实力逻辑增强国家发展太空实力的本领。太空实力逻辑的关键是理解组织机构对一国航天计划成功的关键作用。首先从理论上探究组织机构的重要性,然后探索当前的美国航天计划,并考虑一个有趣的案例研究,展示组织对太空实力发展的角色作用。

2.1 组织机构的重要性

通过组合新的太空实力要素和应用方法,发展经使用五条路径得以创建。太空实力要素组合的关键在于对这些要素进行管理的制度本质。因此,通论把太空实力机构的组织作为太空实力发展中的重要因素。实际上,熊彼特第 5 条发展路径的案例只是将继续探索新组合的一个新组织。

熊彼特每条道路的改变机制都在于创业者。创业者定义为追求新事业(计划)的任何人,这些事业(计划)本身只是执行新组合。[1]创业者像普遍理解的术语那样,不需要是风险资本家那样的独立商人。创业者是不分个人身份执行新组合的人。[2]他们可以是行业主或雇员,且可以来自私营或公共部门。他们可以是科学家、工程师、商人、政治家、军事战略家或策略家。在"太空实力通论"中,创业者工作在转换器(逻辑)或组合(语义)层面。创业者具有企创性、权威性和远见性特征。[3]创业者是让任何类型发展得以发生的创新者。

私营部门倡导创新。行业和技术领袖已将创新抬升到很危险的高度,有时甚至被当作灵丹妙药。然而,虽然高级领导在讲话中常常吹捧创新,但实际上鼓励和掌控军事中的创新仍是一个棘手问题。军方仍然是一个非常保守、等级森严的组织,除了军官们偶尔将死后圣徒宣布为"有远见"或走在其时代之前(充分认识到"在他们时代之前"意味着军方最终被迫认同他们的正确)外,创新对军事战略或战术创业者而言没有用处。

为具有创新性并使其领域的发展得以实现,军队必须为身穿制服的创业者找到一席之地。历史上已有军事创业者,而且有些创业者在艰难时期已经帮助他们的国家生存和兴盛。即使遭到抵制,军事创业者也至关重要。然而,鉴于团体性的军方很少鼓励创业能力,但个别军官往往成为军事创业者的最伟大倡导者。

杜克大学历史学家、空军预备役军官霍利少将用毕生探索军事改编中的技术和理论发展的联系,他自己的思想与熊彼特主义发展用语和"太空实力通论"现成地达成一致。霍利指出了军事学说发展最重要的关切之一:

> 我们如何才能最好地确保为全新硬件、新奇武器制定适用的学说,通过应用迄今尚未发展的技术(路径(2)发展)使之成为可能?此处的路径布满障碍。我们设计测试并进行演习以试用新武器;鉴于我们强烈的人类习性是依赖以往经验,如何避免设计一项反映我们过去经验的测试,而非寻求创新的全部潜能?当我们的测试和演习结果被记录下来时,如何确保先入之见与偏见或党派分支或军种利益不会扭曲我们报告的实质内容?我们能否确信制度性偏见没有歪曲我们的研究结果?[4]

显然,霍利所关切之事与军事发展密切缠结。霍利认为,通过建立一个"用于制订学说的真正有效的组织……配备最优可能人选"[5],这些关切能够得到最好地强调。霍利继续指出:

> 何谓健全的组织?归根结底,组织不会超出旨在使其发挥功能的规程。然而,在当今武装部队中的每个方面,我们看到当权者指派任务并任命领导人填补线性图上的职位,同时严重忽视内部规程中一直至关重要的问题。司令部的传统角色是告知下属干什么而非如何干;尽管如此,确保由下属设计的内部规程符合胜任测试仍然是当权者的职责义务。
>
> 何谓最优人选?我们必须拥有在自己和其下属的思想里惯常和例行性坚持客观事实的军官。这无论如何也不能排除任何空想和推测的可能。但我们必须拥有这样的军官,他们坚持基于经验或实验的确凿证据来支持他们得出的每一个推论和达成的每一项结论。
>
> 我们需要的军官将尽其所能寻求并乐于接受那些看起来驳斥或反驳他们自己最为珍视的信条所接受的智慧之证据。简而言之,我们需要军官懂得,那些自以为是、几乎不尊重他人、总是通过挑战主流姿态兴风作浪(创业者)的下属,或许证明是组织中最有价值者——如果他被倾听,并且能够通过授命加以训导来提供想象力和创造性,致使他冷静且客观地表达自身观点。[6]

当然,即使具备一套健全的组织和最优人选制定学说(军事转变器),除非上级组织公正地听取他们的意见,否则这些将毫无价值。情况并非总是如此,因为历史上有效的学说组织(如空军战术学校)在将其发展详尽地"制度化"纳入战斗兵力和上级机构方面已遇到相当大的困难。即使坚实的创新已在发展,它们仍然必须与传统相协调,并融入它们意欲改进的组织。

从托尔斯泰因·韦布伦(Thorstein Veblen)等思想家创立的经济学原始制度主

义学派可以得出调和军队创新与传统的关键见解。制度主义经济学家在文化中确定两类价值——工具性价值和仪式性价值。工具性价值涉及形成制度文化(如军事文化)要解决的问题。他们倾向于把新工具、知识和技能应用到机构的问题解决过程中。作为选择,仪式性价值是构成制度的传统和社会化结构的价值。在该制度中,仪式性价值对于解决问题通常持矛盾态度,但一般反对吸纳新技术,"它可能威胁与实力、财富、社会地位等有关的现有社会关系。"[7]

组织内的应用创新(无论是技术上还是学说上)由制度的工具性价值和仪式性价值之间的相互作用支配,由此它们努力调和并吸纳创新所代表的新知识。"如果礼仪性价值最终被推到一边,转而支持工具性价值,则制度会适应新的环境并取得进展。如果仪式性价值继续塑造行为,则仪式性价值胜过工具性价值,制度性模式(以仪式性民俗为理由)被认为从仪式上做了包装。"[8]军队中工具性价值对仪式性价值的窘境众所周知。正如战略家、联合部队指挥官富勒(J. F. C. Fuller)所说:"确立一项新发明就像确立一种新宗教——它通常要求转变或摧毁整个教会。"[9]

制度性经济学家往往暗示工具性价值"好用",通向创新和发展;而礼仪性价值"不好",巩固不合法的实力,并在社会中建立"令人反感的差异"。虽然传统和根深蒂固的行业利益在行业界或许不理想,但即使是最激进的军事创新者(空军战术学校的座右铭是"我们不受习俗阻碍取得进步")也必须承认,某种形式的习俗和传统具有正当价值。但并非全部都是。

很少有军事职业人士为了创新的效能而放弃所有军事传统,如果任何人做出尝试,那将是一场灾难。军官和士兵之间的人事分割可能是军队发展中的一项积极且永久的创新(尽管传统上如何选择军官或许并非神圣不可侵犯),但由于传统的统治阶级(如骑士)会致使其被淘汰,抛弃诸如长弓之类的技术革新就更难得到认可。军事组织规划者必须在那些守护激情、鼓励制度精神的仪式性价值和那些只喜欢短暂且一次性的小精华之间做出公平且开明的平衡。

这种区别或许旁观者看得最清,我们能够更好地理解军队中的仪式性价值,这些价值捍卫了霍利的规程性"胜任测验"。在军队中,创新在被证实为无害之前应当自觉有罪,而为了证实一项创新的无害,一项改进的挑战在于良好的仪式性价值应当引入工具性挑战。1926年,将军约翰·伯内特·斯图亚特(John Burnett-Stuart)爵士成为英国实验型装甲部队指挥官不久之后,在与利德尔·哈特(B. H. Liddell Hart)的对话中,或许对工具性价值和仪式性价值在一个良好的组织中健康的相互作用做了最优描述:"只是像我自己这样将部队移交给一位普通的师长,毫无用处。你必须(指派)……尽可能多的专家和远见之人;只要他们还有一炬圣火,不论其观点如何狂野都没关系。我将提供中年老人的常识。"[10]

愿景是未来发展的蓝图。愿景是太空发展潜力的上限。航天硬件和物理基础设施非常昂贵,而做梦实际上是免费的。然而,为未来太空实力应当实现什么和如何实现选择恰当的愿景远远更为重要,因为正是它将所有其他物质支持引导到有价值(或浪费)的行动中。因此,一个成功组织的关键和中心组成部分是其对未来的愿景。

2.2 三种或四种太空发展愿景

太空拥护者并不总是就航天计划的目标和"人类在太空中的未来应当是怎样的"达成一致。简而言之,并不是所有的太空愿景都拥有相同的梦想。这种差异很重要,愿景的差异有时多于其共同点。通过讨论太空时代数十年来提出的各种主要的太空发展愿景,可以为讨论太空实力的未来和如何切实开始建立一项成熟太空实力的愿景打下更好的基础。

本书认为,人们已提出了三大主要的太空发展愿景,所有这些愿景一般都归功于航天界的主要思想家,而且都广泛地由致力于推进特定愿景的拥护组织所代表。值得注意的是,两个项目对美国航天计划产生了相当大的影响,另一个项目赢得了大多数基层航天拥护组织的想象。我将这三种愿景分别称为冯·布劳恩式(von Braunian)愿景(以著名的摇滚乐手韦尔内尔·冯·布劳恩(Wernher von Braun)博士命名)、萨根尼特式(Saganite)愿景(以传奇科学家卡尔·萨根(Carl Sagan)博士命名)和奥尼尔式(O'Neillian)愿景(以不太为人所知但在太空领域受到高度赞扬的太空站设计先驱杰拉德·奥尼尔(Gerard K. O'Neill)博士命名)。我将在冷战中产生了巨大影响的第四个愿景加入这个竞争性思想交互中,它曾得到许多备受赞誉的太空思想家拥戴,但被历史过分遗忘。这一愿景是格雷厄姆的愿景,因其首席架构师丹尼尔·格雷厄姆(Daniel O. Graham)中将而命名。每个愿景都展示了人类在太空中令人鼓舞和积极光明的未来,但每个愿景都强调不同的中心点、提供不同的总体目标。通过理解每一个愿景,我们能够开始将其作为出发点和共同语言,用来探讨在行程的最后以充分发展和强大的太空实力在太空中建立一个未来。

2.2.1 插旗、踏足与技术征服——冯·布劳恩式愿景

在太空工作中,也许没有人比韦尔内尔·冯·布劳恩博士(1912—1977年)更具权威形象或更具争议性。作为第二次世界大战中德国V-2火箭的首席设计师,冯·布劳恩颇具争议地创造了第一个太空武器。20年后,他成为美国航天计划的最高人物和前任领导者,先是美国陆军红石兵工厂后是NASA。任内,他创造了第一具能够载人到另一世界的飞行器——"阿波罗-土星V"系统。在此期间,他在《科利尔周刊》(Collier's Weekly)的一系列颇具影响力的文章中,向美国公众推广了大众载人太空旅行的概念。

冯·布劳恩式太空发展愿景被广泛接受,许多人认为它是唯一并被普遍接受的愿景。就我们的目的而言,他的愿景在他鲜为人知的小说《火星项目:一个技术故事》或者其更著名的技术附录中有最好的解释(撰写于1948年但直到2006年才出版——冯·布劳恩是一位工程师而非小说家),该附录更早地以《火星项目》(1952年)出版。这本书介绍了冯·布劳恩式愿景的关键点和原则,对于那些长期跟进航天计划的人来说很熟悉。

冯·布劳恩在他的书中描述了20世纪60年代中期的大规模载人征服火星。在地球轨道上建造由十个航天器组成的舰队,由太空站和可重复使用的航天飞机提供服务,将搭载70个探险家前往火星进行一项为期443天的地表任务,然后返回地球。[11]自NASA成立以来,这种完成一项重大任务的大规模建造方法几乎永远揉进了NASA的想法。冯·布劳恩的场景仍然是火星任务规划的基准。然而,冯·布劳恩的愿景并不仅仅是大规模探索火星。正是通过他对于将如何实现的诠释,我们发现了冯·布劳恩式愿景的偏见、设想和教条。

冯·布劳恩式愿景被完美地描述为一种由政府主导、面向任务的方法,旨在将航天计划聚焦于一个总体目标。这种航天途径与当时的大型南极探险(特别是美国海军"跳高行动")在很多方面有许多共同之处。冯·布劳恩的太空发展途径是采取一项特定的宏伟目的地和任务(本例中是一项70人、443天的火星表面探索),并采取跳板途径发展对于完成该任务所需的必要物质。首先它将建造可重复使用的航天飞机来建造太空站;然后将在这些太空站建造火星航天器;最后航天器将飞往火星,宇航员将探索火星并返回,任务完成。航天计划会走向不同的宏伟使命。这是一个技术性征服的愿景。火星任务本身就是一个目标,而进行该任务的全部原因在于证明我们具备从事该事的技术。科学、探索或开采仅次于纯粹进行这些任务。

更为深入的是,冯·布劳恩的愿景主张一种指挥经济,在其中,国家(或国际)资源致力于完成宏伟任务。所建造的仅为完成任务所必需者。到达月球的"阿波罗计划"是冯·布劳恩行动中的愿景。美国政府以NASA的名义购买了由政府承包商设计和制造的火箭,将政府宇航员送去探索月球并返回。在许多方面,NASA仍工作于冯·布劳恩式愿景之下。政府航天飞机被政府承包商运营(直到2012年,目前没有更换),主要为以政府宇航员为乘员的政府国际太空站(ISS,International Space Station)服务。在大多数情况下,ISS的存在通常仅仅只是存在。支持者们正确地指出,建造国际太空站给工程师们提供了大量建造大型太空结构物的经验,但这些人很少告诉我们将来会在哪里使用这些新知识。而他们所属的部门不会。

冯·布劳恩的愿景常常被批评者嘲笑为"插旗和踏足"。通常由于对"阿波罗计划"没有预示一个月球殖民的时代感到失望,且最终意识到"阿波罗计划"作为一项政府计划从未打算这样做,这些批评者指出了冯·布劳恩式愿景的一个极为重大的消极方面问题。在冯·布劳恩的愿景中,如果政府不想从事某事或为之花钱,它就无法完成。更重要的是,为政府任务建造的任何政府装备对于没有完全按照指导使用它的任何人而言几乎毫无用处。例如,"阿波罗计划"没有建造通往月球之桥,也没有提供在轨或地球上的任何可用基础设施(NASA各个中心没有那些火箭的静态显示),以使未来的探险更加容易。"阿波罗计划"除留给美国在月球上插旗和踏足痕迹(在苏联之前)外别无其他,这是"阿波罗计划"打算要做的所有一切。应该记住的重点是,在过多批评"阿波罗计划"之前,冯·布劳恩的火星任务承诺的是同样的事情。没有展望永久殖民的努力,也没有太空设施的私人利用以获得盈利。批评家应该清楚而非从"阿波罗计划"中期望任何事情。冯·布劳恩的愿景很清晰,只要有恰当资金和政府支持,这个狭义的任务就会完成。其他所有东西都是可忽略的昂贵的精力分散。

NASA和它的许多支持者仍在冯·布劳恩式愿景下卖力工作。政府对航天计划的控制在NASA得到拥护,商业努力即使确切地说没有被阻止,也普遍被忽视。政府的那些中心仍然倾向于建造自己的装备或使用偏好的承包商,而非商业化选项。任务就是一切,任务以外的任何事情都是多余。正如冯·布劳恩的方法使用在南极洲一样,其成果也是相同的——自从政府完成大型探险远征以来,南极和月球都没有取得任何重大发展。航天爱好者已经注意到,冯·布劳恩式愿景的陷阱导致了替代太空愿景的发展。

2.2.2　科学、探索与"淡蓝色光点"①——萨根尼特式愿景

在20世纪70年代早期,冯·布劳恩式愿景关于政府载人航天任务占主导地位的缺陷尚未得到普遍理解。然而,人类在太空活动的一种不同的愿景当时正在形成。这就是利用自动化机器人探测器探索太阳系,并回避当前时兴的极为昂贵的(这要无偿感谢冯·布劳恩任务的短视)载人太空飞行努力。尽管很多人拥护这一愿景(著名者如詹姆斯·范·艾伦(James Van Allen)博士),卡尔·萨根①(Carl Sagan,1934—1996年)博士是这一观点的首要支持者。[12]萨根设想了利用机器人探测器探索太阳系并通过无线电波而非星舰"寻找外星智慧"(SETI,Search

---

①　译者注:卡尔·萨根(Carl Sagan,1934年11月9日—1996年12月20日),美国著名天文学家,设计并主导了"先驱者号""地球名片"和"旅行者号""星际唱片"、金星"水手1号"等重大太空探索项目。1994年以1990年旅行者1号拍下地球悬浮于太阳系漆黑背景中的史上著名照片为灵感,著有《淡蓝色光点:太空中人类未来的一种愿景》(Pale Blue Dot: A Vision of the Human Future in Space),描绘了人类移民地外星球、探索宇宙星空的宏伟画面。NASA将其奉为"圣经",2023年4月,NASA戈达德航天飞行中心主任麦肯锡·赖斯特鲁普(Makenzie Lystrup)在就职仪式上,面向现任局长比尔·纳尔逊(Bill Nelson)宣誓时,左手按住的就是萨根的这部著作,可见萨根和其著作在美国航天界的地位。

for Extraterrestrial Intelligence）的二重太空努力。他的思想在其著作《淡蓝色光点》（1994年）和《联络》（1985年）中得以广泛体现。他关于首推机器人探索和科学驱动太空活动的思想，在非营利性倡议组织"行星协会"（他帮助创立的）和NASA所属喷气推进实验室（美国无人太空探索者之都）中有着大量追随者。萨根尼特式愿景拥护者常常是航天科学家，他们称载人航天任务昂贵得令人望而却步（发现辐射带并以他名字命名的航天科学家范·艾伦在其晚年是载人航天飞行的一名尖锐批评者，认为代价太高，没有必要且毫无意义），且更偏好机器人探索器，将科学作为航天飞行的最终目标。有些人甚至称载人航天飞行是一项无须发明的技术。

萨根尼特式愿景的内在是保持太空纯净，不受"高尚"的科学努力之外任何活动的影响。通过小行星采矿来赚钱不如向冥王星发射科学探测器更令人鼓舞。这种想法可被视为萨根独创的（更为合理的是）坚持的一种不幸的判决，即一种即使并未广泛共识的合理立场是，如果发现火星的生命形式（即使是微生物形式），那么应该把火星留给它们，保持免受人类侵害。

萨根尼特式愿景描绘了人们安然待在家中，将天空留给机器人探测去擦亮空寂。像"先驱者号"或"旅行者号"探测器应该被送到每个星球角落和峡谷去尽可能多地获知。甚至通过冯·诺依曼探测器（以计算机理论家约翰·冯·诺依曼（John von Neumann）命名）进行星际探索，即自我复制的小型机器人而不冒人类生命风险穿过宇宙送去探索也是可能的。寻找外星智慧留给射电望远镜和其他远程探测方法。事实上，萨根尼特式愿景的一个基本信条是，无论通过任何生命形式或文明的技术进步，超过光速的旅行都是不可能的，因此，生命根本不会延伸到超越其母星系统。

公平地说，萨根本人支持扩大人类在太空中的驻留并延展人类生物圈。

不幸的是，我必须用"萨根尼特"来描述反人类太空飞行的愿景，因为当前主张结束载人航天计划以为更多探测器提供资金（表面上是因为科学是我们在太空中所能从事或想从事的全部）的支持者一直坚持萨根作为指导圣人。

萨根尼特式愿景确实有一个载人航天飞行的组成部分，但它非常具体且有限定边界。萨根将大量职业思考致力于核战争和如何保护人类文明。他是后来被称为"行星防御"的一位直言不讳的早期支持者——倡导寻找可能威胁地球生命的小行星和其他自然性太空危险。毕竟，他确实曾说过恐龙灭绝于缺乏航天计划。萨根尼特相信，如果人类必须进入太空旅行，他们应当做的首要事情是将保护他们自己的家园免受灾难（自然或人为的）作为一种生命的保险。

不用说，萨根尼特式愿景（特别是其范·艾伦启发的极端主义者）需要从相信载人航天飞行是件好事的人那里获得大量激情。然而，萨根尼特冲动在众多航天飞行的支持者中很强烈，在于许多人认为科学是航天计划所能做的最重要的事情。这远没有那么受争议，但是那些与科学迷恋者意见相左的人往往非常直言不讳地反对另一种短视。为抵制所感受到的冯·布劳恩型的政府和技术官僚性短视,和萨根尼特对科学的强迫性痴迷,在力求变得更平衡且更符合人类经验的努力中,一种不同的愿景产生了。

2.2.3 产业、殖民地和自由——奥尼尔式愿景

同样在20世纪70年代,"阿波罗时代"的结束和由提议的太空飞机扩大太空使用权快速萌生新的希望,促使太空思考者提出了载人航天快速发展和广泛载人殖民的新愿景。对能源危机、石油短缺、人口过剩和饥荒的地球悲观情绪与太空开发利用的乐观情绪混杂在一起,驱动用航天技术解决地球问题的新方式。用太空扩张解决地球问题的最重要支持者之一是普林斯顿先进研究所的物理学家杰拉德·奥尼尔。他在著作《高边疆:太空中的载人殖民地》(1976年)中向公众展示了他的强大愿景。他在书中声称,自由集群、太空产业化、月球和小行星开采和大吨位驱动器航天发射系统可用于建造太阳能卫星,将太阳能束照射至地球(从而消除对石油和其他化石燃料的需求),并建造巨大的在轨太空殖民地,以消除地球上的人口问题。尽管没有政府组织曾接纳格雷厄姆式愿景(尽管NASA的某些部分已对格雷厄姆式计划的研究和其他努力做出了积极反应),但它在太空倡导组织中有着一群庞大的追随者,特别是奥尼尔自己的学术性太空学会(SSI,Space Studies Institute)和自由主义倾向航天前沿基金会。

从本质上讲,奥尼尔式愿景推动将太空变成人类的环境。鉴于对将太空作为冯·布劳恩式官僚或象牙塔里的萨根尼特式科学家的游乐场并不满意,奥尼尔式愿景看到的是数以百计千计的人们在太空生活、工作、相爱和养育家庭——人们将太空视作家园,而非仅仅是一个趣味旅游点。在那里,个人可以自由地规划他们自身命运,共同努力或独自实现他们自己的"太空梦"(一种21世纪美国梦的风景版)。鉴于太空是一种人类的环境,我们将带上我们的组织和文化,无须一个中央式官僚机构管理一个大一统的"航天计划"。大多数奥尼尔式群体都认可政府航天运维的合法性(一些太空自由主义者持反对意见),但政府扮演着保障而不是主导的角色。

还有一些其他人拥有与奥尼尔式愿景相类似的先进著作和想法,并在深度上有大幅增加。亚利桑那大学的约翰·刘易斯(John S. Lewis)博士在《星际采矿》(1996年)中写到太阳系中存在大量的原材料,阿波罗宇航员哈里森·施密特(Harrison Schmitt)博士在《重返月球》(2006年)中探索了月球产业化。奥尼尔式愿景已经超越了奥尼尔博士,并利用众多不同组织以多种不同方式不断呼吁航天产业化。这一大堆工作正越来越极其接近于一种能够维持强大的商业群体和太空中竞争的"临界质量"想法。

奥尼尔式愿景已特别受到诸如航天前沿基金会之类的太空自由主义者拥戴。

这种愿景吸引自由主义者去寻求它所提供的自由和机会。随着大量不同的"奥尼尔圆柱"太空站充当在轨城市(在轨国家),针对社会结构和公共决策的众多不同实验能够与其相邻实验站相对和平地存在,如有需要可以不受外部干涉。这些老练的太空殖民者可以在真正的可能范围内选择其喜欢的生活方式。精明的商人也能够驯化无限边疆(准确地说以一种人类规模尺度)赚大钱。然而,这种自由主义倾向(无论多么令人钦佩)经常使奥尼尔式拥护者确信政府是太空飞行的敌对者。这种信条可能对公私部门在太空旅行中找到一种健康的平衡点有害,并给考虑如何组织政府在太空中的运维提出许多问题。如果太空发展的支持者完全否认政府太空行动的合法性,那么建造一支真正的星河舰队将会困难得多。奥尼尔式愿景的这一奇特之处促使我们考虑第四种太空发展愿景,它寻求在太空发展中公私专业部门之间找到平衡点。

2.2.4 服务于国家实力的公共和私营努力——格雷厄姆式愿景

20世纪70年代的太空发展理论充斥着那个十年的机遇和关切。萨根尼特式愿景是对从太阳系探测器送回的惊人科学数据和确保人类文明在面对核战争或小行星撞击时得以延续的一种反应。奥尼尔式愿景建立在太空倡导者对航天飞机的未来和应对能源和人口过剩问题的乐观态度上。20世纪80年代,出现了一种新的太空发展愿景,试图将美国从卡特时代的文化困境中解救出来,重整旗鼓打败苏联并结束冷战。这是美国陆军情报官丹尼尔·格雷厄姆(Daniel O. Graham)中将所设想。他坚持认为,美国可以利用其在太空行动中的技术优势,从军事和经济上保障太空"高地"安全。在军事上,卫星可以置于轨道上,在太空中打败苏联相当一部分核导弹部队;而在经济上,美国公司可以利用太空开发药品和建筑材料等上等产品。短期内,他的"高边疆"战略将迫使苏联在保持跟进的徒劳努力中破产。从长远来看,国家重振对太空的兴趣将保障美国强大的高科技经济安全,且通过利用太空造福人类使整个世界更加富裕,并展现自由相对于中央集权的优势。在《高边疆:新的国家安全战略》(1984年)中,他概述了其愿景。

尽管很多人可能从未听说过"高边疆"或格雷厄姆将军,但他的工作对美国的太空努力产生了重大影响。他关于导弹防御的思想被制定成"战略防御倡议"(SDI,Strategic Defense Initiative),更广为人知的是"星球大战"。他对廉价、简易太空发射的游说是"德尔塔"快艇(DC-X)可重用火箭建造与试飞的关键影响因素,这种飞行器受到许多太空拥护者的高度重视。他的理论联盟者囊括了很多著名的太空主义者人物,如科幻作家阿瑟·克拉克(Arthur C. Clarke)和杰里·普梅尔(Jerry Pournelle)。这是一个非常强大的愿景。

乍一看,格雷厄姆式愿景非常尚武好战和军国主义,因为它非常坦率地宣称,其目标是将国家实力延伸到使用其战略的任何人。考虑到它的产生是作为决定性地赢得冷战的方式,并由高衔级军官撰写,这不应让人感到意外。然而,将其设想为"战争鹰派"战略仅仅是欣然接受一种误解。格雷厄姆愿景是太空发展的"地缘政治现实主义者"愿景。战略思维的现实主义学派简单地认为,联邦国家一般会以增强其实力或安全的最优方式行事,而非主要出于道德或理想主义的考虑而运行。格雷厄姆式愿景是一种"太空实力"愿景,民族国家利用太空达成自身利益——建设经济,增强防务,并保卫人民的太空福祉。与内在的好战毫无关系。尽管存在星际之旅式的太空乌托邦有时会避免的不愉快现实,但各国可以在开发利用太空中和平共处(太空对于每个人而言当然足够大)。

事实上,除了格雷厄姆承认国家利益是太空发展的重大影响之外,这一愿景与奥尼尔式愿景并无显著不同。鼓励私营行为者走出去,从太空创造财富。然而,在格雷厄姆式愿景中,每个太空站将是一个军事前哨。军队也不需要任何方式的进攻性。记住,格雷厄姆式愿景的太空军事存在目的是消除核毁灭的威胁,而非征服世界。而且,正如《星际迷航》经常表示但要经常提醒追从者们的是,最受欢迎的科幻太空愿景有着非常庞大的太空军事存在,且通常具有积极意义。因此,格雷厄姆式愿景可能仅仅是被修改为承认军事和主权国家仍将与我们同在太空中的奥尼尔式愿景(事实上,奥尼尔和格雷厄姆都把他们的奠基性著作命名为《高边疆》)。

美国空军大学战略研究教授埃弗雷特·多尔曼博士是国家太空实力更为新近的支持者,或许最优描述是新型格雷厄姆式。在他的著作《天缘政治:太空时代的经典地缘政治》(2001年)中,多尔曼博士概述了太空发展的"现实主义学派"战略,通过太空军事支配地位和由太空形成的经济扩张,增强美国的软实力和硬实力,将在第5章讨论。

由于很大程度上已被遗忘,因此要强调格雷厄姆式愿景。尽管它由一名军官撰写且对冷战时期的军费产生了重大影响,但必须指出,军事航天司令部并不认同该愿景有任何意义。航天司令部门更感兴趣的是利用现有航天技术加强传统战争方法(如提供导航、图像和通信数据),而不是以任何重大方式推进太空发展。尽管关于太空中未来的专著时不时地从涉及太空发展的军事圈子中出现,但是公正评估地说,总体而言,军方并未从太空拥护者的意义上促进太空发展,且也没有任何组织真正拥护格雷厄姆式愿景。

格雷厄姆式愿景是否应该被视为一个本身正确的太空发展愿景,还是仅仅被视为奥尼尔式愿景的"现实主义"观点,仍是一个悬而未决的问题。也许这并不重要。重要的是,格雷厄姆将军和他对"高边疆"的立场,应该作为富有见解、思想深刻和地位重要的太空发展理念而被铭记。

这四大愿景的提出是为证明一点:太空实力通论并不一定赞同其中任何一家之言。然而,通论可以用来探讨各愿景的潜在短板,以理解每项提案的缺陷可能存在何处,并为纠正愿景政策提出建议,以拓展各愿景的目标。我们现在将探讨当前的美国航天计划,以评估其组织效能。

2.3 美国的太空努力:保持冲动

大多数人,甚至那些对太空事务不感兴趣的人,都感到美国的太空努力并不健康。人类最后一次到访月球是40年前。2001年和2010年来去匆匆,没有在太空留下任何东西,甚至近乎电影《2001:太空漫游》(1968年)中的遥远的轮式太空站、月球基地或强大的乔维安太空巡洋舰。被广泛称为"太空卡车"的航天飞机,或将像赫本海默(T. A. Heppenheimer)的《飞向遥远的恒星》(1979年)和乔治·斯汀(G. H. Stine)的《第三次产业革命》(1979年)等书中所言在太空揭开大规模发展,而非得出有史以来最昂贵复杂的载人机器的结论证明,并很可能使太空发展和殖民成为至少下一代人都无法实现的目标。除这些简单概括外,我们可以用三个指标衡量自尤里·加加林(Yuri Gagarin)首次飞行以来最近50年里太空发展的不足:已到访太空的人数、人类在太空中旅行的距离和将一磅有效载荷送入轨道的成本。

从开启太空时代到2010年,只有大约500人进入太空。航天飞机过去一次最多允许搭载7名宇航员,这个数字在20世纪80年代和90年代已经大大增加,但它与波音747满载差不多。50年后,这个标志并不健康。在人类航行进入太空的距离上,只有24人超越了低地球轨道(高度上超过几百英里(1英里≈1.6km))都抵达月球。这24人离开地球轨道的旅程都在1972年完成。近40年来,没有谁航行的距离比从洛杉矶到凤凰城更远。入轨成本是重型太空研发的一个非常重要的经济性指标,也许是最实质性的指标,因为它直接影响太空项目的费用水平。20世纪60年代,每磅有效载荷进入低地球轨道的火箭成本约为10000美元。今天,它几乎毫无改善,当今的入轨成本高于太空时代开启之时,甚至还要将货币膨胀纳入考虑! 毫无疑问,太空之旅取得了进展。现在我们已经部署了用于通信、图像和导航的卫星舰队。国际太空站虽然远不如20世纪50年代和60年代想象中的旋转式太空站,尽管仅供3~7名维修人员使用,但它提供了在太空中"永久"载人驻留。这些相对微不足道的成功为那些希望看到类似《星际迷航》所描绘的太空中未来的人们提供了小小的安慰。

显然,用任何衡量标准来衡量,太空发展速度尚未达到一些人所希望看到而且相信能够成为可能的那种速度。人们提出了许多理由和借口来解释或驳斥这一简单的观点。为了理解和考量这些理由的真相,我们需要看看负责管理美国太空努力的组织机构。管理美国太空努力的两类主要政府机构(私人航天部门的努力将在稍后讨论)是NASA和国防部及其下属组织机构,如空军、陆军和海军航天司令部及其他更小机构。事实上,政府计划的这种双重性质,加上用于民用科学和军事航天工作的独立组织,将会是导致美国相对缺乏进展的可能原因。然而,我们必须简要地审视每个机构(稍后的章节中我们将深入探讨),分别称为NASA和各航天司令部,以便逐一了解迄今为止美国的航天故事。

2.3.1 美国国家航空航天局

毫无疑问,当美国人想到航天计划时,绝大多数人会立即想到NASA。NASA执行美国政府所有的载人航天任务(甚至那些附带军事任务的),并运控航天飞机,且还运控国际太空站美国舱段。NASA的自动探测器已经将探险器送向最远的行星,并在太阳系深空探索了其中许多行星。NASA的设立是为管理政府的民用太空工作。大多数人认为,民用太空工作的部分目标是为大规模载人太空殖民提供保障并奠定基础,即快速推进将变革经济、政治和军事航天实力的太空实力使用权。

这并非真实情况。NASA一直致力于从太空实现政治实力。冷战时期,NASA处于美国赢得太空竞赛努力的最前沿,与苏联进行政治-技术性决战,以决定共产主义制度或自由民主制度是否能够完成最伟大的技术性奇迹,并在倾向取舍角逐中赢得第三世界国家的支持。当今这种政治焦点并未改变。NASA的任务大多由政治性赞助决定且资金由民选官员送往政治性选区。航天飞机的退役计划了多年,一直被参议员和国会议员拖延,他们的选区是航天飞机活动的中心。星座发射火箭项目很有代表性地由各选区政客们支持,他们将从该项目中获得工作和资金。这些太空项目没有哪一个真正被其政治支持者从太空发展的角度加以审视。民用航天计划过去和现在都被从未曾高度强调太空发展的政治利益所支配。这并不一定是恶劣或错误,但确实将NASA的行动和人们对NASA所做工作的期望置于矛盾对立面。这种矛盾对立一直是导致NASA没有得到大多数市民支持(他们认为应该专注于太空发展)的一个重要因素,并受到许多太空拥护界(其愿景包括大规模载人航天飞行)的厌恶。

2.3.2 各航天司令部

许多人会对这一发现感到惊讶,但美国资金最充足、规模最大的政府航天计划是军事航天计划。鉴于置于陆军、空军和海军航天司令部(以及如国防先进研究项目局等更小组织)内部,军事航天工作总量占据巨大数量,且对社会的影响相对较大。虽然鲜为人知,但最直接影响日常生活的是该军事计划。由美国空军航天司令部运控的全球定位系统(GPS)卫星星座为世界上拥有民用或军用接收器的任何对象提供精确导航,美国以外的许多国家都建造这种设备。军事航天工作是为无数商企和个人提供基本信息服务的通信、影像和气象卫星的先驱者。航天司令部门专门发展实用性航天技术,因为其任务是通过航天技术支持战斗和其他军事行动,聚焦军事逻辑点这一最实际的委派。

然而,像 NASA 一样,发展总体太空实力并不是航天司令部委派的部分。事实上,由于军事航天工作被拆分到陆、海、空不同军种,太空作为一种独特而有价值的媒介,本身却很少甚至不具有所有权。航天司令部有兴趣使用当前和短期预期的航天技术推进其核心任务。空军太空系统旨在支持经典的空中任务,海军和陆军也在执行类似安排。除一些军事学者和战略家的著作和研究之外,没有任何努力试图推进太空发展或理解太空努力对国家实力的完整用途。航天拥护意义上的太空发展不被认为是军事航天人员要做的红利性活动。

因此,太空发展似乎并不是专门从事太空活动的两个主要政府机构中任何一家的一项高优先级事项。这可能是太空发展没有以大众想象中预期的任何有意义的方式开展的主要原因(超出商业航天产业的成功故事之外,该行业很善于扩大政府机构所开创的航天技术和举措)。尽管太空发展很少发生,但自太空时代开启以来多年里,人们已经提出了许多太空发展愿景。通过观察,我们或许能够理解如何解决"终极边疆"中缺乏发展的严重太空问题。

2.4 两面神和派系分立

当今政府航天计划最重要的方面是,它被分成两个不同的部分:一个称为 NASA 的民用"探索"机构;一个由各军种航天司令部组成但集中于空军航天司令部(AFSPC,Air Force Space Command)的军事"防务"部门。许多人认为这种安排基本上正确。探索应该由民用部门实施,军队应该完全置身太空之外,但航天装备能够加强地面军事实力的最基本方式除外。然而,这种创建于 20 世纪 50 年代和 60 年代初的二分法几乎不顾总体面。美国历史上从未曾将探索、开发和国防利益以这种方式一分为二。

当前美国政府的航天计划可以比作罗马神中的两面神(Janus)。两面神(与 1 月的月份同名)在古代神话中被认为是门神,经常被描绘成望向相反方向的一头两面——同时凝视着未来和过去。在两面神中,航天计划找到了几乎完美的呈现形式:一头(总体太空努力)即(通往太空中繁荣的人类未来的)大门掌管者,两个面孔(民用和军事计划)望向相反方向(NASA 的未来,军事的过去)。但此处我们要增补另一个新观点。由于两面神望向两个相反方向的视野被割裂,头部无法在任一方向取得任何重大进展,只要两面神不统一其视野,通往太空的大门就永久关闭了。

艾森豪威尔总统创立 NASA 的决定至少部分归因于他鄙弃太空时代早期军方(通常是空军军官)关于太空中军事未来一些更为离奇的言论。事实上,历史学家认为,艾森豪威尔政府对公开推测潜在的军事航天任务和战略完全"缺乏容忍"。[13]

詹姆斯·基利安（James Killian）写道，艾森豪威尔政府的科学家"感到不得已要嘲弄少数空军军官为军事目的利用太空偶尔提出的荒谬的蓝色未来建议……这些军官通常空幻主义多于科学严谨，提出表明其对牛顿力学极度无知的建议，总统科学咨询委员会（PSAC）向总统表明了这些建议的不恰当性"。[14]加州理工学院院长、艾森豪威尔总统科学咨询委员会委员李·杜布里奇（Lee A. DuBridge）博士甚至走得更远，他说"在许多情况下，人们会发现对于仅靠工具就能完成的事情，人毫无贡献或贡献甚微"，这就预示着一种已阻碍太空发展多年的争论。[15]

基利安和杜布里奇对荷马·布希（Homer Boushey）准将等空军领导人们的说法做出过回应。1958年1月28日，布希准将若有所思地说："月球提供了一种优势无与伦比的反击基地……有人说'谁控制了月球，谁就控制了地球。'我们的规划者必须周密估量这一说法，因为，如果属实（我认为属实），那么美国必须控制月球。"同年3月在国会听证时，空军负责研发的副参谋长宣布，月球军事基地"只是向更远的行星上的太空站迈出第一步，可能从那里实施对月球的控制"。[16]美国空军并非在太空实施宏伟设计的唯一选手。美国陆军于1959年完成为永久载人月球前哨（12~20名全职驻留者）开展的"视野项目"（Project Horizon）研究，并计划在1966年建成完整的月球基地！当然，这些军事计划被无可救药地夸大了，对吧？

杜布里奇指责这些研究是"巴克·罗杰斯（Buck Rogers）噱头和疯狂的伪军事远征之类的野蛮计划"。基利安自己承认他"嘲讽"了军方提议，而不是以文明的方式让军方根据自身条件行事。基利安是马萨诸塞州理工学院的校长，他称这些军事建议是"空幻的"而非"科学的"，是在公然使用被称为"诉诸权威"的逻辑谬论。但我们如何认定呢？荷马·布希将军在做登月基地陈述时是空军宇航部的指挥官。"视野项目"研究由冯·布劳恩主掌的陆军弹道导弹局完成，它最终构成了用"阿波罗"载人飞船前往月球的马歇尔航天飞行中心的核心机构。这些军事航天先驱的贡献并非仅仅是天真地迈出了第一步，而未来的阿波罗号工程师确实懂得了牛顿力学。

也许能够从杜布里奇的说法里找到理解这一嘲讽的关键，即人们对于仅靠工具就能完成的事情毫无贡献或贡献甚微。在同一演讲之后，杜布里奇评论了月球基地的想法，声称这些想法没有必要，因为"相比于将弹头从月球上发射回地球另一侧的敌方目标，将相同弹头从美国基地发射显然更容易、更便宜、更快、更确定而且更准确"。[17]杜布里奇的说法毫无疑问是正确的。1958年8月20日，艾森豪威尔决定将载人航天飞行任务授予NASA而非军方，一部分出于如杜布里奇所宣称的逻辑，即将人类送入轨道并没有清晰的正当军事理由。[18]

让我们以一种不同方式考虑这一逻辑链。基利安和杜布里奇使用了我们上面确定的"萨根尼特"模式太空发展的狭义愿景。这些科学家毫无疑问只考虑无人卫星航天研究的科学可能性，但他们没有透露太空效用的这种狭隘观点，取而代之的是嘲讽军事计划为"伪科学"和"空幻",而非他们明显优越的"科学"观点。这些科学家说服艾森豪威尔,太空的宏伟军事设计只是军种间竞争和军事预算姿态的产物。然而,让我们用他们自己说的话来探究军队的动机。

"视野计划"的研究对于估计月球基地可能性的许多未知问题上非常坦率。在报告中题为"需求的背景"一节中指出:

> 军事潜力的全部程度无法预测,但是,从月球观测地球和航天器很可能证明具有极大优势……针对地球或太空目标运用月基武器系统也许证明是可行和可取的……科学上的优势同样难以预测,但前景非常广阔……也许最有前景的科学优势是月球基地对于进一步探索太空的有用性。月球上的物质本身也许证明很珍贵且可进行商业化开发利用。[19]

毫无疑问,这些声明并不能作为需要载人月球基地(特别是担任艾森豪威尔政府职员的科学家)的确凿证据,但陆军专门强调了针对军事、科学和经济优势就其诱惑之处却仍未知的可能性进行探讨。陆军并未像科学家所希望的那样将整个航天计划服从于"科学"的需要(突袭),而是相信其计划能够在当今周知的外交、信息、军事、经济(DIME, Diplomatic, Informational, Military, and Economic)的国家实力(DIME实力)谱系中达成国家优势。但现实中,陆军只是把月球设想为一种新边疆,其"视野"基地将与美国向太平洋扩张期间的西部堡垒一样用于同一目的:保护定居者、矿工和国家免受异己同伙和敌对兵力的伤害。在"视野计划"中,美国陆军期盼着太空发展的奥尼尔/格雷厄姆式愿景。军方所谓的空幻声明或许也正如科学家所相信的那样只是哗众取宠。

军方宏大的计划和推测并非艾森豪威尔的科学顾问们所嘲弄的愚蠢设想和空幻的废话。事实上,这些计划和声明确实是在国家战略背景下试图界定太空活动性质的首次尝试,即太空实力思想的开始。令人有些意外和悲伤的是,如艾森豪威尔这般受人尊敬的军人,未理解这些想法是军方试图向新技术妥协的自然反应(值得赞扬)。令人倍感意外的是,尽管考虑到艾森豪威尔是陆军创新者和装甲策略受到高级军官厌恶时的陆军坦克早期支持者,但他如此强烈地反对军事航天研究。他致力于军事现代化也体现在他作为总统拥护美国空军独立。那么,为什么他曾对航天思想厌恶至此?难道因为他已经确信太空唯一的功用是侦察卫星可以自由飞越?如果是这样,他的太空愿景存在可悲的短视。因为他期望联邦预算可控?也许,尽管他的努力换回的是与苏联令人难以想象、代价高昂的太空竞赛的酸涩苦酒,苏联提供的不是月球基地或强大的载人航天飞行能力,而是一项"插旗和踏足"噱头,使20世纪60年代甚至在21世纪的第二个十年成为载人航天飞行的高潮标志。众所周知的是,美国的太空努力并未成功地在经济、政治、军事各种实力线中以大多数航天爱好者所设想的方式,开辟强大的太空实力发展。通过观察美国历史上的探索和发展事件发现,或许以军事主导的奥尼尔/格雷厄姆式太空实力愿景也许能为真正的太空实力发展打下更好的基础。

2.5　美国的传统大开发与发展

现代美国人倾向于赞同军事的目的在于"杀戮和破坏"。毫无疑问,战争是军队在战时的重大责任。然而,这种普遍的信念有一个经常不言自明的推论,即认为和平时期的军队是无用和无关紧要的。许多人会意外地发现,这种信念是美国历史上一种非常现代、非常不正确的军事观。在20世纪后半叶美国历史上的伟大开发中,军队处在开发最前线。陆军和海军都参与了驯服北美和遥远广袤的外国海岸的冒险。通过这样,当然也通过更具建设性的活动,他们为国家提供了伟大服务,而非仅仅是杀戮和破坏。

当美国人想到"大开发",很可能想到"刘易斯与克拉克"。不为人知的是,我们所知的"刘易斯与克拉克"探险队由托马斯·杰斐逊(Thomas Jefferson)总统任命的陆军"发现军团"探险队,由梅里韦瑟·刘易斯(Meriwether Lewis)和威廉·克拉克(William Clark)军职上校率领,且这支开发队只是众多军事开发的首支。事实上,从1803年到19世纪70年代末,美国陆军地质工程师军团(许多军官曾在美国西点军校接受过训练)是美国西部的领头开发者,其中包括诸如声名卓越的泽布隆·派克(Zebulon Pike)上校(以派克斯·峰(Pikes Peak)闻名科罗拉多州斯普林斯)、"伟大的探路者"和加利福尼亚传奇约翰·弗雷蒙特(John C. Frémont)少将。[20]不仅仅是美国政府,美国陆军开发西部的行动直接导致了最终的殖民地开拓。地质工程师军团与陆军常规工程师军团完全分离(1838年7月4日通过审批),军官们致力于勘探、测量和测绘新土地,并设计灯塔和其他导航设备。历史学家詹姆斯·朗达(James Ronda)说,地质工程师军团的军官们"在西点军校接受教育,接触欧洲和美国最新科学思想,将自身视为一个扩张主义国家和更大思维帝国的代表。"[21]在军事开发者的19世纪遗产中,朗达继续说道,"把士兵开发者仅仅标榜为乔治·惠勒(George M. Wheeler)所说的'人口不断激增的史上浪潮'的先锋卫队,被看作实在太简单的故事。陆军开发者的旅程标记着一个西部帝国的基础。那些同样的路程也扩大了思维帝国……士兵探索者扩大了美国思维的边界,形成了国家知识分子和地理域的西部部分。"[22]陆军开发者,而非仅仅是探险家,使西部成为美国西部——远比只是杀戮和破坏更伟大的遗产。

美国大开发的辉煌中并非只有陆军。海军有自身引以为豪的大开发遗产。1838年美国大开发探险队(U.S. Ex. Ex.)带领6艘美国海军舰艇和346人(包括9名科学家)在世界各地进行了有史以来最伟大的发现之旅。规模更大的只有15世纪中国明朝的郑和的探险队。历史学家纳撒尼尔·菲尔布瑞克(Nathaniel Philbrick)在其卓越著作《荣耀之海》中写道:

无论如何，探险队的成就将是非凡卓尔的。经过4年的海上航行，在失去两艘船和28名官兵后，探险队航行了8.7万英里，勘察了280个太平洋岛屿，绘制了180张海图——其中一些海图直到第二次世界大战时仍在使用。探险队还绘制了太平洋西北部800英里的海岸线和1500英里冰封的南极海岸线。它对美国科学崛起的贡献也同样重要。探险队科学家收集的数千件标本和手工品将成为史密森学会收藏品的基础。事实上，如果没有美国大开发探险队，华盛顿特区就或许从不会有国家博物馆。美国植物园、美国水文局和海军天文台在不同程度上都归功于探险队的存在。

这些成就中的任何一项都值得注意。总的来说，它们代表着关于大陆横贯铁路和巴拿马运河建造秩序方面的一项国家成就。但是，如果这些科技奇迹和人类决心成为美国传奇历史的一部分，美国大开发探险队很大程度上已被遗忘。[23]

这种超凡的后勤保障、考察探索和职业精神既为美国、也为海军增光。但是，人们必须停下来想一想，美国西部大开发的军事特征和史上最伟大的整个现代海洋探索活动为何今天都被完全遗忘或忽视。我发现，很难不相信它是部分由于（如果不完全是）现代人对摒弃军队的积极品质越发关注，并渴望通过误入歧途的乌托邦理想主义者消除传统惯例，但这取决于读者对此如何认知。

不管怎样，否认军方作为美国历史上卓越探索力量的自豪历史，将是一个深刻且不可原谅的错误。然而，太空时代早期确实出现了谬论。历史表明，艾森豪威尔对军事动机反常的不信任（及其同样对非军职科学家动机的过度漠视）剥夺了空军自身对美国探索的巨大贡献。空军准将西蒙·沃登（Simon Pete Worden）在2002年（与约翰·肖（John E. Shaw）少校合著）《太空实力前景？锻造新世纪战略》专著中为空军辩解而重申其在探索中的作用：

> 目前，NASA是美国太空探索的施动者。这与美国探索和开发新领地的传统途径背道而驰，也违背常识。NASA是一个研究和技术机构，发展、开放和保护商业开发新区域的动机极低。[24]

沃登将军当然深知自己在说什么。他曾负责大概是20世纪90年代最大的月球探索任务——"克莱门蒂娜1号"卫星项目。这颗小卫星使用为导弹防御计划开发的低成本新技术，在1994年生成了第一张全彩色月球地图。此外，这是一个国防部战略防御倡议机构，而不是NASA的项目，只需要两年进行开发和8000万美元。[25]这次任务证明，相比于竞争，军方即使不会更好但也仍可探索更多。值得注意的是，这次任务通过月表成像"勘测"月球资源，完全关注月球运维的商业可行性，所以被昵称为"矿工的女儿"，让人回想起军方历史上承认经济扩张是国家重点。沃登继续他对军事航天探索未来的深思：

> 国防部对太空探索的初次尝试只是开始，而非结束。如果未见任何有价值的事物，且新域不可能产生任何威胁，严格的"科学性"探索太空或任何其他新域都是可接受的。南极大陆就属于这种情况，对（地球同步轨道）以外的天体而言同样如此。然而，随着全球经济转向更加依赖全球公用事业（绕地运行），它们面临潜在威胁和保护经济资源将同时存在。同样的问题也将不可避免地在月球、小行星和太阳系中的其他天体中发生……军事部门将不可避免地回到其传统角色：保护商贸、拒止对手使用权并发现新资源。[26]

艾森豪威尔政府的科学家是认为太空中"无宝贵之物"，还是因军方希望保留其航天计划而嘲笑其太空兴趣？看起来这似乎是萨根尼特动机。20世纪50年代和60年代的军队也许未曾确切看到太空中的价值所在，但他们知道太空中存在价值，愿意花费大量时间、精力和资源加以寻求。正如本书稍后将要主张的那样，他们迟早会发现太空的真正价值，且远在科学家所容许的狭隘愿景之前。

既然发现了太空的价值，且恰恰是由军方发现，如果容许军方在太空中履行其传统职能，也未剥夺其与由思维狭隘的科学家们任职的民用"探索"机构的相互角色作用，是否能够早点发现和利用这一价值？空军的太空先驱者伯纳德·施里弗（Bernard Schriever）将军谈到创建NASA时说，他"从一开始就非常反对该机构性安排"。国家宇航顾问委员会（NACA（National Advisory Councilon Aeronautics），NASA前身，对军方友好）从来不应受到妨碍。创建NASA是一种不必要的组织创立……（政府）仅仅接管军方，在NASA内部将其推延，并开始"载人航天飞行计划"。如果容许军方进行军事行动类飞行，他们会做得更好。我们已证明可以做到，已让所属人员运转该计划。艾森豪威尔被科学顾问詹姆斯·基利安出卖了。[27] 对此，施里弗将军本可以补充说，军方对国防责任宽泛的历史性观点也将考虑到对太空中"有价值"活动的更宽泛观点。

历史学家和太空理论家同样都必须考虑的可能性是，对于值得做（除朴素的"科学"外还贯穿国家实力的所有方面）和可持续的太空探索所必需的体制历史、愿景和后勤专门知识，只有在军队内才有可能，而以NASA为形式的非军职人员并不具备描绘人类推进到太空中的必要的愿景广度。简而言之，单凭科学红利并不能证明太空旅行合理，而NASA因此被推入了政治和官僚主义的基本领地。科学家们选择萨根尼特愿景是基于短期近视和他们对更宏伟、更有回报的原奥尼尔全系统军事愿景的非理性推崇，这将导致太空发展的灾难性后果，痛失的机遇在六十多年后仍将产生后效反响。但与NASA相比，美国空军是否确实展现出转向更好方向的迹象？

2.6　太空中的美国空军人员

与艾森豪威尔总统的"太空促进和平"平台相反,空军相信太空中的军事活动可以且应当被认为是和平的。美国空军在太空中的活动与海军在公海上的和平活动并无不同——确保各方从事和平活动的海洋使用权。[28]对空军活动尤其至关重要的是载人航天器在太空中可能用途的拓展性探索。许多太空拥护者认为,缺乏人类的太空使用权是太空中缺乏可观进展的一个关键原因。许多人将其怪罪于美国 NASA 坚持垄断载人航天旅行,并且将它强调"科学"胜过"探索"视为载人航天旅行能力失灵的原因。不应忽视的是,载人航天飞行是太空时代初期空军太空政策的重点。战略级空军司令部司令托马斯·鲍威尔(Thomas Power)将军指出,空军对人类航天飞行的立场是,"长远来看,关键需求是在太空环境中安置人类。在征服太空的早期无人探索阶段,无人飞行器可用于众多科学目的和某些特定的军事应用。然而,要充分开发利用这一介质,人必须是必不可少的因素。"[29]当今,很少有太空拥护者不同意鲍威尔将军的说法。1961 年 11 月,施里弗(Schriever)将军在题为《太空中的载人行动能力》的文件中强化了空军立场,并指出:

> 我们军事航天计划的最优途径是无人和载人航天器的一种混合模式,要更加重视载人航天器。必须能够例行性日常使用太空……人类在太空的能力对于在太空时代保障国家目标和国家安全必不可少……最终,人类出于军事或民用目的快速利用太空的关键在于灵活机动性。我们绝不能仅仅为了实现现在能够界定的那些目标而设计航天飞行器和计划。我们必须设计具有足够承载力的航天器,以迅速适应或吸纳从航天计划产生的海量新知识……
>
> 历史上,我们往往高估短期内可做之事,严重低估长期内可做之事。[30]

以空军举例,它对载人航天飞行的兴趣完全出于自私,主张从预算大盘中分得大头,却用于捍卫其狭隘的"飞行、战斗与胜利"未来文化利益。有机构担心,空军军官团会把"昂扬英勇的飞行员"变成"井底之蛙"(顺便一提,这是美国空军太空部队的现代命运)。空军想要的是其飞行员的后续战斗机,许多人将太空视为"账单也从来都是渐次缩减的。"[31]历史学家似乎认为这一解释是正确的,空军使用这些论点的原因在于无法确信地阐明人类在太空中将做之事,以"使非现役监管人员满意"。因此,未能在太空中建立人类长期独立驻留。[32]

我主张,空军提出这些论点并非战败之敌在最后一刻拼命维持其计划存活,而是事实上给定情形下的正确论点。这些不是天马行空的评论,而是具有新技术评估长期经验的军事制度经验性明智之言。只不过太空时代根本无法如此之早地知晓一项成熟的太空军事行动能力有何价值,军方所能给出的最诚实并且是最真实的答案是,他们需要在确信之前进行太空中的实验,但感到这种优势可以极为惊人! 未知是一种存在方式即其未知。奥维尔(Orville)和威尔伯·莱特(Wilbur Wright)①绝不可能预见到"小鹰号"载有一架重型轰炸机或超声速运输机,在着手建造一架飞机之前要求他们这样做会是不可容忍的。世界首次成功攻击潜艇的设计者亨利(H. L. Hunley)从未想过,美国通过致命性刺杀式攻击潜艇及其弹道导弹潜艇与苏联"寂静之军"玩猫捉老鼠的游戏。要求从新技术得到即时满足往往是不可能的,且思维简单得无以置信。

考虑艾森豪威尔的第二位科学顾问乔治·基斯蒂科夫斯基(George Kistiakowsky)的观点,即军方宏伟的军事航天项目"相当偏袒,说得委婉一点……相当可怕! ……犹记当发现专门就地月空间太空战略防御,和类似议题成立行业组织机构的论文研究开支总量超用于支持化学研究的(国家科学基金)所有资金时,我感到愤慨。"33 如果属实,军方用于研究的开支是否过高? 也许吧。但是,从科学家处听闻,与其他重点事项相比,科学没有得到充足资助,真的出人意料? 看看基斯蒂科夫斯基对"专门论文研究"的嘲弄。在军事界,这些论文研究被称为对战争艺术与科学的探索,且非常重要——若非海军上将阿尔弗雷德·泰耶·马汉(Alfred Thayer Mahan)在19世纪出版的著作《海上实力对历史的影响》,现代海军将不复存在,这无疑是一项非常重要的专项研究。当今,关于太空军事行动理论,即太空实力理论,仍不具备广泛共识。当这名科学家对军事战略研究的重要性显然一无所知时,我们为何相信他是正确的? 因此,部分原因在于听信了对军事行动无知的科学家,在太空花费了大量资金却未能得到一项在太空最优所应达成之事的顶层战略。许多科学家甚至一些军事职业人员得出结论,因为没有解释太空行动为何重要的太空实力理论,所以太空行动根本就不重要(这一论点经常用于批评建立独立军事航天军种的呼吁)。他们忘了,缺乏针对某事的佐证并非无证据佐证。34

艾森豪威尔除了简单地忽视军事理论工作的重要性和嘲笑优秀军官仅仅按照自身理解完成工作之外,还用另一种极为重要且毁坏性的方式施压于太空努力——财力。更具体地说,他并不把太空实力本身视为一种充满希望的新尝试领域,而只是作为试图更好地进行地面军事行动的辅助物——这种价值观已经导致军方对今天以太空为中心的军事实力的可能性几乎完全视而不见。艾森豪威尔的航天财政

---

① 译者注:奥维尔(Orville)和威尔伯·莱特(Wilbur Wright)即指发明飞机的莱特兄弟,奥维尔·莱特(Orville Wright)是弟弟(1871年8月19日至1948年1月30日),威尔伯·莱特(Wilbur Wright)是哥哥(1867年4月16日至1912年5月12日)。1903年,莱特兄弟造出了人类历史上首架飞机。1917年4月美国对德宣战后,奥维尔·莱特成为美军飞行员教官。

方法是避免航天计划重复、浪费支出和项目重叠。[35]这是一个在理论上值得称道的目标,但现实中官僚和科学家(已被证明藐视和猜忌太空中的国家利益)而非航天专家都愚昧到无法理解真正构成浪费的项目重叠和重复之物。科学家倾向于认为"人类驻留太空"是一种需求。NASA的"水星计划"是一种人类驻留太空。美国空军的"动能飞翔"(Dyna-Soar)军用载人航天飞机也是一种人类驻留太空。因此,这两项计划是不必要的重复,"动能飞翔"必须取消。思维路线就是如此。但"水星计划"确实无外乎"铁罐头装火腿"①,"动能飞翔"是一种非常先进和能力突出的飞行器,本可以拥有许多不同的军事和科学用途。或许只有太空实力专家已经看到这种差异(我相信任何普通公民都已看到一种巨大差异,而且只对"动能飞翔"印象更为深刻),但一位充满敌意的科学家可能会不屑一顾,面色直白地称"浪费性重复"。

艾森豪威尔的军事航天资助准则可以描述为"除非在太空履行地球军事任务具有更好功能效力,或者在太空履行军事功能比在地球上廉价,否则不会资助任何太空活动。"很少授权进行探索性研究和开发[36]。实质上就是航天必须在短期内得到回报,否则将不会有太空努力。任何熟悉基础研发与应用研发概念的人都知道,如果没有探索未知确定何为可能的基础研发,利用这种可能的应用研发就会枯竭。基础研发旨在十年后的应用研发。艾森豪威尔坚持在太空中只实施传统的地球军事行动,是对太空实力思维中理论上的军事基础研发的严重打击。实质上,艾森豪威尔阻止了军队思想家们在思考如何出于国家战略利益而争取航天事务得到支持。难怪在艾森豪威尔执政期间,"航天技术已远远超越了关于如何高效运用太空系统的任何有条理的学说。"[37]

即使被科学顾问们弄得茫然的艾森豪威尔抵制军方探索太空实力理论的尝试——明显符合逻辑、有益且传统的军事努力——有证据表明,空军出奇地非常接近于开发一种协调一贯的太空实力模型,预示着奥尼尔式太空发展愿景,为美国和人类以NASA已经唯一梦想的方式征服太空环境打下坚实的基础。不幸的是,战略文化很重要,由于第二次世界大战时期不相协调的战机飞行经历,而空军似乎未能为回答严肃的太空实力问题武装到位。然而,空军找对了根本问题,假以时日,就会在跌撞中找到正确答案,使美国成为一个真正的航天国家。我们回到空军为军事航天活动辩驳的错误转折,看一看早在20世纪50年代末就可能已经最终创建出星舰未来的一项计划。

---

① 译者注:1958年,NASA的"水星计划"实施首次载人航天飞行任务,当时的航天飞行器是自动驾驶而非航天员手控,搭乘的航天员就像罐头里的午餐肉一样无脑而被动,一旦遇到事故危险也无法自救,因此被戏谑为"铁罐头装火腿"(Spam in a can)。

2.7 空军的错误转身

战略文化是军队生活的一个方面。军种部门的战略文化本质上是该军种认为在战争与和平中应当做的事情，以及如何组织以最好地保卫国家。在众多方式中，军种文化以其最认同的战略实力理论为基础。拥有明确而强大的军种文化的优势之一是军种成员知道自身在国防大结构中的作用是什么，军种思想家有足够自信牢记历史，并利用他们对历史的掌握来规划未来活动。军种文化的一个显著负面在于有时强大到面对与其经历大有不同者时，源文化可能无法正确处理，且必须屈从于军种文化的新诠释，或贻误于新职责。

空军战略文化是在太空时代早期与航天相觑最多的文化。正如所见，空军战略文化牢记其军事文化根基（植根于探索军事和商业获益的历史传统），足以建议探索航天技术用于促进各层次国家实力：外交、信息（包括科学）、军事和经济（DIME）——与艾森豪威尔的科学顾问们将太空视为仅限于科学家们的独有活动领地那种狭隘的、以自我为中心的萨根尼特式愿景相反，他主张一种奥尼尔式庞大而多样的载人航天努力。航天爱好者或会在空军和军事航天思想中发现不少他们认同的观点，如若我们走向军事而非"科学主义"所指引的方向，半个世纪后的生活或将大相径庭。

然而，就任何想象力而言，空军的军种文化并不完美。它的一个致命缺陷在于没有且也许不会深受理性决策者所喜爱。这一缺陷是由于空军战略文化的具体细节与太空实力完全不相容，且通过核轰炸时代的空军镜头阐释太空实力，而战略级空军司令部注定用同时代的军方太空实力思想，像嗜血且变态的狂人咆哮一样对待民事体系，即便空军声明实际上只是应用于航天的标准化空军思维。即使这些想法很古怪，有充分证据表明，随着空军增获太空领域经验，它们很快会被抛弃，并开始形成一种更符合国家和太空经济安全要求的太空战略文化。事实上，问题在于空军从第二次世界大战吸取的教训。

自从第一位陆军飞行员梦想着莱特飞船可用于干什么以来，空中实力的军事思想一直着迷于进攻。第二次世界大战前几乎所有重要的空军思想家都经历了第一次世界大战中怪诞的僵局式堑壕战，并誓言运用飞机使之不再发生。这些思想立即汇聚成概念化重型轰炸机——大型飞机能够飞越被拦阻瘫痪的地面兵力，打击敌方纵深目标，削弱敌方决心，诉诸快速和平。具体策略囊括从意大利理论家朱利奥·杜埃特（Giulio Douhet）将军主张向敌方城市并尤其针对平民百姓投掷毒气炸弹的极端方法，到相对温和的美国准将威廉·比利·米切尔（William "Billy" Mitchell）渴望使用轰炸机打击工业中心，可能削弱和瘫痪敌方装备并维持其战场军事力量的本领、引发系统性崩溃。换而言之，并无多大变化。空中实力思想中曾形成快速而早期的共识,认为必须打击敌方"关键中心",真正唯一的辩论在于,当瞄准工业产业目标时,应当特别渴望平民伤亡,还是仅仅减少到可接受的程度。

第二次世界大战中,技术和一场罪恶的战争使空中实力得以成熟。杜埃特和米切尔的理论都得到了试验与应用,结果是数十万平民在空袭中丧生。德累斯顿和汉堡①(最初认为造成成百上千人死亡,但现在认为两地各死亡2.5万~5万人)和东京(7.5万~20万人)的盟军大规模燃烧弹,残暴程度相当于广岛和长崎遭受的原子弹袭击甚或更大(考虑到长期影响,伤亡总人数可能高达20万人)。军事轰炸结果是否有造成这些死亡的理由深受争议,但重要的是空中实力被评判为在战争期间获得成功,空中实力开始通过使用重型轰炸获得正当理由。空军的战略文化变成了远程重型轰炸,以摧毁敌方战斗的本领和意志。

进入太空时代的空军,战略级空军司令部至高无上。战略级空军司令部的载人轰炸机编队通过保持一种"如果总统(甚或可能战略级空军司令部的将军们)认为有必要,就能在数小时内将苏联夷为一堆放射性矿渣"的本领,对苏联的侵略(人称威慑)提供了不可逾越的慑止力。鉴于空军战略文化通过空中轰炸接纳大规模破坏,有理由认为空军发言人首先相信,从太空进行大规模轰炸将是军事航天实力的终极使用。以自身最熟知的环境来看待一种新环境,这只是人类的天性。由此,似乎自然是,战略级空军司令部鲍威尔(Power)将军将太空行动视为空军在空中所作所为的简单延伸:

> 我们决不能像腐朽的堕落国家那样,允许巨大潜力淌尽鲜血变成纯粹的防御性武器。随着我们进入太空时代,进攻的首要地位从未如此得到更加清晰的界定……由于太空为能够投向敌方中心地带的武器提供终极机动和分散,终极威慑很可能就在这一方向……空军必须不断强调进攻性武器系统的积极贡献。必须为科学和国家领导者明确这一事实的逻辑。[38]

此处,鲍威尔已经完美解决了在太空执行空军任务的问题。对于空军领导们而言,进攻性武器最为强大,慑止是他们的任务,而太空或许是追求完美慑止的终极环境。这是空军战略文化鉴视太空中的自身的一个清晰案例。对空军而言,逻辑很简单;对平民而言,听起来像把天堂变成图谋灭绝人类的终极战场。也许对两者而言都是。但是,即便存在这种嗜血式行为,空军的构想也远超出针对太空核大战的威慑。布希(Boushey)将军在对空军太空思维终极表达的思想中更具包容性:

> 从1979年起的20年里,我相信月球和火星将会有载人驻留的永久前哨……(卫星的)另一个用途将是纯粹由太空飞行器完成的军事轰炸。

---

① 译者注:均为德国易北河畔城市。德累斯顿是德国东部城市,萨克森州首府;汉堡是德国北部港市,现为德国最大港口。

我使用飞行器而非卫星一词,因为我相信这些系统将会是载人的……看来符合逻辑的假设是,我们将拥有反卫星武器和太空战斗机……比这些太空系统代价更高的唯一事项是未能第一个登上月球。在如此庞大的地域竞赛中,我们不能屈居第二……我们控制之下的这个前哨或将是最好的保证,即太空的所有一切都将确实为人类和平目的而维持。[39]

尽管布希强调了太空中战斗机和轰炸任务的空军文化概念,但其战略愿景显然不只是高空轰炸机和战斗机。他的建议包含太空殖民地(以基地形式)和领土扩张(现今的航天爱好者通常认为有必要),并让太空对所有"人类和平目的"而言都安全,而不仅仅是科学或军事努力。即便如此,当民众听闻此类说法和其他引述,推测空军所想做的就是将战略级空军司令部和核武器拓展至太空,也不足为奇。基于这种信念,可以理解非军职的政策制定者将可能寻求民事探索机构来阻止军方使太空成为终极进攻武器。然而,一项用于太空终极核武器的鲜为人知的空军计划如果建成,或许实际上已经使核武器远不再危险,并且将在进入太空时代之时,几乎立刻推动美国步入一种获益更丰厚的未来太空实力和一条正确的太空实力之路。即使是进攻性思维并且些许可怕的空军头脑,或许可能已经充分理解了太空实力理论的真谛,通过建造"猎户座"级太空战舰并培育深空兵力(DSF,Deep Space Force),催生一个真正伟大和收益丰厚的太空未来。

2.8 深空兵力:太阳系使用权和本领

著名科幻作家和太空幻想家阿瑟·克拉克(Arthur C. Clarke)先生称"猎户座"工程是"太空时代最令人敬畏的'或许已经进行'的工程之一"。"猎户座"宇宙飞船被设想为一艘由微型氢弹冲击波推进的载人航天器。从字面上,微型氢弹将从航天器尾部推出,因借助原子爆炸的冲击波,爆炸结果将推动航天器高速前进。本质上,这种"核脉冲"发动机将实现航天飞行的"圣杯"——提供一种快速、高效、高推力的航天之旅发动机。直至今日,它是已完成设计的一种可研发使用于宇宙飞船的最强大的航天发动机(暂且忽略对使用这种发动机的安全性的真实争论!)。从1957年到1965年,物理学家("曼哈顿"计划的众多老兵)和空军官员们培育并研究了这一非凡技术。当最优化学火箭的比冲(或称火箭效能的衡量标准——ISP)只达到约400秒时,"猎户座"飞行器最初提供了2000～3000秒,其先进设计产值将是6000秒。"猎户座"并未像1969年"阿波罗号"那样拼命将两名宇航员送到月球待几天,取而代之的是本可以在1965年发射一艘搭载十几名乘员的真正的宇宙飞船到达火星,并延续"猎户座"非正式座右铭:"1970年前抵达土星!"[40] 兴趣读者熟知"猎户座"的故事由"猎户座"科学家弗里曼·戴森(Freeman Dyson)之子乔治(George)在其著作《"猎户座"工程:原子飞船的真实故事》中讲述。就目的而言,我们将讨论有关一艘军用"猎户座"飞船众多提案任务之一和创建深空兵力的严肃建议。

"尽管'猎户座'推进装置囊括一个非常有趣的理论性概念,但它似乎遭受着重大研究和开发问题,因支持问题无法成功完成。"NASA掌门人理查德·霍默(Richard Homer)拒绝了航天机构对"猎户座"概念的支持。[41]这将只寄望于空军和军方持续研发最先进且动力最强的航天推进系统,也仍是由人类智力创设。然而,即使军方对航天活动造福人类文明的潜力有更广泛的看法,空军仍需要一个理由支持"猎户座"飞行器用于军事目的。对空军战略文化而言最实质的是,"猎户座"的军事目的将是加强空军的首要功能:美国的核威慑。

1960年,世界核武器储备估计为300万万吨。[42]然而,这些以载人轰炸机和战略导弹为形式的兵力总是处于一触即发的警戒状态。它们必须处于这种状态,因为半小时内"首轮打击"核攻击将抵达敌方并彻底摧毁目标所在国家。核慑止必须在30分钟内做出响应,否则它将在攻击中被摧毁,几乎毫无价值。面对这一现实,美国和苏联军方都制定了非常严格和复杂的制度,最终维持了冷战中的和平,但即便是他们最热衷的支持者也颇为惊恐,因为任何一方的该制度意外失败都可能导致人类彻底毁灭。即便最热衷的战略级空军司令部支持者也全神贯注寻找更安全的选项——进入"猎户座"。

美国空军上校、新墨西哥州科特兰空军基地空军特种武器中心"猎户座"工程中的物理学者唐纳德·米克森(Donald Mixson)曾提出一种由军用"猎户座"宇宙飞船构成的深空兵力作为一种更安全的选项:

> 一旦"猎户座"宇宙飞船在轨道部署,则将在其寿命期内保持在轨,如15~20年。乘员将在地面接受训练,轮换部署,类似用于"北极星"潜艇(海军弹道导弹)的蓝军和黄金队伍概念。每艘飞船将容纳20~30名乘员。宇宙飞船将提供一个类似地球的"衣与袖"环境,配有人工重力系统和大量睡卧、居住、运动和娱乐设备,飞船上将提供小型子级组建和有限模块维修设施。

> 将基于长期基础以20艘飞船为序列部署。通过将它们部署至深空中的各自轨道,能够获得最大安全保障并最大可能告警。在这类高度,从发射到交战,敌方攻击将需要一天或更长时间。假设敌方发现在攻击行星(如地球)目标的同时必须尝试摧毁该兵力,则对深空兵力发动攻击将为美国提供即将对其行星兵力发动攻击的相对更长时间的早期预警。

> 每艘宇宙飞船将建立一个自给自足的深空基地,提供自卫、实施指定打击或多种打击、评估目标毁伤和酌情再锁瞄并再打击的手段。宇宙飞船能够离轨,以双曲线撞向地球的弹道飞离。在适当时机,武器(推测为核武器)能够仅以对于提供单独指引所必需的最小总冲量从宇宙飞船弹

射出去。在武器弹射和分离后,宇宙飞船可以机动清理地球威胁并返回,用于损害评估和可能进行的再打击,或者继续飞回其深空站。

通过将该系统用于演习,就将可能清楚地表明美国不必将兵力付诸进攻性行动报复能力。事实上,由于地处偏远站点,这些兵力需要大约10小时实施打击,从而为这种兵力仅作为报复兵力才有用提供了正当论据。这也针对无法恢复的偶然袭击提供保证。[43]

米克森在末尾段落中明确阐述了这种深空兵力对于战略空军司令部(SAC, Strategic Air Command)的益处。战略空军司令部的座右铭是"和平是我们职业所在",但这种和平曾很大程度上完全由一支架在整个地球头上的枪来维系。有了深空兵力,在闲暇中完成势不可挡的报复,让像电影《奇爱博士》和《奇幻核子战》场景那样无法回想的意外核战争场景变得不成问题。尽管20世纪众多最伟大的科学家都断定这些飞船原本可以建造,但在某种程度上深空兵力的确听起来很难以置信。戴森论及深空兵力的军事用途说,"是设想在25万英里的深空放置核武器疯狂,还是使他们成为从地球几分钟内摧毁的目标更疯狂?"[44]我们还可进一步补充,当苏联首轮攻击美国核兵力将会杀害400名深空兵力军人,那么在宇宙飞船上部署美国核威慑疯狂吗?还是当苏联首轮攻击美国主要城市也将会杀害数百万公民作为并行毁伤,将美国核威慑置于这些城市附近更疯狂?"深空兵力"还会是个坏主意吗?

戴森(Dyson)思忖的是深空兵力的其他潜在优势:

> 蓝色与金色"猎户座"飞船乘员将在月球轮换度过他们长达6个月的任期——收听8轨磁带、侦收广播电视、在日出划过遥远的地球表面时标记时间。"猎户座"舰队一方面着眼于深空,另一方面着眼于芝加哥和塞米巴拉金斯克(Semipalatinsk),不仅或已准备报复苏联,还和苏联一样,准备保卫我们的星球免遭星际碎片的撞击。[45]

毫无疑问,当人类在20世纪70年代末意识到小行星和彗星撞击的威胁时,深空兵力本将已做好准备,但让我们做进一步推测。一名深空兵力巡洋舰舰员和《星际迷航》星舰舰员的相似之处同样引人注目。"猎户座"项目团队成员戴维·韦斯(David Weiss)甚至说,"猎户座"曾定调为北大西洋公约组织(NATO, North Atlantic Treaty Organization)多国式舰员,使深空兵力成为一个国际组织。[46]此外,为期6个月的巡航将给乘员留出大量休息时间,毫无疑问,在深空兵力巡洋舰上的武器操练和常规维护间隙,将有足够的时间进行航天科学、探索并思考如何最好地利用太空造福人类。人们可能会得出这样的结论:"猎户座"乘员除掰着指头等待第三次世界大战之外,还有大量其他值得去做的事情。不久之后,深空兵力巡洋舰可能拥有投身于此的一个科学官员或参谋的部门,一艘或多艘舰船可能离开威慑性舰队,对潜在的危险小行星或彗星进行编目,为商业行动提供紧急救援服务,绘制月球上的资源,甚至可能针对美国深空探险队的科学任务发射一支载人舰队前往火星或土星,引导并让过去的伟大军事远征探险队走向正轨。应当显而易见的是,一艘深空兵力"猎户座"舰船的衍生价值可能超过 NASA 曾部署的航天装备的全部投资组合!与之相比,将包括功能有限的单用途载人航天器(水星、双子座、阿波罗、航天飞机)和无人探测器加在一起,都不会贵到哪去。

最终,"猎户座"项目和"深空兵力"的梦想随着空军削减资金而消亡,因为"空军"无法独自承担"猎户座"的财政负担。[47]它仅仅是太过昂贵并且军事用途无法独自证明"猎户座"研发成本合理。然而,"猎户座"项目的团队成员总是将"猎户座"的军事用途视为研发该舰船的一种合理论据。"猎户座"的目的是探索。米克森关于"深空兵力"的建议被写成"并非让"猎户座"变成军用机器,而是把军用机器终归骗进另一笔资金,以维系太空探索的黄粱美梦"[48]。也许,如果军方在太空时代早期进行探索的历史责任不曾被剥离,那么这种"骗局"本将会是不必要的,并且美国本将会从"猎户座"中获得这个富有创新精神和远见卓识的国家应得的航天计划。不幸的是,历史和政治另有规划。

因而,在此以发明一艘军用航天飞机的空军战略性文化作举例,该航天飞机本可用来作为发展一种强健的太空实力运行哲学的核心。戴森认为,米克森对"深空兵力"的启发在于马汉的《海上实力对历史的影响》。尽管并未置身空军的战略文化之中,但米克森熟悉更大范围的军事文化,使他能够借鉴海军战略文化,开创独特的太空战略文化。米克森具备战略级理解,看得到太空将会发生什么,而艾森豪威尔的科学顾问基利安(Killian)和基斯蒂科夫斯基(Kistiakowsky)没能看到。美国的太空努力对此不利。

2.9 夭折的太空时代:萨根尼特式愿景的辛酸

人们当然可以摒弃这段历史。NASA 的非军职的探险者能够从事军方能做的任何事情,但没有军方"邪恶"的隐藏深意。也许,除军方的"坏"名声是 20 世纪一种现象外,也是一种现代误解。正如太空政策分析师埃琳·加洛韦(Eileen Galloway)在 1958 年 5 月 11 日底气十足地指出那样:

事实上,身处军方的科学家和非军方的同事相比,并不意味着军方科学家是威胁多数党政府的一名准拿破仑……对一个民主政府而言,由一群科学家组成的专家控制,与一群军事专家控制,同样危险。要点在于由民选代表在各种职业化专家之上控制政策的概念,这些专家缺乏对于守护共同福利和公共利益所必需的远见深度。[49]

美国人民必须明白,军队并不等于暴力和毫无意义的死亡。NASA 方案不够"好"的原因在于它是民事的,军事航天计划或独立的军事航天军种方案"差"的原因在于它是军用的。《星际迷航》将军方科学家清晰地展现为英雄。尽管小说中的军事航天活动被大众广泛支持和接受,然而令人有些惊讶的是,今天,那些自称航天爱好者却对太空中真正的军事航天活动不以为然。简单的事实是,20世纪50年代,目光短浅的民事科学家引导我们走上了狭隘的萨根尼特式太空发展愿景,阻碍了现代想象中预期的航天发展。军事替代方案显然是通过民事科学、经济扩张和军事任务方面并行发展的一种奥尼尔或格雷厄姆式的太空扩张。通过错误地忽视军方在探索和扩张中的传统作用,将军队在太空开发中更大因素的考量对比单纯的"科学"斥为无知孩童的胡扯,并非理性地相信科学家的客观性,艾森豪威尔政府在航天方面将美国置于一条极其低效和狭隘受限的道路,即便肯尼迪和约翰逊政府会为航天活动分配天量的巨额资金,也无法发展航天。

然而,这些政策限制是自我施加的伤害,易于纠正。或许,将使得美国作为太空实力逻辑的一套高效组织成为可能的最重要的政策变化,将是用以所有的各种形式发展太空实力且不仅仅是聚焦战争的一纸新命令,把军队——历史上最具开阔思想的太空实力组织——重新置于凸显位置。"通论"对于这样一个重新特许的军事航天组织会有什么建议呢?

2.10　军事航天组织中的太空实力逻辑

"通论"认为,军事航天的最优组织是通过将五条途径应用于太空实力逻辑和语义而使得最大发展成为可能的那种组织。尽管语义发展(主要是技术研究和开发、军队物资司令部的权限)是太空实力发展的一个必要部分,但最关键的发展责任在于太空实力逻辑在转变器层次的路径(2)(处理太空实力要素的新方法)和路径(5)(新的组织方法)。军方最必要的责任是培育能够将原始太空实力转变为应用性军事太空实力的转变器。创造军事转变器通常被称为战略层和战术层培育。由于发展太空实力语义是政府和私人利益体共同承担的广泛责任,因此最优军事航天组织就是能够通过战略和战术层军事航天理论、战略与学说条令培育最优转换器的一类组织。由于太空实力逻辑中具备强大的转变器基础,不仅仅是应用性军事实力将好过不具备这样一种成熟逻辑理解的实力,但通过转变器的反馈回路,太空实力语义发展也将得到改善。然而,在决定哪些是最优组织之前,必须确定最优组织本身的特征。

反对独立太空部队的一个常用论点是,设立一支完整新军种可察觉到的沉重成本负担:制服、基地和人事、医疗、保障服务等基础设施,以及不能直接转化为增强的可运维实力或能力的行政费用。2001年太空委员会委员戴维·耶利米(David Jeremiah)海军上将将这种看法概括为"牙尾配比"。[50]正是由于高投入低回报导致委员会相信2001年独立太空军种将会"功能性失调"。[51]

"牙齿"可能是战斗实力与战场或者国家安全效力,而"尾部"则是间接成本和行政开支。在此框架中,一个军种的总价值是其战斗能力"牙齿",而"尾部"应该尽可能小。理想的情况是,一副无限长牙齿附着于无穷小的尾巴上。然而,战斗实力真的是衡量一个军种价值的唯一标准吗?

军种价值不只是其有形要素的总和;其效力不仅来自人员和物资,还来自其战略文化、对其思考并将其融入国家防务讨论的本领。"牙齿"是衡量军种效用的一种不完整指标。一种更好的衡量标准是军种"头部",即其战斗和可运维本领的总和,外加其对怀利(Wylie)①上将所称的"评判差异……理念冲撞"和"作为战略概念储备的智力储备"的贡献。军种战略文化在任何时候都与其武器或军事行动同样重要[52]。

"头尾"配比与"牙尾"配比的算法有很大不同。"牙尾"配比强调对排除背景和增长的直接影响。"从头到尾"更具包容性,以背景为中心,旨在使战略文化和军种防务能力变得成熟。军事组织用其工具和(其介质语义和逻辑)进行战斗。因此,"牙尾"配比是量度一支独立太空军种效用的一种不充分工具。战略文化必须予以考虑。在"头尾"框架下,我们更有机会就一个独立太空文化和军种的问题作最优决定。

当然,由于组织的负责人很重要,因此确保组织负责人处于正确位置至关重要。简而言之,一些组织文化相比于其他组织文化更好,甚至在唯独投身太空实力的组织中也是如此。霍利以一个源自空中实力历史的史实案例再次助益。事实上,他使用的甚至是更多地被忽视的太空实力历史部分中一个案例!

1913年,当海普·阿诺德(Hap Arnold)中尉尝试探索飞机的未知未来时,陆军当局已经决定将航空使命指派给信号军团。将该组织转变挡在路上曾有何含义?信号军团以前并不是战斗武装之一;它是一支军种,是为战斗武装援助保障的辅助部门之一。将飞机分配给信号军团的这一决定,要在确定即将到来的多年里空战武装的未来中发挥关键作用。

作为一支军种所隐含的组织或体制偏见似乎不可避免地扭曲了飞机在未来几年曾要发挥作用的概念。作为通信或信息传递的首要机构,信号军团强调飞机、信息收集——航空摄影、观察、侦察——的保障作用完全正常。飞机以崭新和奇妙的拓展方式为陆军提供眼睛。的确,事实证明,飞机被证明提供了远好于陆军以往任何眼睛的功能,更为灵活,更快、范围更大……

陆军将观察和与之相关的近距空中支援角色置于首位的原因有很多。主要原因之一是陆军缺乏针对战场经验系统分析的胜任组织和方法。因此,它未能良好装配以制定一套健全的学说理论体。由于美国远

---

① 译者注:怀利(J.C Wylie),美军上将,第二次世界大战期间曾参加美军对欧洲的战争,著有《军事战略:实力控制通论》一书(1967年,马里兰州海军研究所出版社)。

征兵力在航空特别是战略轰炸方面的经验极其短暂,因而得出正确学说理论充其量是一项艰巨任务。由此,空军部长仅仅反映了当时正在观察中的主要经验,而没有看到有限战略轰炸经验中所暗藏的巨大潜力。

当然,将飞机指派到信号军团的理由非常充分。1909 年,该军种是最进步的部门之一,也是所有武装部队和军种中最具科学倾向的部门之一。信号兵团的领导者……因对科学的贡献而受到全国的尊敬。但是从学说性理论上讲,给地面高机动游骑兵指派飞机肯定更有意义。

可以对游骑兵作为战斗武装的传统学说化角色稍作反思。首先是远程纵深战略任务——袭击敌方本土、破坏运输和交通线、烧毁工厂。其次是遮蔽任务,用马匹对比步兵的速度差以在前沿和侧翼分散建立阻滞敌方前进的防线网并掩藏友军集结。第三是封锁任务——在敌方与友方主战兵力会合之前攻击其纵队侧翼。第四是侦察作用——充当陆军的眼睛,对敌方抵消突袭和打开缺口的行动进行早期预警,并为友军掌握主动权展示机会。最后还有冲锋,骑兵刀一字排开、军刀高举、拳脚相迎、武器相击和冲击行动。

即便在第一次世界大战前几年里,飞机仍处于远未开发状态,它承诺要成为一匹远胜过往之"马"。当然,将侦察、封锁和战略作用纳入考量,让飞机公平竞标以取代马。但骑兵们却不会享有它,他们不喜欢机械而喜欢马。正如一位英国战争大臣曾说过,要求骑兵放弃他们的马就如同要求音乐会的一位小提琴手放弃其乐器并使用留声机。

我记得在西点军校任教时,办公室外墙上挂着一张老旧的骑兵招贴画,宣称"马是人类的至尊伙伴。"这说明一切。逻辑表明,飞机应当指派到游骑兵,一支职能任务和学说理论已明确定义且拓展范围的战斗武装。但是人的因素,即游骑兵的心智,支配了另一种解决办法。因此,飞机被指派到信号军团,一个军种部门而非战斗武装。比利·米切尔等整整一代人挣扎着打破"军种"模式,确保飞行员不仅拥有一个能够充分发挥其理论性潜力的合适组织,而且确保使该潜能生效的资源充足。[53]

在面对空中实力时,霍利出色地描述了陆军中工具性价值(飞机的巨大战斗潜力)和仪式性价值(游骑兵军官憎恨飞机且未能将新技术置于一个科学部门)之间的冲突。他最后的陈述甚至暗示了军事组织的语义和逻辑发展的众多责任。霍利说,失去空中实力,游骑兵被仪式封装了,至少直至装甲永远取代了马。

此处,我们看到,制度经济学也能将新启示带入军事史将。空军历史上大多数观点中,信号军团到空军部门到空军军团再到空军被认为是一个决定性假定——解决事务的方式。霍利却说,这种决定性演变没有必要,甚至是由陆军领导层因游骑兵的精英们拒绝去冒失去战马的风险而无法客观评估飞机的战场潜力所导致的错误!然而,霍利还暗指,一个独立的航空组织,即空中实力狂热者的最终目标,并非唯一目标。由游骑兵空军武装力量组成的一个独立空军组织可能也好过历史上的信号军团空军武装力量。尽管一个独立的航天组织尚未出现，但我们是否已经陷入了曾困扰空战行动的相同错误？霍利继续指出：

  所有人可能都会赞同，随着人们向太空时代升级，我们面临的最紧迫问题之一在于：什么样的组织结构最适合于将太空作为国防的一个方面加以开发利用？战略级空军司令部以其辉煌的进攻记录和严苛的职业精神①是否应当成为被选工具？一个独立的空军"航天司令部"是最佳解决方案？在硬件特殊性条件下，如此一个司令部是否应该从系统司令部接管太空研究和采办职能？按照相同逻辑，如果一个独立司令部是被批准认可的解决方案，那一支独立的"太空军"为何不完全脱离现有的空军呢？……

  我们的航天组织性结构是否在不经意间掉入了飞机的模式？我们是否有将军事航天努力发展成为一种辅助性军种，而非战斗武装？那些就该主题颇有见地的发言且从官方立场说话的人诚然反映了这一观点。我们听到的大多为"任务支持"，一种为操控兵力提供图片、文字、天气报告、导航信号等之类的电子化比特流，但只转弯抹角、转瞬即逝地提到战斗作用。正如一位空军副部长所指出，"美国从未在太空部署过任何类型的武器，目前也没有针对在轨道上部署此类系统的已批准计划。"当然，完全有可能，掌权者也许感到受到现有条约义务制约或避免刺激政治上不希冀军备竞赛的真诚期望的制约。他们也许感受到的制约是，不论是作为"太空优势战斗机"还是进攻性战略武器，避免讨论太空飞行器在战斗中的作用。但确实，早期的空中武装历史和其组织性灾难无疑应该让我们按下暂停键。说到国防，归根结底意味着国家生存，条约可以根据需要经由法定的规程修改或废除。至少，鉴于自身机构性历史的信息萦绕耳边，我们有必要极其谨慎地研究航天组织问题……

  如果第一次世界大战结束时的空中武装学说理论仍然将飞机的主要功能界定为观察，那么在紧接着的几年里设立一支空军军种作为配属力量，隶属于战斗武装并予以支持，从逻辑上是有意义的。如果将在太空中的作用界定为对行动兵力的"任务保障"，那么我们为航天建立的组织将从逻辑上不再适合于一支军种或保障角色？那么，我们是否必须等待一

---

① 译者注：战略级空军司令部"辉煌的进攻记录"和"严苛的职业精神"是指第二次世界大战时期以美空军参谋长柯蒂斯·李梅（Curtis Lemay）上将为代表的空军指挥官偏好运用轰炸机进行空袭，并对德国、日本等实施了大量轰炸，时任美国防部长罗伯特·麦克纳马拉（Robert Strange McNamara）等军方高层评价其"特别好战"和"残酷"。在任美空军副参谋长期间，他将美国战略级空军司令部规模扩大了 4 倍，员工 22.4 万人、飞机 2711 架，并着力打造"一款装备精良、坚固、机组人员训练有素的轰炸机"和"可以穿透任何防御体系"的防务兵力。

些当代比利·米切尔(Billy Mitchell),即"太空实力"狂热分子来抵制该系统,亡羊补牢地打破既定模式,为太空制定一种战斗武装的角色。[54]

制度经济学家否认组织体制发展中的决定论,认为变革没有预定的方向,这是"太空实力通论"欣然接受的假设。因此,社会有应用自由裁量权的本领,即直接向预定目标变革。[55]霍利说,到目前为止,航天组织体制的发展一直朝着不断变化的任务支援角色发展(由于创建了一个支援军种的空军航天司令部),而非战斗角色(通过拒止太空的战略级空军司令部战斗模式)。由于发展没有决定论,组织体制的选择由社会基于从军事航天组织机构所要的目标结果来确定。

尽管社会拥有这一选择,但客观上仍有比其他方案更好的组织体制选择。再者,确定最优组织体制方法的客观衡量尺度在于,通过路径(2)和路径(5)使太空实力逻辑和语义最大化发展,从而实现太空实力最大化。广义本领(原始太空实力)客观上优于狭义本领。某一行为者如何使用太空实力是与本领无关的一个独立问题。一个太空大国可以使用其太空实力进行征服或维护,即便他们有本领做到两者兼而有之。一个没有征服本领的太空大国将别无选择,即使面临毁灭的威胁,也只能维系。但还有一个问题仍未得到解答。鉴于太空环境的特殊性,哪种类型的航天组织体制能够将太空实力最大化:聚焦战斗的太空军、以支援为导向的航天司令部、类似于海岸警卫队的太空警卫队或其他类型的组织体制?霍利断言,这目前或许不是一个可答复的问题,原因在于缺少关键一步:

> 从空军业务部门——空军军团——空军的视角看,思考太空军事问题的所有人都面临着两个紧迫的组织体制问题。不论最终结果如何,我们必须决定航天司令部或太空兵力的框架和规模。但是,首先必须制定太空学说条令,因为我们所决定的学说条令将不可阻挡地影响建立的航天组织体制结构……

> 学说条令特别是太空学说条令至关重要。但我们面临着老生常谈的"鸡与蛋"困境:谁在第一位?学说条令将塑造组织体制,但是,在完善组织体制来设计太空学说条令之前,我们是否能够制定出完全满意的太空学说,这令人怀疑。完善学说条令的工作复杂,需要大量参与者的愿意和知情合作。确实,它要求所有运维业务梯队的参与者采取实质性举措,不能仅仅留给参谋部门的少数专家。要考虑学说条令与研发之间最真实的区别。研发背后有强大的经济激励。在自由、竞争、资本主义制度下,热切的承包商永远都在向我们促推技术革新。他们令人兴奋的建议总是超越我们的资源,迫使我们做出艰难选择。然而,承包者积极主动带来更加引人注目的发展,实际上几乎确保了成倍的技术进步。

> 但是,学说条令的形成背后有什么经济动力?当我们把数十亿美元投入研发,投入越来越先进的硬件时,我们就把形成太空学说条令的任务丢给了已经承担许多其他任务的少数参谋。更糟糕的是,如此指派的官

员,其晋升并没有激励到热忱于此的任何人才积极投身这一严苛艰巨的工作。显然,如果没有强有力的经济激励用于完善太空学说条令,我们给出的建议是,不仅应该构建一套高效结构,即一套组织体系,而且还应该为设计健全的学说思想而制定恰当的规程。如果现在未能这样做,在不久的将来,难道我们就不会注定要在一种长期适应于某种太空任务概念的组织体制结构限制中作无效挣扎?[56]

尽管一套发展军事航天实力的专门组织(也许与致力于总体上建设太空实力的组织结成伙伴关系)似乎是提升军事航天实力的最优方式,但我们可能无法完全确保哪类组织(兵力、军团、警卫队等)最擅长完成这项任务。我们所知道的是,鉴于发展不是决定性的,我们对于军种文化的任何决定都将把军事航天实力(甚至整个太空实力)拽向不论是正面还是负面的某种方向。改变军事航天组织或使得现状得以保持的每一个决定都将给太空实力的发展留下不可磨灭的印记。由于这一启示如此重要,我们必须努力尽快理解太空实力,以使在正确决策中得以知晓,即便未决定采取行动本身就是一种行动。

由于太空实力以与空中实力发展毫无关联的特定方式(五条路径)发展,而"牙尾"量度(失败者)不如"头尾"(获胜者)量度。通论表明,一套独立的军事航天组织应在当前的空中与太空兵力模式支持之上。然而,类型(兵力、军团、警卫队或其他)尚未确定(尽管应该指出,其中任何一种无疑都会优于现状)。

独立的军事航天组织模式将取决于如何对其规划以促进太空实力的发展。每种模式如何最好地提升太空实力逻辑和语义中路径(2)和路径(5)的发展?应当记住,政策的确在决策中发挥了作用(我们想要一种以战斗为中心的战争型还是以发展为导向的警卫型太空军事?)。我们还必须审视太空实力环境本身。太空实力使用权体制中的六大太空环境特征都密切相关。哪类军种最好调整设立用于开发利用所有特性?

我们能够保证决定正确的唯一方式在于接受霍利的建议。必须首先建立预备组织,以尽可能客观的方式制定太空学说条令。我们可能要悖逆于霍利的建议而组建这样一个组织,并以一小群参谋作为启动(但此次主要致力于学术追求,比如历史悠久的海军战争学院和空军战术学校的教员群体所拥有的知识素养),随着时间推移让其与作战兵力建立联系,随后感兴趣的战斗兵力志愿者在制定军事航天学说条令的项目中开始积极参与。只有到那时,兵力、军团和警卫队的活跃者才能在才智战斗中碰撞,由客观的军官(如非无私)做出评判,我们才能就何种军事航天组织最为优良找出最优决定。

2.11 通论对愿景的建议

太空实力通论不能主张太空实力要求的最终目的。然而,它确实建议,致力于太空实力发展的组织必须聚焦增强其为所有目的在太空运维的本领,而不仅仅是某一种应用性太空实力。迄今为止,NASA 从组织上聚焦太空实力的政治逻辑对于增强在太空运维的通常本领的不利伤害。同样,自艾森豪威尔政府以来,军事航天司令部剥夺了 NASA 的太空发展授权,唯一仅关注太空实力的军事逻辑。两大组织都忽视了发展在太空运维的共同本领,而"通论"认为这是太空实力的真正源泉,尽管美国拥有的仍然是世界上最成熟的太空实力,这种忽视本身表明美国航天计划毫无目标和令人失望。

然而,有明确的证据表明,军方拥有太空时代早期最为广阔的太空实力愿景。这种广阔愿景是军事思维的自然产物,是创新和全面的,从其入役到美国的探索与发展以及防务的长期历史上,它与通常迟钝且僵硬的墨守成规截然相反。通过将"太空实力通论"的经验应用于发展一套新的军事航天组织,赋予其总体上提升美国太空实力发展的全新授权,美国将在发展太空实力逻辑中极大地提高效果和效力。

但是,发展增强型太空实力逻辑能力只是问题的一半。军事航天组织必须制定何种政策来培育充分开发利用太空环境所需的技能、技术和机械?第 3 章将讨论如何为有效发展太空实力语义进行组织安排。

第 3 章　组织起有效发展——语义篇

真正的太空实力建立于"语义德尔塔"。"逻辑德尔塔"运转发展的是一国将新技术转化为实力手段的技能,但"语义德尔塔"的活动构建作为太空实力基础的工具。优化"语义德尔塔"运转效力,为国家的太空环境使用权带来巨大飞跃的可能,并保证技术和经济的快速提升。本章深入探讨太空实力语义的发展,并直面其性质、挑战和可能性,以便更好地掌握"如何能够提升掌控'语义德尔塔'运转"的能力。

3.1　太空实力较之技术发展战略

当今,太空实力受到限制的首要原因是技术——我们只是缺乏充分开发利用太空环境所提供的一系列优势所需的必要技术水平。而一套未来太空实力的成熟决策将是基于去哪个星球殖民或探索哪个恒星系统(基于资源的限制是由于缺乏足够要素去做我们想做之事,如星舰)。目前,局限因素之一在于使用权;缺乏以任何相应数量人员和设备去任何敌方殖民的足够技术水平(我们现有要素无法在任何范围做任何事)。为发展能够开发利用更高层次太空实力体制(资源和新世界)的要素(生产、航运和殖民地),技术进步(路径(1)发展)将在无限未来的太空实力发展中发挥中心作用甚或主导作用。

由于技术发展对于太空实力发展极为重要,有必要了解如何实现技术进步,以便能够利用这种认识改进发展太空实力的努力。斯特藩·泊松尼(Stefan Possony)和传奇科幻小说作家杰弗里·普梅尔(Jeffrey Poumelle)在合著的《技术战略》中提出了技术的研发过程模型(称为技术过程),具有很高的指导意义。他们提出之一模型是为让指挥官知晓其所推崇的"技术战争",即美国和苏联之间的技术冷战。尽管太空实力目前尚非两个或两个以上主要敌对大国之间的战场(尽管美国和中国之间的紧张关系端倪可察),但技术过程模型对于太空实力设计者而言具有很高价值。

技术过程模型设想了明晰的四个阶段,即任何技术都是从基本科学概念到一套已部署可运维系统。这些阶段分别是知识突破阶段、发明突破阶段、管理突破阶段、工程突破阶段。[1]泊松尼和普梅尔承认,技术过程的四个阶段只是"人类活动的广泛领域"的标志,四阶段划分只是说明性而非具体的描述。[2]无论如何,通过这四个阶段能够对任何路径(1)技术发展计划加以研究和探索。

知识突破阶段开启技术过程。在这一阶段,科学家(泊松尼和普梅尔称这些人为"天才")发现并提出理论,从根本上推翻公认的科学认识。这种发现称为突破,因为直至被发现之时,它们消除了经典科学加之于科学思想的限制。[3]通过释出对基本原理的新理解,知识突破阶段打开了思维新前景,增加了可想象到的大量不同应用前景的可能性。由此,知识突破为利用认知中的这一新发现或根本改变而建立的新应用奠定了基本的科学基础。

泊松尼和普梅尔指出,知识突破只为未来应用打下基础:知识突破阶段不增加任何能力,只是新能力的必要先决条件。这一阶段的两个重要特点值得一提。首先,知识突破的发生不可预测,不能事先预料。坦率而言,天才不能设定时间表,这是一个有着巨大派生后果的关键点,稍后讨论。其次,充分认识新的科学突破的含义通常需要大量时间(作者的观点是两代人的时间),而突破有可能推进到下一阶段。知识突破阶段不可预测且管理困难(如非不可能)。然而,这是可能发生的最有价值的事件之一,因为一旦发生知识突破,调适该发现以改善人们生活和能力就成为可能。知识突破阶段转化为"通论",增加了基于"语义德尔塔"的太空实力基础的知识部分。此外,知识突破阶段与语义或逻辑"德尔塔"本身没有任何方式的结合点,知识突破有助于奠定太空实力的基础——它们本身不是太空实力。

一旦对知识突破有了充分理解,应用过程就能够启动了。技术发展的第二阶段,发明突破阶段,结束基本科学阶段,启动这一应用过程。技术过程的第二步用于把知识突破阶段发展的对基本科学的新认识转化成具有一定用途的装置。这一步的关键在于"对某事应该奏效且首次粗略测试(该新技术)会否真的奏效,本能或直觉上的自信。"[4]这一阶段严格地属于技术领域而非科学(尽管仍是极具创造性的艺术),但随着新的科学被锻造成技术革新,科学新进展可能由此出现。发明阶段可视为"应用科学"阶段。尽管通常远比知识突破阶段快得多,但也可能需要很多年才能完成。发明阶段的最终产品可以是一个概念演示的证实,也可以是新产品的实验性模型。这是一个重要步骤,但太空实力的新要素尚未发展,且必须建立新的太空实力。目前只是技术过程的又一步骤。

技术过程的第三步发生在科学家(阶段1)和应用科学家或设计工程师(阶段2)的权限以外,处于技术管理者之手。在此管理突破阶段,来自工业或军方的管理者们认识到,来自第二阶段的一项发明具有潜在的重要性和价值,并决定分配资源以将该发明或演示转化为有形的实用产品。[5]管理突破阶段对未来能力具有重大意义,因为正是在这一阶段,人们开始选择来自基本和应用科学的潜在实力发展太空实力的新要素。这个阶段通常以决定把一项发明投入实际生产而结束。正是在这个阶段,我们从"语义德尔塔"建立原理发展到"德尔塔"的基础本身。

这一阶段的目的是在时间或力量上取得超越竞争者的优势(实力的逻辑),这种优势意味着针对潜在对手的经济上的市场优势和军事上的战略优势。总之,

"通论"认为,这一阶段是着手太空实力发展的决定点。由于太空实力的逻辑是相对的(如太空实力战略有赖于其他行为者和潜在对手的决策决定),管理突破不是一个毫无结果的静态决策,而必须与太空环境中其他参与者的行动动态关联。

然而,管理突破阶段对于太空实力发展(太空实力语义)至关重要,因为正是在这一阶段,一种太空实力愿景能够实质性改变太空实力要素的发展。太空实力应否发展重型核发射火箭、轨道站、载人航天技术或小卫星的先进微电子技术?正是在"管理突破"阶段,通过太空实力愿景(第2章中已探讨)实现的太空实力"艺术"能够实质性地改变太空实力的发展。

虽然在管理阶段必须解决实力逻辑和语义(见第1章)间连接的关键问题,但相比于技术过程的其他阶段,这是一个相对快速的阶段。也是将太空实力的一部分基础转化为太空实力本身的第一步。在技术过程的最后阶段,一种太空实力新要素最终产生。

技术过程的第四阶段是工程突破,也是最后一个阶段。最后这个阶段,"管理中选择的发明作为一个系统研发并大量生产"。[6]这一步骤的关键是研发系统本身的一套原型要件,即实验性发明与全尺度生产模型之间的桥接。根据泊松尼和普梅尔的观点,这一阶段完全沉浸于技术和工程领域,意味着在"通论"中,它将科学(和"语义德尔塔"的基础)抛在后面,并严格地成为"德尔塔"基础的一项活动。原型是一种全新的太空实力要素,可与其他要素组合以增强太空实力使用权。工程突破阶段的成功是发展太空实力使用权和本领供国家使用的技术过程中的唯一步骤。在这个阶段结束时,一种太空实力新要素(或多个要素)被置入由太空实力发展利用的"语义德尔塔"。在这一点上,技术过程不能再以这种特定类型的要素提供太空实力发展(尽管渐进式改进和产生相同效果的更先进方法一贯有用)。太空实力新要素的路径(1)发展已完成。

必须指出,作为路径(1)发展顶峰的工程突破阶段并不一定需要通过大规模部署去完成。一个可行的可复制原型是完成路径(1)太空实力发展的语义部分全部所需。决定生效所需的完整单元数量完全是一个太空实力逻辑的问题,答案可能根据外部条件而变化。然而严格而言,语义是构建和增强"逻辑德尔塔"可用工具包的一种方法。一旦某一要素可以在任何所需水平上生产,技术过程就已成功结束,太空实力发展随后继续开始寻求将该要素与其他要素组合以增强太空实力使用权的新方法。

3.2 破坏性太空实力发展

出于发现和技术过程的本质,太空实力的发展并不顺利。作为经济发展的一种类型,它有赖于各要素新的组合来拓展太空实力在太空实现某些事的本领。熊彼特描述了发展中的这种不连续性:

为什么在我们看来经济发展不像树木平稳生长时一样,而像剧烈摇晃时一样;为什么表现出这些跌宕起伏的特征?……这无法给出足够简短准确的答案;完全是因为,根据概率论的一般规则,新组合不像人们期望的那样在时间上均匀分布(这就可以选择时间等分,新组合的完成就会在其间),而是只要有就呈现非连续的集合或群组。"[7]

熊彼特的新组合——技术革新,不会按规则的日程表发生。事实上,许多创新以集合体出现。经典案例是蒸汽机。虽然蒸汽机本身是热力学和机械力学的一个单独创新性应用,以研发一种新型发动机,但由技术(蒸汽机)产生的经济影响和由技术引发的创新几乎是无法估量的。蒸汽机使得铁路彻底改变了地面交通,消除了海上航行需要,带来了工厂和产业化生产的广泛机械化,并为人类活动的几乎所有行业的经济快速扩张奠定了基础。然而,一旦蒸汽机充分融入经济,扩张就不能无限持续下去。蒸汽机尽管威力强大,但只能推动人类工业直至今日,一旦得到充分利用,就不可能为经济带来更多增速。经济需要等待另一种技术(燃气发动机或电脑)来再次跨越式扩大经济。

太空实力以类似的方式发展。高品质液体火箭的发展使人类得以勉强蹭入太空。如果没有再生电池和光伏电池技术所允许的长期电力系统,卫星将意义大减。许多航天爱好者现在说,我们已经走到了用液态化学火箭所能达到的顶峰(尽管许多人也持不同意见),为再次大幅增强太空实力,我们需要一种更加强大的发动机,如核热火箭。不管这属实与否,鲜有人能反驳,一台能够以每磅10美元的价格将有效载荷送入轨道的发动机将引发太空活动超越所有应用迅速扩大——而这些应用项目都很有用,但每磅1万美元入轨的成本效益太低。事实上,这种新型廉价发动机可称为太空实力革命。

鉴于太空实力发展是不连续的,随着新技术应用于各要素,而新概念被用来将其组合成新的使用权途径并最终扩大本领,这种非连续的发展往往引起太空实力变革。一场太空实力变革可以定义为,当各要素变化那么显著时,可以说以至于整个"语义德尔塔"转变为一种全新的太空实力表达(尽管太空实力逻辑始终保持不变),经常成为当前太空实力平衡中的一种博弈变换事件。一场海上实力领域变革的案例则是船帆、蒸汽动力或舰载航空的发明。

太空实力变革可能发生于两大主要技术途径之一:当前太空实力开发利用的主推力已正攀升太空实力环境特性的体制层级(如通过建造大型太阳能卫星用于地球上的电能消耗,从当前的"轨道力学"阶段到"太阳能"阶段),或开发一种将使用权扩大一个数量级的技术(如,从低地球轨道、火星、太阳系内部、整个太阳系、星际飞行,为大规模旅行开放月球)。请注意,这两手段都是路径(1)发展途径:太空实力各要素效果的显著变化。而后,变革发生在要素层次。然而,变革并不总是仅因新技术而发生。

3.3 技术逻辑较之经济逻辑

对太空实力发展的另一个关键见解在于鉴别一种极其危险的谬误,它源于太空活动与高技术有关的性质——即迷信技术本身超过其对太空实力目的的用途。技术复杂先进度和经济效用之间存在着根本区别,尽管发展技术复杂先进度和确定哪些技术过程将提供最大利润这两者都至关重要。这一基本真理在航天界经常被忽视。熊彼特解释道:

(经济问题)必须与纯粹的生产技术问题区分开来。作为两者的比照,我们在经济生活中频繁目睹企业技术管理者和商务管理者之间的个人对立,经常看到生产工序变更一面被推荐、一面被拒绝。例如,工程师可能会推荐一种新工序,而商业主管却以无法付款为由拒绝。因此,工程师和商务人员都可以这样表达其观点:他们的目标是要恰当地经营业务,而他们的判断来自对这种适用性的认识。除误解、缺乏对事实的了解等之外,判断的差异只能源于各自不同的适合性考虑。商务人员的意思是,谈到适合性时很清楚。他指商业优势,我们可以如此表达其观点:提供机械这一资源将会要求可以以更大优势在别处得到运用。商务主管的意思是,在一种非交换的经济中,经过生产过程中的这种变更,需要之物的满足感不会增加,却反而会减少。如果真是这样,那技术专家的立场有何意义,他脑中所想是哪种适合性?如果满足需要是所有生产的唯一目的,那么诉诸损害需求的措施确实没有经济意义。只要业务领导的反对是客观正确的,不跟从工程师就是正确的。我们忽略了从工艺技术上完善生产设备的半艺术乐趣。实际上,我们观察到实际生活中,当与经济相冲突时,技术要素必须屈从。但这并非反驳其独立存在及其意义,也非反驳以工程师立场发声的意义。因为,尽管在实践使用中经济目的支配着技术方法,但是使得方法的内在逻辑清晰而没有实践性障碍,具有良好意义。这最好从一个案例来看。假设蒸汽机的所有部件都符合经济适用性。鉴于这种适当性,它被充分利用了。因此,在实践中,如果更多地考虑通过进一步加热、让更多经验工人运行,又得不到报酬,也就是说如果可以预见燃料、更聪明的工人、改进活动、增加原材料将会耗费高于产量的成本,就没有意义了。但是,考虑发动机在什么条件下可以做得更多、如何做得更多、以现有知识做哪些改进才有可能等,是有意义的。因为当它们成为优势时,所有这些措施将准备就绪。并且,不断地将思想置于实际以外也是有益的,这样各种可能性就会消失,并非出于无知,而是深思熟虑的经济原因。简而言之,在特定时间运用的每一种生产方法都服从于经济的适当性。这些方法不仅包括经济思想,还包括有形内容。后者有自身问题也有一套自身逻辑,并且技术的要旨是始终如一地思考这些问题(首先是不考虑经济因素,最终是决定性因素);并且只要经济因素未作规定,将其付诸实践实施就是从技术意义上产生……

但是,经济与技术组合体并非重合一致,前者关乎现有需求和手段,后者关乎方法的基本理念。技术生产的目标确实由经济体系决定;技术只为物品需要而发展生产方法。经济现实并非必然遵照其逻辑结论并以技术完整性来执行方法,而是从经济视角来执行方法。未考虑经济条件的技术思想要做出修改。经济逻辑胜过技术逻辑。因此我们看到,周边现实生活中全都是问题绳缆而非钢索、有缺陷的草食动物而非示范品种、最原始的手工而非完美机器、笨拙的货币经济而非支票流通等。从经济最优和技术最完美上无须却往往确实相互背离,不仅因为愚昧和懒惰,而且因为技术低劣的方法可能仍然最适合特定的经济条件。[8]

技术效率和经济效率不同,即便在太空实力发展中,技术对于扩大使用权和本领至关重要。然而,这种差异在航天组织中往往得不到重视。NASA 过去曾因建造"太空法拉利"火箭而遭到批评,"太空雪佛兰"火箭同样也会。NASA 决定取消技术粗糙但正在飞行的"德尔塔"快艇 DC-X 和 DC-XA 实验型火箭,代之以尖端的 X-33 单级入轨火箭,为此要求在发动机、低温制冷和材料方面取得重大进展,这很好地展示了人们对技术优雅而非经济现实的执念。正如熊彼特所说,经济逻辑在可持续发展中胜过技术逻辑。毋庸多说,DC-X 飞行多次,而 X-33 是一个非常昂贵的研发项目,且从未造出成形的飞行硬件。

为成功发展航天,太空发展的官员在私人和公共生活中必须尊重经济和技术逻辑间的差异。正如熊彼特上文所解释的那样,研究和开发应该发挥适当的作用,但功能必须胜过形式,从而实现真正的目标。然而,技术可以执行各种不同的功能。

3.4 影响技术与使用权技术的对比

回想一下,"通论"对太空实力的定义是在太空从事某事的本领。这一定义可以分为隐含两种不同技术的两部分:"从事某事"和"在太空"。"从事某事"的要素都属于影响技术的案例,这种技术为了产生经济、军事或外交实力的某种有用目的在太空运作而设计。影响技术的案例包括在太空运行时可实施有用工作的通信中继、高分辨率成像或者太阳能电池。这些要素被归类为影响技术,因为太空实力的逻辑是影响敌方或竞争对手以改变其方式,使其对于使用太空实力的主体而言更易接受。影响技术是一种用于在太空产生实力(影响)的技术。

定义的第二个关键部分"太空"要求使用权技术。对发展"逻辑德尔塔"本领最为关键是建立"语义德尔塔"的使用权。再次强调,使用权是主体将某物置于太空特定区域的能力。使用权技术是允许逐步扩大太空开放的部分以开发利用的一种技术。使用权技术通常是发动机技术和保护系统免遭太空环境影响的技术。这些例子如化学或电推进系统,以及用于要素在如范艾伦(Van Allen)带或木星(Jovian)卫星所处的极端恶劣环境生存所必需的辐射屏蔽。使用权技术的唯一用途是使影响技术完成其使命。

在太空实力发展中,使用权技术通常比影响技术更重要,这因此显得有些自相矛盾。使用权技术更为重要的首要原因在于,就我们能够想象的绝大多数在太空从事的事而言,使用权通常是"撑起帐篷的长杆"。我们通常拥有在太空做有用之事所需的设备(或能够很容易地修改地面设备使之在太空工作),但不具备将其运输到太空的有利部位并在该处维持该设备的物理或经济方式。开发利用相对容易,使用权很困难。

使用权技术更为重要的第二个原因在于,使用权技术常常是航天特定的方式,而影响技术则不是。航天发动机的发展往往只是由航天机构在从事,而能够用于或易于适应在太空使用的影响技术将经常是由其他行业和运营活动所研发。因此,航天机构往往需要承担整个财政和运营负担,以对于影响技术的多数部分而言根本不必要的方式,开放日益扩大的太空领域用于发展。由于使用权技术较之影响技术的负担悬殊不均,使用权技术的重要性应当更高,太空实力发展主体应更加予以重视。

使用权技术重要性的第三个原因在于,一旦能够开发利用一种新的太空领域,我们就拥有在该新领域使用之前所有各影响技术的本领。这种本领的剧增远大于由一种单一影响技术的发展所产生的本领。使用权方面的本领以近乎一种几何级关系突飞猛进增长,而影响技术的本领可能更接近于线性关系。

影响技术和使用权技术对于太空实力发展非常关键。影响技术使得从太空生成实力成为可能,对太空实力逻辑至关重要。另外,使用权技术对太空实力语义至关重要,因为它产生了对太空环境新的使用权。尽管两者都很重要,但使用权技术是太空实力主体独有的职能范围,必须从理论和实践层面将其视为最重要的航天技术类型,以促进太空实力的扩张。下一节的重点是,利用实力精心发展技术并从其发展中获得真正的实力和优势。

3.5 技术战运动

技术战许多人听说过,但真正理解者很少。约翰·柯林斯(John M. Collins)上校说,"技术战将科学与战略、军事行动艺术与战术联系起来,试图使对手的武装兵力失去竞争力,最好使其过时废弃。"[9]泊松尼、普梅尔和弗朗西斯·凯恩(Francis Kane)在《技术战略》(*The Strategy of Technology*)(第2版)中提供了更加宽泛或许更加正确的观点,将技术战争定义为:

直接且有目的地应用国家技术基础和以此为基础产生的特定进步,以达成战略和战术目标。它与其他形式的国家实力协同使用。这种战争的目的和所有形式的战争一样,是向敌国强加国家意志,促使其改变目标、战略、战术和行动,获得协助或保障其他冲突技巧的安全或支配地位,促进技术进步并利用其获利以实现优势的军事强国,防止公开战争,允许和平艺术蓬勃发展以满足社会的建设目标。[10]

本书打算探讨一组技术战争并建模:一种单一技术突破及其潜在的国家实力含义。它将使用从技术和创新理论中广泛接受的图形模型和克劳塞维茨战争模型来对该单一"技术性活动"建模。在开发技术战模型之后,我们将从模型中总结一些未来可能对技术战斗士有用的见解。此前,必须审视技术策略的重要性。

3.5.1 技术战略

泊松尼、普梅尔和凯恩的著作《技术战略》是理解技术战争的基础作品。他们在书中断言,像任何类型的战争一样,一场技术战争的交战者要求一种旨在奏效的策略。他们将这种要求陈述如下:

> 技术战略将涉及政治领导人确定国家目标和目的;它将纳入包括军事和非军事方面(倡议、目标和统一指挥)在内的国家战略其他方面;它将包括一项实施技术战争的综合性计划,用于对敌奇袭、寻求我们的优势(追击)、防范被奇袭(安全)、有效分配资源(兵力经济)、设定里程碑和建立技术基础(目标)。[11]

这些要求组合了实现特定目的的方式和手段,用对战争原则健全(但非教条)的尊重设计而成,为战略领域任何学生所熟悉。然而,技术战并非经典战争的摹本。尽管技术战与经典战争共享许多相同目标,但由于技术和战斗兵力的性质不同,它们以不同方式交战。因此,一种技术策略和一种技术战的模型需要一种技术模型去将其原理性基础锚定于其主题事务的性质。

3.5.2 技术的本质

用于描述技术的本质和技术进步性的一种通用模型是 S 曲线(图 3.1)。S 曲线是泊松尼等的首选方法。他们发展了技术战理论:

> 最容易观察到的技术现象之一是它以"S"曲线发展,如图 3.1 所示。以速度为例,几个世纪以来,军事行动的速度只是随着各方培育出更好的马匹而略有增加。然后内燃机出现,速度在一段时间急剧上升。但最终它再次停止增长,每次增加的实现都花费越来越长的时间。
>
> 为说明 S 曲线的概念,细思飞机的发展,特别是其速度。莱特兄弟之后多年里,飞机的速度缓慢向前攀爬。到 1940 年仍然相当缓慢。突然间,设计的每架飞机都越来越快,直至达到亚声速飞行极限为止。在该

点,上到一条新的S曲线。再次,达到超声速飞行的努力消耗了许多资源和时间,但后来取得了突破。在短时间内,飞机以数倍声速飞行,速度几乎比第二次世界大战前不久达到的速度高出两个数量级。[12]

注意,一条S曲线的顶部也许是另一条S曲线的底部(事实上经常是)。尽管线流不可阻挡地发展,但可以随意开发利用技术的某一或另一方面。开发利用哪一方面将取决于若干因素,于你而言最重要的是目标和在S曲线上的位置。[13]

理查德·福斯特(Richard N. Foster)的著作《创新:进攻者的优势》也许对S曲线做了最多探索,简明地阐释了S曲线及其形状:

S曲线是一份描述投入到改进产品或过程的工作与投资回报之间的关系图。它被称为S曲线,因为当绘制结果时,通常呈现为S形曲线,但顶部向右拉伸、底部向左拉伸。

首先,随着资金投入开发新产品或工艺,进展非常缓慢;然后,由于促成进步的必要关键知识准备就绪,所有的困境都破解了;最后,随着越来越多的资金投入到产品或工艺开发中,技术进步变得越来越困难且昂贵。船舶航行速度未能更快,收银机工作效率未能更高,衣服也未能更干净。这些都因为S曲线顶部的限制。[14]

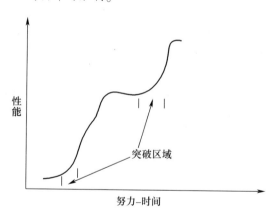

图3.1 技术S曲线

尽管对S曲线的水平变量和垂直变量有多个解释,但最常用的用法是就用户需求(如发动机功率或飞机最高速度)标注技术相关的独立垂直变量"性能"(如发动机功率或飞机停机速度)。"工作成就"的水平独立部分是致力于提高技术性能。最常用的衡量标准是"实验室时长"或"人工时长",处理问题的时间乘以人数。因此,自变量不只是时间,而是时间乘以创建一段调整所用时间内的工作,这是一段能够缩短或延长的时间,它取决于主体进行研究的行动。

S曲线的形状对发起技术战和制定技术战略至关重要。然而,与泊松尼等相反，单靠 S 曲线不足以对技术战甚或技术战争"活动"——一场单一军事突破进行充分建模。为对技术战争活动充分建模，必须进入军事战略领域，弥合技术与战争之间的分歧。

3.5.3 追击的原则

幸运的是，泊松尼等通过技术追击的思想，提供弥合分歧的链接。他们认为：

> 无论这一突破对敌方是一种突袭，还是他预期之中但不能对抗的一种进步，取得该突破的一方都应制定技术追击计划，以最大限度地扩大可能由新优势带来的收益。战争中已证明追击很困难。在赢得战斗中蒙受的损失常常削弱获胜者的势头。当然，失败者处境的不确定性也使得获胜者小心行事。
>
> 在技术冲突中，追击由环绕突破的环境所促进。技术成功增强取得进步的一方的实力而不造成损失，且成功往往提振士气。该突破能够降低敌方技术位势的不确定性。
>
> 这些情况清楚地表明，必须开发利用重大技术进步。追击的概念在技术冲突中发挥着有效作用。[15]

追击的原则（也称为连续性原则）来自克劳塞维茨（Carl von Clausewitz）。迈克尔·汉德尔（Michael Handel）说道："这一原则规定，指挥官必须通过使敌方处于残酷压力之下来利用一种优势，从而拒止其缓和喘息或重获均势的时间。其底层逻辑是普遍的：对已获得一种优势的一方而言，让对手有机会重新发起抵抗没有意义。"[16] 克劳塞维茨说：

> 一旦取得重大胜利，就不用谈休息、喘息空间、审视立场或巩固地位等，而只有追击、必要时再次攻击敌方、抢夺其资本、攻击其储备以及任何可能给予其国家援助与慰藉之事……
>
> 这一理论所要求的只是，只要目标是让敌方失败，进攻就不能中断。如果一名将军因为认为伴随风险太大而放弃这个目标，那么他就是正确的……只有当他为了促成敌方失败而如此行事时，理论将会归咎于他。[17]

因此，追击的原则主张攻击以获取最大收益，作为对胜方的恰当响应。然而，克劳塞维茨指出，持续攻击带来的风险将最终超过潜在收益。一旦发生这种情况，我们就到达了攻击的峰值点。克劳塞维茨还指出：

> 在攻击中获胜是因为拥有优越力量，当然包括体力和精神上的力量……攻击方正在购买在和平谈判桌上或许变得有价值的优势，但他必须用战斗部队当场支付。如果优势攻击（军事）力量日渐减弱而引发和平，目标将会实现。一些战略攻击致使其转向剩余（军事）力量足以维持防御并等待和平的阶段点。越过该点，规模发生转变且随着一支兵力做出反应，这种反应远强于原攻击。这就是我所说的攻击的峰值点。[18]

一旦达到峰值点,追击的原则就不再有效,从最初胜利后,攻击方对防御方的相对实力不再有任何余量增加。

汉德尔为克劳塞维茨关于胜利、追击和攻击峰值点的思想提供了有用的直观可视描述,如图3.2所示。汉德尔对模型描述如下:

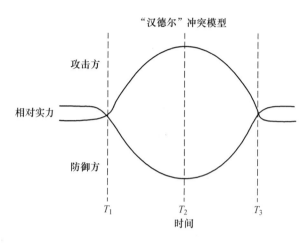

图 3.2　克劳塞维茨攻击/取胜峰值点的"汉德尔"冲突模型①

当战争始于 T_1 点时,攻击方和防御方拥有大致相同的实力。攻击方取得战略和战役奇袭并迅速图推进。当攻击方继续推进(从 T_1 到 T_2),随着防御方的削弱,他在集结(军事)力量。只要他既能推进又能获得(军事)力量,(进攻中将军的)决策应该由连续性(追击)原则决定。防御方逐渐恢复均势,而攻击方失去大部分势能(从 T_2 开始)——其兵力越来越远离其供应基地;其交通线被延伸,其侧翼被暴露。同时,该防御方继续依靠自身补给基地,其交通线变短,民众变得更融洽。时间对其有利。在 T_2 点,曲线上的攻击方相对于防御方已经达到了实力峰值点,但是随着他开始变得相对虚弱(从 T_2 开始),防御方变得更加强大。在曲线上的 T_3 点,防御方超过进攻方,反击的势能在他这边。[19]

通过这个简单愿景模型,汉德尔提取了克劳塞维茨对追击原则和攻击峰值点的观点。通过军事理论对冲突的图形化描述,现在可以将技术与战争的本质联系起来,产生一个技术战运动的图形化模型。

3.5.4　一种技术战运动模型

对于模型,S 曲线只是稍微调整原始目的。我们改写霍利的一句格言,以开发

---

① 译者注:迈克尔·汉德尔的《战争大师》(第3版)(2001年纽约劳特利奇(Routledge)出版社)第186页。

军事性能概念,取代 S 曲线只对技术性能建模:

  武器上的优势不仅源于对技术进步中最佳思想的选择,还源于一种将选定思想与战术或战略应用的学说条令或概念相关联的系统,这就是说,由任何给定武器所要执行的任务这一公认概念……当新武器没有随附相应的理论新调整,就只是一支军队实体上的大量外部增生物。[20]

因此,我们将把军事性能定义为:一种给定新技术的技术性能、新技术的理论成熟度和该技术走向全面部署用于军事已完成的进展的组合体。到目前为止,模型得以完成。

技术战运动模型如图 3.3 所示。技术战运动是指一种单一的军事性相关技术突破发生事件,且挑衅方(开发创新的交战方)战略家决定投资利用该突破,通过开发利用暂时增长的实力对付守卫方(受到用于挑衅方目的的突破所影响的交战方)。模型本身是 S 曲线模型(上图)和汉德尔冲突模型(下图)的组合,由一条共同的"努力-时间"自变量轴关联,可用开发新武器的技术性能、使新武器的军事学说条令成熟和完成将一种新技术全面部署到业务单位所选定的人-小时工作量来衡量。将这些图通过共同变量关联起来,这两张图可同时用于分析该活动。但是,这两张图都必须稍加修改,确保协调一致。

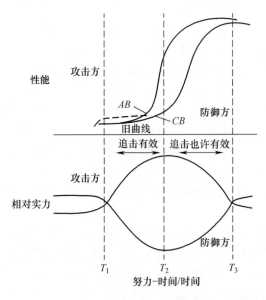

图 3.3 技术战运动模型

模型中的 S 曲线通过改变因变量(Y)轴进行调整,从仅仅是一种技术性能到军事性能的衡量,以适应技术发展和学说条令制定以及部署技术。这种改变必不可少,因为新技术对军队而言毫无意义,除非军方也有技术复制和如何有效使用这一技术的一些思想。通过新增一条 S 曲线,对 S 曲线做调整,以说明防御方采用攻击方技术或一种不同的新技术作为对抗攻击方的对策,旨在赢回因攻击方的突破而丧失的相对实力,结束技术战争活动。

或者,模型之下的"汉德尔"图必须改变其自变量(X)轴,旨在将其从简单时间转换为"工作时间",以与 S 曲线概念相匹配。这是合乎逻辑的,因为攻击方或防守方采用一项技术所需时间取决于被选定去学习如何开发利用这种新武器的科学家、工程师和战略家的人数。

技术战运动开始于 T_1 时刻。此时,攻击方在 AB 点取得军事突破。这是一种新技术与旧技术达成性能相等的点。请注意,这不是技术突破点,它使 S 曲线从起始到大多数 S 曲线所熟悉的一个快速增长的斜率。技术突破发生在相等之前,比 T_1 时刻更早。在 AB 点,攻击方开始部署从突破获得的新武器,且从部署先进武器后的 T_1 时刻开始,攻击方的相对实力增强,防御方的相对实力减弱。从 T_1 到 T_2,攻击方获得对攻击方的相对实力。而在 T_1 到 T_2 之间的某个时刻,防御方到达一个军事突破(CB 点),能够开始对攻击方的技术部署有效对抗措施。越过 CB 点,防御方开始抑制攻击方日益增长的优势。抑制的首要原因在于 S 曲线的性质。攻击方最终会到达某个时间点,其 S 曲线开始走平,曲线斜率随之减小;相反,防御方处于 S 曲线斜率快速增长初期,在同一时间点的斜率更大。从本质上说,攻击方正从技术上宣扬其最大军事潜力,而防御方则还有增长空间。T_2 时刻是攻击方和防御方在军事性能上的最大纵向差异,攻击方在活动中处于相对优势的最高水平,但防御方也完全抑制了其提升。从 T_2 到 T_3,相比于攻击方,防御方仍相对偏弱,但趋势已经扭转。由于在技术战运动的努力下,攻击方不再拥有这样一种居高临下的领先,也无法有效地要求防御方做出妥协让步,因为防御方知道很快将会使攻击方在这项技术中的优势失效。在 T_3 时刻,攻击者与防御方的技术都已完全成熟,并部署了发起技术战运动的技术和对抗措施。因此,这项技术无法为交战双方提供更多相对实力,且技术战运动就此结束。技术战争必须通过发展其他技术而继续。

注意,当技术战运动在 T_3 时刻结束时,并不意味着攻击方和防御方之间的相对实力回到均势。相反,在战争活动结束时,攻击方若取得成功则达成了战争活动目标,并获得了针对防御方的持久优势。T_3 时刻相对实力的恢复只是发动这场活动的军事突破目前为攻击方带来的相对实力。即使在其他事项上为攻击方赢得巨大让步,它最终将失去其效用。例如,如果防御方知道自身无法发动有效军事抵抗,部署先进攻击潜艇的攻击方可以容许一国在外交上从防御方赢得对争议岛屿的权利。即使防御方能够对抗攻击方的潜艇,但损失有争议岛屿是远远超出技术战运动的损失。

根据泊松尼等的说法,技术战争的胜利"是当某一参与方具备迄今为止先进到其对手无法攻克的一种技术领先,直至领导者将其技术转化为决定性武器系统之后才达成的。"[21]在技术战争中确实如此,但并不能预期技术运动本身赢得战争。

因此,技术运动意义上的"胜利"仅仅是为在防御方采用该新技术或某种成功对抗措施使得新技术的优势失效之前,达成运动的目标(攻击方想要从暂时的相对实力增强中获得什么收益——相对实力增强本身不应成为上述技术战定义的一个目标)。技术运动必须为有限目标而战斗。通过理解运动模型每部分含义,能够对"哪些目标是可实现的和攻击方何时应当就后续运动做出决策"揭示一些深刻见解。

3.5.5 克劳塞维茨的见解:追击和优势终点

从应用于技术战争的汉德尔模型可以得到的首要见解是帮助确定运动的峰值点,并评估运动目标能否实现。必须始终牢记,一场技术运动中对挑衅方至关重要的不是对手的相对(军事)力量,而是运动目标的实现。[22]

因此,必须使用汉德尔模型部分来评估目标相对于运动的时间跨度或许可在何处实现以及本次是否对攻击方有利。纵使该运动是成功的,且攻击方在运动达到峰值点之前就达成了目标,克劳塞维茨也向技术策略家提供了更多建议:

> 最后,甚至战争的最终结果并不总是被视为结局。被击败的国家往往把结果仅仅视为一种短暂伤害,在其后某天仍可找到政治条件中的补救办法。[23]

技术策略与战略本身一样,永远不会结束,而是一场持续争夺优势的斗争。然而,克劳塞维茨也恳请战略家理解该问题的答案:(军事)力量的最终效用是什么?

> 显而易见的答案是,优越的力量不是目的,而是手段。最终目的不是让敌方屈服,就是至少剥夺其一些领土——在这种情况下,关键点不是改善当前的军事位势,而是改善自身在战争与和平谈判中的总体前景。即使某一方试图彻底消灭敌方,也必须接受这样一个事实,即每一步进展都可能削弱其优势——尽管并不一定意味着在敌方投降之前该优势必须降到零。或许可以更早点着手且如果能够以其最后一点优势完成,没有使用该优势或将是一个错误……
>
> 如果要超越该点,那将不仅仅是一种不能增加成功率的无用功。这将实际上是一种破坏性工作,并将会导致一种反应;而经验表明,这种反应通常具有完全不相称的效果。[24]

最后,克劳塞维茨指出,在战争中,胆怯是最常见也最致命的:

> 一个将军在决策前审视整组因素时,必须进行权衡。他必须谨记,只有通过考虑大量其他可能性(有些是直接的,有些是不直接的)来衡量最重要因素的导向和价值。可以说,他必须猜测首轮战斗的冲击是否会坚定敌方决心并使敌方抵抗更加强硬,还是会像博洛尼亚烧瓶一样,一旦划破表面就会分崩离析……当我们意识到他必须像神枪手击中目标那样,更多地以其断续的判断来找到这一切,也必须承认,这种人类思维的成就

是不小的成绩。走向各种方向的数千万错误的转折诱导其察觉力。如果问题的范围、混乱度和复杂性不足以打败他，那么危险和责任就可能打败他。

　　这就是为什么绝大部分将军宁可远离目标也不愿冒过于接近目标的风险，为什么那些有着崇高勇气和进取精神的人往往会越过目标而因此未能达成目的。只有那些能用有限手段取得巨大成绩的人才能真正达成目标。[25]

虽然汉德尔曲线能够帮助我们确定运动的峰值点所在，但 S 曲线能够有助于显示运动期间所在时刻点。理查德·福斯特（Richard N. Foster）关于 S 曲线分析的工作经适当修改能够用于获得收益。[26]福斯特提供了在技术战运动中有所助益的一系列问题。首先必须确定的是，这场运动是否为查明技术不连续性而发起。这种决心对于开启这场运动并且或许可以预测其结局至关重要。为正确评价和定位运动，必须回答以下问题。

　　（1）是否确定过最有效地转化为军事用途的关键性能因子？技术本身是乏味的。新技术要想在军事上有用，就必须为军事问题提供新的或更好的解决办法。军事性能通常表现为一种改进的能力，如速度、有效载荷容量、破坏性、易用性等。这里需要的是产生的效果，不一定是如何产生的方式。为取得成功，技术战运动必须知晓哪些性能因子能够提供最高效用，并且最有可能对敌方奇袭。

　　（2）是否理解关键性能因子和关键设计变量之间的关系？我们是否理解工程师们在将产生改进化性能的设备设计上能够改变什么？有哪些将产生想要的改进化性能的可用变化最廉价且最快速？这一步骤至关重要，因为它将军事需要转化为工程和研究开发手段。理解何处或许可被改变和这些改变有多易于完成，对于筹划技术战运动至关重要。

　　（3）何为关键设计变量的限制？当前技术方法中仍有多少未开发的潜在改进？例如，P-51 的研发已开始使螺旋桨驱动的飞机（一个关键设计变量）将速度（一个关键性能因子）推向极限限制变得可行。螺旋桨技术的极限正将达到，引领飞机设计人员寻求一种新方法（喷气发动机）进一步提高性能。如果从理论上还留有大量工程改进，那么在 S 曲线的上升区改进空间可能仍然很充裕。然而，如果简单的工程改进可能不再是提供增强性能的一种选项，那么就应该通过研究新的技术类别跳到新的 S 曲线。

　　（4）是否明确了竞争对手？除非有明确目标，否则技术运动毫无价值。虽然技术性能可以在成功创新同时提高，以对抗所有潜在竞争对手，但竞争对手必须专门了解，由于攻击方和防御方的行动，相对实力正在发生变化。这场运动必须有一个目标。

　　（5）是否知晓竞争对手方法的局限性？你的技术战运动目标与为实现军事性能的目标相比是否有一种不同技术？如果是，你的工程师和研究者是否理解他们所用技术的局限性？你的方法相较于他们的优点是什么？即使在技术战中，敌方也能获得一份胜算。不仅要理解你的也要理解对手的 S 曲线，从而估计相对实力差异。

（6）是否知晓研发效率上升或是下降？衡量研究和发展生产率至关重要，因为它是估计 S 曲线上所处位置的最优方法之一。性能改进比率除以成本（时间和货币），能够给出 S 曲线斜率的估计值。一个值很高且不断增加的斜率往往表明性能改善仍有很大空间。然而，随着技术极限的临近和非连续的接近，研究和发展变得非常昂贵。曲线下降（无论斜率多大）或许表明正在接近 T_2 或 T_3 时刻，且应该对到达运动峰值点乏力，应探索跳到新 S 曲线的可能。福斯特建议检查长时期的研究和发展生产率以确保任何明显效果的真实性。[27]

（7）是否能为对手回答所有这些问题？鉴于这是一场针对主动对手的运动，而运动曲线既涉及攻击方也涉及防御方的 S 曲线和相对实力线，因而尽可能了解对手的技术结构也很必要。情报必须在技术战运动中发挥巨大而极为重要的作用。

回答了这些问题，现在可以研究技术战运动的具体问题，聚焦特定创新。做到这一点需要四类分析，以建立一条代表性 S 曲线。

（1）明确目前途径的替代选项。挑衅方必须列出对于从关键性能因子中产生想要的性能增强有用的所有已明确选项。所有选项都应列出，以便选择最优者，并预测防御方可能采取什么措施来抵抗攻击方的推进。这一分析旨在确保攻击方深入理解将产生相对实力的性能因子所涉问题。

（2）明确性能参数。在此，攻击方为选择最易于改进的技术来提高性能，必须积极主动研究用来产生关键性能因子的技术及其发展水平。性能参数随时间而变化，而审视所考虑类型设备的历史性能，能够帮助攻击方估计未来性能参数应当呈现的模样。绝对值及其变化率都可能随时间演变，攻击方应设法对这两者做出最优估计。

（3）确定技术的局限性。在对所要求的未来性能参数做出估计之后，应探讨每项技术的潜在限度。发动机常用结构材料是否有可能很快到达熔点？随着新技术 S 曲线进展，是否会有将阻止进一步改进的基本物理法则？一旦确定了这些理论极限，攻击方可以基于这些数值提供对数值性能极限的估计。用这些方法，能够产生 S 曲线的估计顶点，作为确定研究和发展何时开始产生递减收益和可能到达 T_2 或 T_3 时刻的一个警报。

（4）绘制 S 曲线。通过对攻击方和防御方当前相对实力和研发状况的估计以及对新技术理论性能极限的把握，可以绘制一条 S 曲线。完成后，必须确定技术战运动目标，并估计防御方屈从于攻击方目标所需的相对实力变化，看看在给定创新潜力情况下技术战运动是否可能取得成功。如果目标困难，而且新技术的技术限制不够先进，那么这场运动可能会失败，或者只有非常渺茫的一线成功希望。或者,一个简单目标匹配一项能够提供巨大性能跃升的技术,或许不足以展现野心。

虽然这些分析很重要,但最关键的信息部分确实在于确定攻击方和防御方在成本之上的性能提高比率,以及确定其绝对性能。在一场运动开始时,攻击方按照成本比率的性能提高将远远高于防御方(福斯特称为进攻方的优势)。在 T_2 时刻,防御方的比例将等于后大于攻击方,攻击方将处于达到运动峰值点危险的区域。当攻击方和防御方源自技术的相对实力再次达到均势时,则已到达 T_3 时刻,且运动结束。最后引用泊松尼等人的观点:

> 鉴于每场冲突中都是如此,在技术战中,技术将才是取胜的关键。当今不同之处在于,在战斗加入的多年之前进行才干锻炼,比战场上的将才更重要,这尤其适用于设计和开发武器系统的将才。成功的将才通常在战斗开始前十年掌握决定性控制权,而他在真正战斗当时要么已经身故,要么已经退休。技术将才必须预测战略、战术和技术趋势,它必须开发武器、装备并培育乘员。这种发展必须先于趋势进行预测。[28]

希望这种技术战运动模型将帮助技术将军及其参谋们更好地预测技术趋势并制定实施技术战的有效战略。正如霍利所说:"有时候,在形成对抗措施之前,优良武器的优势是决定性的。因此,用于选择和发展新武器的方法、使用这些武器的学说条令将对军队和国家的成败产生重要影响……[29]在一个斗争的世界,一国必须捡起制胜武器;军事分析家将吸取一切可能的教训……这类武器将更易于找到,国家生存的概率也将上升。"[30]但是,哪种组织最有能力发展技术本身?该问题将是 3.6 节的重点。

3.6 商人与勇士

金融家詹姆斯·里卡兹(James Rickards)说,完全理解现代经济学就要理解国家资本主义的兴起。国家资本主义是经典重商主义经济哲学的一种新形式,它避开自由市场,聚焦土地、商品和黄金的国家积累,它们是重商主义者所信赖的财富。重商主义经济的主体是国家政府和国家支持的私营公司。过去英国东印度公司举着重商主义旗帜,如今重商主义者是国家资本主义的主体,如"主权财富基金、国家石油公司以及其他国有企业。"[31]

里卡兹指责重商主义认为贸易是战争,并坚持重商主义由以牺牲他人为代价的财富构成。[32]这种重商主义观点有偏见,认为一个国家通过保护主义措施获得一定数额的财富,这本应由域外国家在自由贸易中获得该财富加以积累。经济学家伊恩·弗莱彻(Ian Fletcher)认为,一定程度上,重商主义的本质是非意识经济民族主义的一种软形式,认为"一个国家的经济基本上应当为其人民的利益而运行。"[33]无论如何,货币和资源战争的世界都是重商主义世界,为在这个世界上自卫,一国必须重新认识重商主义的历史工具。居首者也是最强大的重商主义工具是一国的商人,经济实力取决于一国能够产生的公司。这些主体很容易理解,商业航天服务(如飞船公司、SpaceX 公司和波音、洛克希德·马丁等公司)无须解释。我们将描述历史性理解的关键促成因素——一国军事的非战争使用从而获得商业成功,但如今几乎被完全遗忘。

美国海军少将罗伯特·威尔逊·舒费尔特(Robert Wilson Shufeldt)是早期海军思想家,向韩国开放了美国贸易,其理论比马汉上将仅仅早几十年。他在1878年致美国众议院海军委员会荣誉委员利奥波德·莫尔斯(Leopold Morse)的信——《海军与美国商业的关系》中,对一国海军与其商船之间的互惠关系做了非常明确的描述,这一描述连马汉甚至都没有超越。舒费尔特上将提供了四种使商军和海军相互加强的方式。

首先,舒费尔特上将认为,如果需要,商船可以迅速成为军舰,只要商船具有军队可以使用的某些速度和战斗品质。[34] 其次,且或许比第一条更重要的是,商船海员能够快速变为军队海员。舒费尔特哀叹19世纪末商船部门的衰落,写道:"在美国内战晚期,海军从商船中抽取了4500名军官——甲板军官和工程师……战争期间,海军提档的六万名官兵由商业部门而来。如果再发生一场战争……除非这国的商船重归过往的威望,否则这些舰船、军官和人员从何而来?"[35] 舒费尔特建议,商船为海军提供舰艇和人员储备,军方能够在国家安全危机时期征召。这是经济太空实力如何在重大事件需要时转化为军事航天实力的一个海上实力的直接类比。商用火箭(和其他航天设备)能够迅速用于服务军事有效载荷和任务。这是为军事航天职业人员加以理解和内化的实质性关系,但海军对商船成功的效应对于理解商业航天力量如何发展成功更有启发。

舒费尔特继续说:"但如果商船对海军如此重要,可以肯定地说,海军对商贸同样不可或缺。海军确实是商贸的先驱。"[36] 他解释道:

> 在新渠道的追寻中,交易者不仅要寻找通向海洋的罕至路径,还要寻找世界罕至的港口。他需要旗枪队伍的持续保护,与野蛮部落只欣赏拥有体格力量的人打交道……军人先于商人用旗帜的实力感给蛮夷之族留下深刻印象,一道又一道……在漫漫无边际的海面上航行,你会发现美国国旗就在面前,美国海军在每条海岸都留下印记,和平时期也不少于战争时期。[37]

虽然一支未来太空军队可能不会花时间与野蛮部落和其他粗人打交道,但将需要保护商业航天力量免遭严酷的太空环境将带来的大量灾祸。宇航员快速救援与恢复、应急物资投送、保护免受太阳风暴侵袭以及来自外国利益的掠夺,将是一国的军事航天实力行为方能够为其经济太空实力成员提供的服务。但是,也许更直接的是,军队可以开辟道路,商业工作者可以信心满满地跟进。舒菲尔德讲述了美国海军的付出：

> 海洋地理学家马修·方丹·莫里(Matthew Fontaine Maury)和他的海风与洋流图使商业道路通向最朴素的普通理解；灯塔系统创始人桑顿·詹金斯(Thornton A. Jenkins)让灯光、浮标和灯塔星罗棋布，如今像街灯之于旅途之人一样让海上航行者安全；海岸勘察用无敌的航海图和向导纵横千里海岸、海湾和河流；海道测量局的罗伯特·怀曼(Robert H. Wyman)值守着所发现的每一处海上浅滩或岩石，警告那些疏忽大意的海员留心危险。我们也不应忘记国家天文台，用极微小的方式、住破旧的楼，但却在世界科学机构中占有一席之地。所有这一切，当海军在每片海域充当警察时，都已为援助和扩充美国商业做出了努力。[38]

这样，军队就能为紧随身后的商船开辟道路。但海军还可以为商船队提供另一种贡献。在舒费尔特关于商船与海军之间互惠关系的第四个案例中，海军可以作为下一代商船船员的训练地。"(海军)每年培训五六百名美国青年，其中许多人21岁就会进入商船部门，受到严格锻炼并操练为军官和海员，训导其信赖飘扬头顶的旗帜并以出生国引为自豪。"[39]海军训练能够成为商船队的技能倍增器。今天的军事航天部队也能够用于人们学习对于商业航天服务而言至关重要的必要技能的跳板。

美国海军理解军队在18世纪、19世纪的重商主义体制下对扩大商业和增加国家财富所起的这种作用，商船队和国家也理解海军在这方面的重要性。"这些事实难道不能在很大程度上对在广袤区域维持一支海军的抵偿？"舒费尔特争辩说："如果他们没有，那这个国家就只是个虚幻的神话，国家进步则完全是荒诞。然而，就我个人而言，仍然相信我们人民固有的伟大。相信我们的商船和海军是联合先驱，注定要在全世界传播其体制赖以建立的信条，并在其之下确保所存在的一个世纪中奇迹般增长。"[40]

此处解释了军事和经济海上实力如何相互联系、相互强化、相互支持，通过这种关系，我们可以看到军事和经济太空实力如何相互对等联系。一种能够利用太阳能从太空传送廉价且充裕电力的商业航天服务将能够提供维持强大太空军事所需的财富。在资源战争中通过经济太空实力进行月球采矿获取稀缺物质并侧翼袭击潜在对手的一个商业部门，在国家紧急情况下可以为军事航天部队提供无与伦比的后备队；能够为商业航天服务提供稳定且训练有素的人员，并为商业努力提供保护和保障的一个军事部门，将赢得商业部门永恒的奉献和支持。

在商业主义时代，军事实力和经济实力以及商人和商贸部门之间的联系是一种既定理解。然而，随着自由市场理念的蓬勃发展，当今的我们已毫无必要地毫无瓜葛且忘了这些联系。军方被商业阶级所忽视，且军方在其心无旁骛"保障战斗勇士"的狂热中为了商业抛弃了一切思想(见第2章)。为了发展商用航天部门，我们必须重新接受重商主义对于军事实力和商业实力之间关系的理解,并利用这种理解来指导军事和经济政策。这将是下一节的重点。

3.7　发展商业服务

舒费尔特上将明确希望美国政府在重建商船队服务上有所行动:他建议美国政府向私营公司提供补贴,帮助它们开发具有所需规格的蒸汽动力船舶,并在战略航线之间开启轮船邮包服务。关于新技术,舒费尔特写道:

> 自蒸汽动力进入海洋以来的经历已经向英国和其他商业大国证明,如果没有政府对全损的部分担保,资本将不会投资于蒸汽航行。寻求贸易的风险和开创贸易所需的大量投资一起使资本家感到恐惧;但让创企获得立足点,然后凭借其优点和能力特质继续存在,或者如果它在5~10年后因缺乏这些优点和能力而失败,就不再应当得到支持。
>
> 除此之外,我们的商业再无它途可重建,海上威望再无渠道可恢复。[41]

舒费尔特认为,政府政策应该鼓励战略意义重大的贸易航线和技术,因其具有超出简单利润的内在战略用途。然而,正如今日之情形,舒费尔特也面临着对政府补贴的一种美国式不信任:

> 由于一家轮船公司管理不善,美国人民已经对享受补贴的蒸汽班轮航线感到厌恶。但一家公司的错误或罪行不应以对他人造成损害而运行,当公共利益对其做出明确要求时,美国立法者要开始勇敢直面一些偏见,只有以这种方式才能保护我们的立法。[42]

舒费尔特的论据是经济学家所称的产业化政策;规定政府行动,以鼓励某国特定利益的具体产业发展。在舒费尔特的案例中是美国商船航运产业。舒费尔特主张政府采取行动支持商船,首要是出于国防自给自足的理由——坚固且全国自给自足的商船对共和国的防务是必要的。作为军事政策,这个论据很容易理解。然而,他也出于国家财富的理由主张政府采取行动。这一论据并不清楚,因为现代经济学主要致力于自由贸易,而非重商主义概念。我们将用现代贸易理论来讨论这个旧理念。

国家间开展贸易是因为每个国家在生产其他国家所需物品方面具有天然的比较优势。在航空器方面具有比较优势的国家将把其航空器交易为其他国家具有比较优势的货物,如橘子或拖拉机。经典的李嘉图派(Ricardian)贸易理论(以其开发者英国经济学家戴维德·李嘉图(David Ricardo)命名)认为,在自由贸易条件下(没有政府对贸易活动的控制、税收或补贴),将只有一个准确的经济结果称为"均势",在此情况下每个国家按照其比较优势开展贸易,并因此使世界产出和财务最大化。[43]在理想贸易自由下,这种均势结果既不可避免,也是世界范围内的利益最大化。在李嘉图自由贸易模式下,重商主义概念和类似舒费尔特的规定不对合理经济目的起作用:干预一个行业以改变其结果而非纯粹的自由贸易均势结果的任何政府行为,都会导致效率低下,损害世界生产。

然而,数学家拉尔夫·戈莫里(Ralph Gomory)和经济学家威廉·鲍莫尔(William Baumol)在2000年出版的《全球贸易与国家利益冲突》一书中,打破了自由贸易理论的基础。他们得出的结论认为,各国不再受自然和永久比较优势的制约,如今能够改变其比较优势以适配国家战略。[44]鉴于比较优势能够通过国家战略加以操控(受规模经济的兴起所助长——在大多数现代产业中,劳动力和资本需求都是如此的资源密集型,以至于一国产业能够生产得越多,每个生产单位就能够售卖得越便宜;因此,一个行业在其基础设施方面能够如此先进以至于能够以低价削弱任何潜在竞争者,由于生产规模和更加低廉的生产本领,且在外国竞争方面相对安全,因其具有自然垄断性,对东道国而言是可以保留的),世上不存在一种均势方案,但目前对世界贸易有一种几乎无数可能的结果,有些方案对一国而言比对其他国家更好。在戈莫里或鲍莫尔贸易理论下,经典的重商主义策略被赋予坚实的理论基础。正如戈莫里和鲍莫尔所解释的那样,在一个有可能产生多种贸易结果的世界里,一国的最优贸易结果可能对另一国不利。[45]事实证明,贸易是战争,或至少一国经济能够管理成要比自由贸易所能容许的好处更能造福该国人民。

舒费尔特关于补贴技术进步和新贸易路线发展以及通过使用海军培训商船人员的建议,能够诠释为美国政府用于增强商船产业中相对优势并形成更加有利于美国的世界贸易结果的方式。事实上,戈莫里/鲍莫尔模型主张采取这些措施:

> 提高生产率达到标准的方法(提高相对生产率是提高相对优势的方式)各不相同。由小公司组成的产业可以通过一个产业协会提供协助,它从世界各地收集最具成效方法的信息。某些情况下,政府或行业本身能够保障该行业中工人的再教育和培训。同样,适合于各个产业需求和特性的某种途径可能最优,且一些产业将被证明是无能为力的。但目标很明确。应当尽可能鼓励和帮助产业接近最大生产力。如果政府能够找到有效方法帮助其实现,那不仅符合国家利益,而且也符合所涉产业的狭义利益……[46]

经济学家们继续认为,如对目标产业的"刺激税收优惠"和基础设施投资等特定激励措施能够帮助各国形成比较优势。[47]

两大原因表明能够对产业加以支持:对于国家安全原因的必要性和能够为国家创造更多财富的本领(通过增加数量和为工作岗位或异常产业利润提供补偿)。由于航空航天风投企业要求较高的工资和技术技能,商业航天服务(商业航天产业)因在国家安全中具有重要性和增加美国国家财富的本领而值得加以保护。但这留给我们的问题是,如何对该产业进行补贴。

此处实现一种批判性观察很重要。在国家战略层面,重要的是国家产业而非某个个体企业。换言之,国家关注的合理焦点是美国钢铁产业而非美国钢铁。因此,政府补贴不应陷入针对"挑选赢家"的产业补贴的老生常谈式的控诉。

但是,对国家产业而非特定公司有益的战略利益除反对补贴某一公司而非其他公司的消极因素外,还有一个积极因素。它为保护本国企业免于外国竞争提供了可能性,同时鼓励健康且有力的国内竞争,进一步增强国家优势。更有意义的是,国内竞争实际上或许比外国竞争更有利于生产力。商业策略师迈克尔·波特(Michael Porter)写道:

> 国内竞争对手不仅为市场份额而战,也为人民、技术突破以及更普遍的"顶级权利"而战。相比之下,外国竞争对手被认为更具分析性。他们向国内企业发出信号或刺激方面的角色作用不那么有效,因为其成功更为遥远,且往往被归咎于"不公平"的优势。对于国内竞争对手而言,没有借口可用。

> 国内竞争不仅给创新,也给提升一国企业竞争优势的创新方式带来压力。国内竞争对手的存在抵消了仅仅来自国内的各种优势,如要素成本、国内市场使用权或享有偏好、当地供应商基础,而进口成本必须由外国企业承担……这迫使一国企业寻求更加高阶和最终更加可持续的竞争优势源。[48]

正如弗莱彻所言,保护一国的产业免受外国掠夺,同时鼓励一个强大的国内对手,可能是一种比不受限制的自由贸易更好的创新环境,如同日本在国际上被保护但内部残酷的电子产业所证实的那样。[49]

弗莱彻认为,固有的战略性关税(对进口到美国的所有外国商品统一征收百分税)将对保护美国国内产业起到很大作用。这样做很简单,不会选择特定产业企业作为赢家,且具有显著的战略意义:

> 虽然这是一个复杂问题,但从相当明显的事实看,基本动态是明确的,即统一关税将促使某些产业重新回迁美国而非其他国家。例如,30%的统一关税(薄利抽成)不会引起服装产业从国外迁回美国。国内和外国劳动力成本之间的差距太大,以致30%的溢价不足以打破美国支持基于半熟练劳动力产业的平衡。但30%的关税很可能会导致半导体等高科技制造业的搬迁。这是关键,因为这些产业正是我们想要搬迁的对象。它们具备引起可保留性、高回报、高工资和优良产业所有其他影响的规模经济。因此,统一关税实际上是战略性的。[50]

这一战略性关税无疑将影响和保护美国的航天产业。在航天产业中,由于国内卫星供应商使用美国运载火箭,而非俄罗斯、中国或印度的发射服务,像传统的轨道性太空运输这样的某些次级产业或许会回到美国。在这种关税保护下，如太空旅游和可重复使用的发射技术等其他较新产业可能从一开始就不需要设在美国以外。我们假定，已经颁布一项专门用于航天技术的固有战略性关税或关税，足以保护美国商业航天服务免受外国掠夺。那么，如何在国内层面补贴商业航天服务本身？

答案仍是聚焦整体的产业健康，而不是挑选个别企业加以补贴作为政治赢家。两种改善国内商业航天服务的方法可供考虑。首先，创建税收立法，宣布对商业航天活动所得利润实行固定年限的税收减免将刺激私人投资，而不是不恰当地偏袒某一家国内航天企业不顾其他家。2000年，在众议院通过却在参议院以微弱劣势被否决的所谓"零动＝零税率"法案，本可以预先20年对在地外经济活动（现有通信和遥感卫星除外）中取得的所有利润征收联邦税，是对美国商业航天服务进行一种公共补贴的模式，它不会过分偏好一家企业而忽略其他企业。[51]

第二项具有吸引力的补贴已被成功用于在商业航天服务方面产生创新——奖励。安萨里X（Ansari X）奖于2004年颁发，由私募基金筹集1000万美元资金颁发给第一家能够在两周内两次用可重复使用航天器将三人运送到100km以上高度的公司。由此研发的飞船——"白骑士1号"（或"太空飞船1号"）母舰飞行器和亚轨道航天器已完成了维珍银河（Virgin Galactic）和太空飞船公司（Spaceship Company）业务，也是首艘商用亚轨道太空旅游航天器原型。甚至在七年后，该X奖项成了新型"层云"轨道推进系统的源起。这1000万美元成了一种全新商业航天产业的催化剂，而X奖项团队并未选择一个政治赢家。该奖项向所有人开放，冠军团队公平地赢得大奖以演示验证所要求的能力，而不是政治关系最好的企业。NASA百年挑战（Central Challenges）计划正在试图利用奖项增强国家航天能力。用于具有重大军事或经济潜力（如开采月球钛矿或生产高效可重复使用运载火箭的能力等）的技术演示验证的类似航天奖可以成为提高国内商业航天生产力的一种非常有价值的工具，应当进一步探索开发。

无论使用何种组织或方法发展"语义德尔塔"技术，使用权技术都将是太空实力发展的单个最大驱动力。我们目前转向探索航天输送技术的一个关键领域——用核能技术取代化学火箭，它有望成为太空实力发展的一项重大飞跃。

3.8　核冲击与冲量之路

前原子能委员会政策专家詹姆斯·德瓦尔（James Dewar）认为，因为具有"更大的冲击力"，核火箭是美国太空实力的未来。他在《核火箭》一书中描述了对一项新的核能航天计划的设想。核冲击比化学火箭冲击大，因为核火箭不像其化学驱动的胞兄那样受到热力和重量的限制，而只受到人类在任何特定时间的工程学知识的制约。[52]核火箭没有理论极限——它们存在一个末端开口式效能包络,不存在固有的发展尽头。利用这一基本特性可以彻底革新人类航天器的设计,使我们处于推进美国的太空使用权直至整个太阳系的一条 S 曲线——甚或超越整个太阳系。

德瓦尔坚持认为,核冲击及其技术创新能够将航天计划从如今昂贵且精英的俱乐部(那里没有蓝领宇航员)转变为一家廉价、平等和公平的俱乐部——他声称,这一结果比人类历史上其他任何先前具有划时代转变意义的成就更加激动人心。[53]《星际迷航》无疑记录了人类从一个饱受屠弱、匮乏和不平等之苦的种族转变为一个充满力量、繁荣和希望的跨银河系文明——这无疑是一个划时代的重大事件!

这一时代的转变将得到核火箭的助力,因为这项技术将把人类的领地从地球表面 20 英里延伸到太阳系的尽头。[54]如此这样,它将为人类发展开辟巨大的资源、知识和空间,实质上消除了原材料的匮乏,并使得对一个地区进行经济型勘探和开发成为可能,使地球新世界的古老前沿黯然失色。正如古老的新世界为数百万大胆冒险的殖民者开辟了新前景,这一太阳系的新世界将为数百万新的开拓者提供考量和机会,将人类束缚在自己家园的能源和距离障碍将被核冲击永远摧毁。

如上所述,核冲击的强度将由其工作温度和推进剂的分子重量决定。核热火箭可以设计成使用超轻氢气,使推进剂分子重量有效最小化,并从推进剂特性上为 I_{sp} 提供最大收益。这使得工作温度成为获得高比冲 I_{sp} 和高发动机效能的关键。由于核火箭使用原子能,产生的温度理论上能够接近数百万摄氏度——几乎和恒星一样高热——使推进器可获得的温度几乎不受限制,并使比冲 I_{sp} 达到天文高度。核冲击能够像维修工的锤击那样,开始轻巧但强劲,并发展成熟为工业用尺寸的气锤锤击,使人类对太阳系的支配变得简单易行、无穷无尽。它将如何进展本身就是一个强有力的故事,它将如何结束是用的一套甚至对《星际迷航》临时粉丝都很熟悉的系统。

德瓦尔这本书的核心内容是把核热火箭的进化潜力描述为"核族谱"。[55]他的族谱编目了从当今人类可以利用的核火箭雏形到几个世纪后强大的宇宙飞船驱动。这看起来很奇特,但想一想海上蒸汽机。17 世纪的蒸汽轮几乎无法迎战一条小河的水流,但今天的大型油轮使用的发动机是二百年前脆弱危险的蒸汽船锅炉的直系后裔。核族谱可以设想为一条 S 曲线,开始时容许与化学火箭性能类似的低地球轨道飞行,最终以穿越整个太阳系快速且经济地进行载人旅行的性能为结局。

核发动机和核族谱 S 曲线在其潜力上有两个主要制约因素,它们都是能够以一种进化方式增强的因素(它们不需要像发现多维空间或全新物理原理这样的重大理论突破)。它们是控制和利用高温以及控制核过程本身的本领。[56]核族谱是对发动机的一种直观描述,其在我们每一项编目中取得进展时都可用,见表3.1。

表3.1 核族谱(德瓦尔《核火箭》第37页)

类型	具体冲量/(N/s)	备注
固态堆芯	825~1200+	已验证技术
液态堆芯	3000+	研究无结论,根据实践情况而定
气态堆芯	8000+	研究无结论,根据实践情况而定
聚变	数百万以上	大量概念,但聚变仍需验证
反物质	数百万以上	极端放射物或许使得所有概念不现实或无可能

核族谱分为五类发动机,都以所使用的的核反应堆特征描绘(明显出于政治上的原因,德瓦尔忽略了第2章讨论的核脉冲推进猎户座系统)。前三者(固态、液态和气态堆芯)使用核裂变作为热源,而聚变和反物质反应堆是理论上能够经常提供更高工作温度的概念,引起比冲以数量级增长到难以置信的水平。不过,聚变和反物质反应目前超出了我们的工程能力。然而,重要的是要记住,从发动机视角,我们只对更高的工作温度感兴趣。我们知道,对比裂变发动机,聚变反应能够产生更多能量,并能达到更高温度,但聚变反应堆只有在我们能够使用其更高工作温度时才有用。因此,核族谱假定,我们控制这些反应的本领已经远远先进到使用这些核反应作为发电站的程度。因此,核族谱模型既对核过程控制("类型"列)建模,又对用于推进器而产生温度的本领("具体冲量"列)建模。表3.1对这些发动机作一简单探讨。

3.8.1 启动组件:固态、液态和气态堆芯裂变

裂变是指重原子(通常是铀原子)被中子轰击的过程,引发其分裂并释放大量能量。我们对裂变反应的理解已经足够先进,使其经济性和生产性利用具有实际意义。核电站和核动力海上舰船都由裂变反应驱动。事实上,NASA甚至已经实验了一枚在用的裂变火箭。与化学反应相比,裂变反应能产生大量的热量,代表着超越化学推进的巨大飞跃。它们还有很大潜力扩大航天推进能力,因为核族谱中三种不同类型的裂变火箭提供一个比从化学火箭可获得的数量级更大的比冲。裂变火箭的三种不同类型展示了核族谱的双重表征,即控制核过程和利用其动力的本领。在三类发动机的每一种中,裂变反应本质上相同,但我们利用它的方式将从根本上不同,由于我们能够使用越来越多源于裂变反应的总可用能量。

例如,固态堆芯发动机使用固态堆芯来产生一种裂变反应。从1955年到1973年,漫步者或NERVA(针对火箭飞行器应用的核发动机)项目生产了固态堆

芯裂变发动机样机，它以2000℃运行并产生825秒的比冲，几乎是最强化学发动机的2倍。[57]在该温度，裂变堆芯由固体材料组成，因此而命名。2000℃的极限不是由于受从裂变可获得的最高可用温度限定，而是受限于我们驾驭高温的本领。随着材料工程40年的进展，德瓦尔认为，我们现在能够用3000℃的裂变反应来建立固态堆芯心发动机，产生大于1000秒的比冲。[58]然而随着温度升高，固态堆芯发动机开始碰壁。尽管裂变反应能够燃烧到更高温度，但我们已知的所有材料（包括铀燃料）开始丧失完整性，在4000℃左右融化。[59]用《星际迷航》熟悉的术语来说，我们遭遇了罐仓破裂。无须畏惧，工程师们从不会被发动机熔化这样无足轻重的小问题阻止，那就进入液态堆芯和气态堆芯的设计。

将水充分制冷将会结冰；将冰块加热将会变成液态水；将水煮沸就会成为水蒸气，一种气体。能产生裂变的核燃料，如铀以同样的方式工作。因此，液态堆芯和气态堆芯发动机在铀熔化成液体并转化为气体的温度下工作。在液态堆芯发动机中，铀燃料被熔化并盛装在一种罐状结构发动机内，类似于钢铁铸造厂将熔融铁水盛装于坩埚中那样。[60]让燃料熔化将得到更高工作温度，潜在地产生达到3000秒升值更高的比冲。然而，裂变甚至能够让温度变得更高，设计一台使核燃料蒸发的发动机将能驾驭更高温度。在千钧重压和极度高温下，铀能够转变成一种高能等离子体气体，由类似一个荧光灯泡的结构盛装，能够获得8000秒或更高的比冲效能。[61]用2000秒的比冲，行星系内大规模人类殖民变得可能；用8000秒的比冲，宇宙飞船就能在一个月内以经济方式飞往火星！裂变火箭能够提供所有这些收益。[62]然而，一旦铀能够以一种气体使用，我们就开始达到由裂变获得的最高温度。我们必须转向更加引人入胜的方法。

3.8.2 冲量发动机：聚变与反物质

幸运的是，原子能能够提供远比简单裂变反应高得多的工作温度。聚变反应是轻原子（如氢）的结合，产生像氦这样更重的元素，能够导致高达几百万度的温度。事实上，聚变反应堆以恒星的形式为宇宙提供能量，就像我们的太阳——都是巨大的聚变反应堆。人类的可控聚变刚开始成熟，但我们已经具备了在条件极差的氢弹爆炸中启动不可控聚变反应的本领。比聚变反应更先进的是理论上物质-反物质湮灭的完美能量转换，物质与反物质接触导致一种从质量到能量的完全转换。人类如今能够产生极小数量的反物质，湮灭反应尽管尚未被很好地理解，但也众所周知。因此，聚变和反物质火箭不是科幻，而是合理（如果从未来主义角度）推测。理论上，这两种发动机都能以任何尺寸产生几百万摄氏度的温度，因此能产生几百万秒的比冲I_{sp}。

正是在这些未来主义但可预见的聚变发动机中，推进技术与《星际迷航》相交织，形成公共理解的成熟的太空实力愿景。按照《星际迷航百科全书》，脉冲驱动是"利用传统的牛顿反应产生推力的航天器推进系统"。脉冲驱动由一个或多个运用氘燃料产生氢等离子体并产出大量能量的聚变反应堆产生动力……通常,全脉冲速度是光速的四分之一。"[63]核族谱上的聚变火箭与这一定义是否相匹配?聚变火箭依靠牛顿(动作-反应)推力。多台氘-氚聚变反应堆可用于为多枚火箭或喷管提供动力。"代达罗斯项目"是英国行星际学会在1973年至1978年间实施的一项聚变火箭文件设计实验,为飞船建立可以达到光速12%的基础。[64]有理由坚持认为,从理论上,可以再净增光速10%的聚变火箭改进并非不可逾越。

《星际迷航》风闻的脉冲发动机是一枚聚变火箭,且只是核族谱上一枚非常先进(甚或不是最先进的)类型的核火箭,这能否有任何疑问呢?聚变火箭要达到所有要求,不只是脉冲驱动的技术规格,而且实际上是脉冲驱动自身的运行机制。这个案例非常令人信服,即继核族谱之后,人类将获得脉冲驱动,该族谱是走向成熟太空动力推进之未来的一幅非常重要的路线图。

我们必须始终牢记,核族谱并非我们希望在几年或几十年内完成完整航行之物。在很多年且也许许多代里,该族谱中的许多步骤将超出我们的工程能力,就像第一艘轮船的建造者无法理解我们今日之核战舰一样。但是,我们不能被它丧气止步。我们可以在核族谱的开端用发动机做大量的事,越早开启这一道路,就将越快地达到成熟状态。我们拥有路线图,拥有第一台发动机。

3.8.3 使命任务与快艇

假设美国组建美国太空警卫队(仿效美国海岸警卫队)是响应第2章所提新的军事航天组织的需要。宇航员救援、紧急修复和碎片缓减等短期任务、轨道安全和行星防御(针对克林贡人或小行星)等中期使命将要求船只能够在极少或不被注意的情况下飞往大量不同的地方。事实上,太空警卫队舰船需要到达人类或(某种更小范围)其机器在太空运行的任何地方。太空警卫队永远不会知道,紧急救援电话将来自低地球轨道一个被击穿并泄露的太空旅游酒店,还是为月球上因补给食物在偶发事件中落到了陨石坑底部的一队探索乘组运送补给品,但太空警卫队舰船必须能够到达任何一个受困群体。将接近地球太近的小行星推离地球以求宽慰,可能让飞船穿过太阳系内大部分区域而飞向更远的弹道。大规模救援行动是为解救火星上的殖民群体,就像美国海岸警卫队19世纪在遥远边境阿拉斯加的行动,将要求太空飞船具有极强耐受力和灵活性。

不同于当今的航天器只设计在特定高度运行,且只能以极大难度和巨大成本改变位置,太空警卫快艇——乘组飞船设计用于对需要处立即做出响应,并针对几乎任何偶发意外事故做好准备——将必然需要能够加速飞往月球或地球同步轨道(两个任务都非常不同)而无须解决重大困难或做出行动变更。快艇不是为某个特定目的且只为完成该任务而精简到只剩必要要素而设计,它将需要具备实施许多不同使命任务的能力,并能够完成其最高耐受力的使命。因此,快艇将具备大量"冗余能力",可在需要时调用,但不一定在正规行动中使用。与其将我们的快艇设计为只在狭小的极限范围内运行,不如就像设计航海船只或飞机一样,必须从最大效能可运维范围开始考虑。我们不应将飞船设计在只运行于 200 千米高空轨道,而是必须以一个可运维范围进行设计,如从低地球轨道抵达月球轨道并至少搭在一个气体舱上返回——但必须基于最好的发动机(能量最大、效能最高等)而不是一台仅前往月球而没有燃料返回的专门设计的发动机。这种思维的转变将是由 NASA 和航天司令部所实践的、对现代航天任务设计的一种主要改进和显著改变。

3.9 系统工程与"使命症"

目前,用于航天任务设计的工程实践是采用系统工程流程。系统工程流程的第一步是定义使命任务——希望解决的问题。例如,如果想在后院铺一片地板来享受夏日晴朗的下午,"正确"的系统工程方法将是拒绝直接开车去五金店、购买一堆木材、抓起电锯开始切割。系统工程方法就是在行动之前进行思考,然后仔细定义真正所需之物[65]。正如建造一片地板,在开始建造航天器之前,必须特别认真思考真正所需和正在试图解决的问题,以便确切知晓完成这项任务需要建造什么,无论是木材、钛还是钱财,就不会浪费资源。

行动前思考通常是个好决定,只要系统工程将这种态度驱归本位就再好不过了。然而,该系统工程的第一步不只是要求我们在行动之前思考,而引导别人误入歧途的是更深层次的分歧。系统工程不仅要求在行动前思考,还要求聚焦"建造用以完成使命所需的确切之物"。借用一句航海语:"那是龙之精髓!"

无情地聚焦一种单一系统的狭隘任务,可以大大降低开发一套系统来完成该任务的成本,但这种极简主义有成本。成本来自系统的冗余能力。特别是在航天工程(以许多方式催生了系统工程领域)中,航天器因其复杂性和成本往往只能做一件狭隘的事——完成其已设计的使命任务。要求航天器做其他任何事,比如说,试图使用通信卫星作为卫星导航信标,或者将航天飞机送入地球同步轨道,它完全做不到。设计一套全新系统来完成新任务往往比翻新改造现有设备更划算。系统工程倾向于生产只能执行非常狭隘任务的设备,而且它很难以新方式用于新目的。

问题在于,许多系统和装置的成熟任务往往与原先宣布的目标有很大不同。以美国空军 F-16"隼"式战斗机为例。F-16 战斗机起初作为一种低成本空中优势战斗机设计,以扩增能力更强但价格昂贵的 F-15"鹰"式战斗机。然而,在使用 30 年后,美国空军 F-16 战斗机机群的主要角色是作为对地攻击和近距空中支援飞机——一种非常不同的任务。这一任务变化很大程度上由于冷战的结束而演变,使得用于空中优势的大规模空中格斗极不可能。因此,环境迫使 F-16 战斗机完成原本并非设计去做的事。幸亏其空中优势作用中固有的冗余能力足以让其作为轻型轰炸机而发挥功能。

空中系统具有一个成熟期,使其拥有适应新环境的一定本领。一架轰炸机多半是专门用来装载炸弹的运输机。然而,如果一架 B-1 轰炸机设计成冷酷的系统工程式样,以从密苏里起飞并在莫斯科一个定制炸弹库中投掷两种特定类型的炸弹,但当它随时都在离地 3000 英尺(约 914 米)的高空飞行而别无他用时,那在阿富汗战争中就没有多大用处了。对于许多太空系统而言,这是如此苛刻的任务要求。难怪卫星或航天器除了已设计的任务外,别无更多它用。

必须记住,无论系统工程过程看起来多么合理,工程学并不总是使用这种以任务为中心的方法。为维持飞行主题,仍以第一次世界大战中的战斗机为例。在建造最强战斗机的技术战中,系统工程过去极肯定没有被使用。在过度简单化的风险下,设计者没有去确定任务需求用于具备爬升率 X、最高速度 Y、转弯半径 Z,并设计出一台飞机发动机来交付这种性能,而是选择了现有最可用的飞机发动机,其先进程度在不断提高,并建造了一架能够利用发动机动力的飞机,满足于拥有可能最好的爬升率、最高速度和转弯半径。"林肯自由号"飞机发动机是一个非常强大的发动机案例,它为第一次世界大战的盟国许多轰炸机、冷战后侦察和运输机提供动力。这种技术重用使得发动机和机身技术得到渐增改进。"林肯自由号"飞机发动机不是为某个特定任务而专门设计,而是为大量不同任务的许多不同飞机的动力提供可能最先进(艺术级)和最高效的发动机。

总体而言,系统工程可以说是建造适合于飞行器的发动机。如果任务需要一台某种动力的发动机,系统工程则要求设计一台具有这种动力水平的发动机,而任何额外动力都是一种简单的冗余浪费。或者,也能够以发动机为中心建造飞行器。系统工程的一个替代方案是利用可用的最好发动机,设计飞行器从而最大限度地利用最先进(艺术级)系统,并找出新飞行器能够完成的使命任务。这种方法可以被嘲讽为"一建造它,顾客们就会来",但它在能够拥有冗余能力方面具备巨大力量,并且相比于系统工程的脆弱性和狭窄任务飞行器,适应变化更快到艺术级。

因此,系统工程不一定是航天飞行器设计的唯一或最合理的方法。事实上,詹姆斯·德瓦尔称系统工程狭隘地聚焦单一任务"使命症",且不认为其崛起是件好事。德瓦尔将"使命症"归咎于肯尼迪总统的科学顾问(尽管他们对太空实力的危害可能比艾森豪威尔总统要小得多,见第 2 章),而非系统工程。总统顾问们倡导一种"使命先行"的意识形态,先批准一项使命任务,然后建造完成该使命任务所需的基础设施和装备。不幸的是,这种使命先行的心态主要是为扼杀他们不同意的任何计划:不赞成一项使命任务,或使一项使命任务难以在所容许的时间或资金预算内实现,而后整个计划可以被终止。[66]因此,拟议中的使命任务将需要"承诺星海"以获得公众支持(或总统顾问的支持),但当它们未能满足过于紧缩的资源限制而只能"抵达月球"时,就被因失败而被取消。这一政治伎俩如今已演变成满怀恶意的"使命症":一项使命任务必须于任何技术开发能够或应当得到实施之前存在的这样一种普遍信条[67]。德瓦尔非常坚持基于任务的发展是开展业务的一种危险方式。"(我)断然指出,不懂得新技术的处理能力,且缺乏一支完全胜任新技术运维的管理团队,向一项新技术指定使命任务是极其危险和不负责任的[68]。"具体地就航天发动机设计而言,"使命症"可描述如下:

> 从技术上讲,"使命症"思维聚焦一项具体使命任务的特定发动机设计,产生两个坏结果。首先,它产生井蛙之见,并阻碍对发动机发展的充分扫视,由于集中于(在一定效益下的)一种设计,使其很难看到(基于原始设计的更高效发动机)能够迅速跟进。这似乎并不重要,但使航天飞行经济变得混乱。第二,它滋生一种消极心态,凝思问题并相信其解决将是漫长、困难和昂贵的……这是完全错误的——方枘圆凿,格格不入[69]。

这些结果都很深奥。例如,想象一下在《星际迷航》的情景里,泽弗纶·柯奇拉(Zefram Cochrane)的使命不是破解时空扭曲的屏障,而是在一周内从地球到达半人马座阿尔法星(Alpha Centauri)。面对这个问题,他会马上推断,时空扭曲 1 (Warp1,光速)仍然要花费飞船 4.4 年时间才能到达甚至最邻近的恒星,并且无法完成使命。取而代之的是,他估计一周内到达半人马座阿尔法星至少需要时空扭曲 4 的速度(即 4^4 或 256 倍光速和时空扭曲 1)。任凭谁都能看出,一项推进的突破性进展就如同破解时空扭曲一样深奥,柯奇拉为期一周的星际旅行任务几乎不可能!即使将到达该星的任务要求降低到一年内,也仍将使任务速度达到一个必要的时空扭曲 2+。在这一场景中,两个"使命症"结果都非常发人深省。如果柯奇拉在开发半人马座阿尔法星发动机时屈服于"井蛙之见",他可能会完全忽略这样一个事实,即最深刻的突破将是穿插时空扭曲 1,而在最初的屏障被破解后,精改发动机以产生更大速度会变得更加容易。此外,他(或他的资金源)很可能会大失所望并完全放弃该项目,因为他们无法想象如何在技术发展的一次大飞跃中从亚光速到达 256 倍光速。他们会对关键性时空扭曲驱动技术的渐增开发潜力视而不见,很可能会绝望地举起双手——如此,时空扭曲驱动注定要以技术论文或者吧台餐巾上的潦草速记结束其发展。更传统的历史案例是,查克·耶格尔(Chuck Yeager)的贝尔(Bell)X-1 飞行因突破音障成为航空史上最著名的壮举之一,尽管马赫数 1 并没有给我们提供比已接近马赫数 1 的任何编号战斗机更多的任务能力。它对工程学的关键贡献是推进突破,而不是略快一点的新战斗机、轰炸机或运输机。

"使命症"的一种替代方案,认识到未绑定一项使命任务而破解屏障的效用,可称为基于能力的发展。基于能力的发展明确一种前景有望比现有方法具有显著优势的技术,并聚焦开发这种新技术,目标在于获得新技能和承载力以完成当前技术无法完成的事项。发展不仅由研发一台可行的发动机组成,还包括建立一整套目的鲜明的支撑性基础设施和产业,并支持和推动技术本身。正如火车需要铁轨、汽车需要公路、电话需要电杆(或蜂窝塔),所有新技术都需要支撑性基础设施才可行。[70] 基于能力的发展是一项系统的方法,其进步是渐增的且由市场驱动,不是简单困扰于一项"单枪"使命任务。它天生地通过设计来适应变化的条件,例如,引入成本节约性新技术或突袭性技术进步,并沉迷于开发更好更快的后代系统,现象式"使命症"思维往往不会或不能指望。

基于能力的发展相比于基于使命任务的发展的优势很多,但在当今的工程界常常被忽视。前原子能委员会委员詹姆斯·拉米(James T. Ramey)认为:

> 前景看好的技术发展工作应贯穿于原型阶段,由此为充分业务测试和评估建造一些东西。这使得国家领导人或法人官员能够就前进之路(有关技术发展)做出更知情的决定,但它避免了用使命任务需求扼杀前景看好的技术,而使命任务需求只有在充分业务测试之后才能显现出来。同时,它保持对预算的控制,并开始基础设施发展以管理和运维该新技术。[71]

这种能力驱动方法的进一步优势在于,首先用更小的发动机获得经验,正如美国海军使用第一艘核潜艇"鹦鹉螺"(Nautilus)相对小而简单发动机的经验,让基础设施得以发展,将来有一天会在"洛杉矶"和"海狼"级这样的现代核潜艇上建造和运维非常庞大而先进的反应堆。[72] 必须牢记的是,尽管基于能力的发展没有最初的使命任务,但它肯定有目标,给予明确的业绩目标,仍然有利于良好的项目管理。[73]

这两种技术发展方法有时被称作针对"使命症"思维的"任务牵引"和针对基于能力思维的"技术推动"。尽管任务牵引始终是发展的一大部分,但基于能力的方法对于发展成熟的太空实力至关重要,因此值得在工程和计划管理工具箱中享有尊敬的地位。那么,为何能力发展对一个成熟的未来如此重要?

第一个原因在于,我们尚未牢牢掌握在太空中将有可能有益的所有可能的使命任务。因为事实上我们对人类在太空中的未来的思考大多是猜测,聚焦使命任务只会导致我们过于短视,而愿景构想至关重要。"使命症"也趋于一套封闭系统:使命任务要么有效,要么无效。基于能力的方法固有地是开放系统:本领的拓展只受有关技术的最大可能能力的限制,而不是特定任务人为强加的约束。基于能力的办法也趋于鼓励多用途船只和装备。鉴于不知道我们应该或能够做什么,我们集中本领以能够取得大量新能力,当任何有益任务被肯定明确时使我们能够执行大量使命任务。例如,正如英国皇家海军护航舰原本打算成为战争主力,结果却成为太平洋的卓越探险船,一艘载员月球运输飞船可以很快速和很容易改装成载人远征探险队前往火星,相比于从头开始设计一艘新的火星探测飞船的可选项而言更加可取。

基于能力的方法也很重要,因为航天爱好者必须明白,即使像各种"集群号"(Enterprises)①这样强大的"星舰"仍要未来几十年或几个世纪,这并不意味着我们现在不能采取任何行动来让自己走上它们的发展道路!事实上,沿着核族谱S曲线的渐增进步将大大推进太空实力本领和使用权,直到人类能够习惯性并经济地穿越整个太阳系。通过拥抱核族谱,美国太空实力能够通过拥抱第一枚核热火箭(NTR)太空巡洋舰"莽原号"的历史性头衔,与其引以为豪的海洋与核历史相联系。

3.10 三大"莽原号"

尽管有些陈词滥调,被称为第一核火箭动力宇宙飞船"普罗米修斯"似乎恰如其当。在希腊神话中,以盗取众神之火并将之献给人类的"泰坦"命名该飞船船,与核之火将太阳系向人类打开确实具有某种对等性。在21世纪的短暂早期,NASA计划重启被称为"普罗米修斯"项目的核推进研究,如此令人无法抗拒。然而,海洋史为该飞船提供了一个更加恰当的冠名机制,因为历史告诉我们海上运输史上一个相似的划时代事件:名为"莽原号"的商船之航行。

"莽原号"②(Savannah)可以说是海上技术进步中最神圣的名字。它因两艘船而闻名:19世纪第一艘通过大西洋的蒸汽动力船——"莽原号"蒸汽动力船(SS Savannah),"莽原号"核动力船(NS Savannah,与原船同名)是第一艘核动力商船。让这一命名特别值得用于一艘核宇宙飞船的是,设计这些飞船是为和平的商业而非战争。在"莽原号"蒸汽动力船之前没有横跨海洋的轮船,尽管"莽原号"核动力船不是第一艘核动力海洋舰船(第一艘核潜艇"鹦鹉螺号"美国舰船(USS Nautilus)可能最为著名),但其所有前身都是海军舰船,其主要使命任务是战斗和摧毁敌方。

将"莽原号"命名延续到太空新海洋最适合的理由是每艘船拥有什么并将完

---

① 译者注:根据美国《麦克米兰词典》(Macmillanddictionary),集群(Enterprise)表示具有创造性、灵活独特、特别自信勇毅的特性,能够准备好承担或从事复杂困难的行动这样一个自组织有机运维的体系性对象,经常被用于命名由很多艘军队舰船组成的成员式群体。综合上述特征描述,契合军事术语中对"航母集群"的描述。

② 译者注:"莽原号"往常被音译为"萨凡纳号"或"萨瓦纳号",从19世纪英国造船和航海历史看,在"莽原号"蒸汽船同年代,还有"天狼星号"(Sirius)、"大西方号"(Great Western)、"大不列颠号"(Great Britain)和第一艘全铁甲战舰"勇士号"(Warrior)等,命名都有其特定含义。莽原本意为"没有树木的热带大草原",作为第一艘横跨大西洋的蒸汽动力船,当时的人们应是对它抱有"征服如同荒野莽原的大海,胜过风力帆船"的期待,故本书译为"莽原号"。

成什么。一艘"莽原号"将水手从风暴和潮水肆虐中解脱出来,并让我们的舰船利用蒸汽机械动力实现对大海的掌控。后来的"莽原号"将核动力海上航行用于和平目的。下一代"莽原号"将追随他们的脚步,开创人类能够征服依赖轨道力学的潮汐和激流(重力梯度和霍曼转移)的时代,真正以速度、灵巧和经济性打开全部太阳系。在我们探索未来之前,让我们首先回顾过去。

3.10.1 "莽原号"蒸汽动力船

"莽原号"蒸汽船证明了自由私立公民以和平意愿进行探索、征服和创新的聪明才智和启创精神。19世纪初,小型蒸汽船曾在为用作江河船只而实验。然而,1818年,蒸汽航行的先驱摩西·罗杰斯(Moses Rogers)船长说服了位于佐治亚州的斯卡伯勒夫与伊萨克斯航运企业"莽原号"将一艘在纽约建造的小型货船改装为带有蒸汽发动机的跨大西洋帆船,开创了世界上第一艘跨大西洋轮船服务,因此诞生了"莽原号"蒸汽动力船。

"莽原号"第一次跨大西洋航海是一个"值得称赞和价值无限的实验",尽管当时许多观察人士嘲笑这艘小船带着一台黑烟喷涌的90马力(1马力=0.735千瓦)蒸汽发动机和一台侧装的16英尺(1英尺=0.3048米)长推进船,只不过是"菲克特造船公司的蒸汽棺材[74]"。随着"莽原号"从"莽原号"母港锚泊点前往英格兰利物浦,世界首次跨大西洋、跨大洋蒸汽动力航海自1819年5月24日持续至6月30日。在一个多月航海里,"莽原号"的蒸汽发动机使用了大约80个小时。

尽管"莽原号"在唯一一次航海中(1821年在纽约长岛附近迷路了)使用风帆远比蒸汽动力多,但当时赌局已下。帆船将继续在大西洋上航行多年(事实上,从蒸汽船上卸除风帆用了六十多年),但是当"莽原号"停靠利物浦时,帆船时代开始消失,取而代之的是海上蒸汽时代。"莽原号"使欧洲注意到了美国的海上进步并将美国视作一个技术强国[75],也迫使英国和后来的其他海洋强国拥抱蒸汽发动机。

"莽原号"是海上运输史上一场真正具有划时代意义的事件。它开启了人们在穿越海洋时最终摆脱风浪肆虐的旅程。它迈出了走上巩固人类统治海洋的第一步,使远洋船只走上一条激昂奋进、回报丰硕的新道路。几乎在150年后,一艘新的"莽原号"将完成这趟旅程。

3.10.2 "莽原号"核动力船

"莽原号"核动力船证明,各国社会有本领利用可怕的战争发动机和将其转变成一种繁荣和平的承诺。1955年4月25日,德怀特·艾森豪威尔(Dwight D. Eisenhower)总统宣布,美国将建造一艘核动力商船作为其"原子能用于和平"计划的组成部分,一个旨在将原子能利剑灌输成一种核能犁头的项目[76]。那么,这艘将引进"核动力到世界商业航线"的轮船应当以引进蒸汽动力到世界船运的轮船命名成"莽原号"核动力船,这是多么天然且恰当啊!"[77]于是,另一艘"莽原号"被投入海洋。

"莽原号"核动力船于1959年7月21日下水,费用4700万美元,其中2830万美元单独用于裂变反应堆和铀燃料。[78]它第一次试航于1962年3月23日在弗吉尼亚州约克敦附近,于8月20日到达母港乔治亚州"莽原号"(靠近"莽原号"蒸汽动力船停泊点)。[79]在其10年商业服务中,作为曾经建造的4艘仅有的商用核舰之一,它证明核动力可以用于和平目的。它证明核动力可以安全而有效地用于船只,而非专用于战争的舰船。一旦携带铀燃料,它可以航行30万海里(1海里=1.852千米)而无须数百万加仑柴油作跨洋航行。

建立于"莽原号"蒸汽动力船技术的"莽原号"核动力船扩展人类对海洋的统辖。如果两艘都是蒸汽驱动船,其不同只在于如何从蒸汽产生热量。从"莽原号"蒸气动力船到"莽原号"核动力船,蒸汽族谱跨越近两个世纪。"莽原号"蒸汽动力船开创了用煤产生蒸汽机,"莽原号"核动力船开创了用核燃料取代化石燃料。如今来到第三艘"莽原号"的时代,为进入太空新海洋而准备。它将打破地球对人类的束缚,并太空中引进核动力取代化学推进。由此,它将成为与众不同的星河舰队第一艘舰船。

3.10.3 "莽原号"美国太空警卫艇

"莽原号"美国太空警卫艇(USSGC,United States Space Guard Catter)将尊荣备至,由其以将核动力发展到太空进行航行而命名,并开创让自由社会将和平活动得以延伸到太空的发动机,同时也为私人太空努力提供保护和保障——从根本上两全其美地保障私人和政府保卫并发展太空航道的行动。"莽原号"美国太空警卫艇将是开创用核动力进行太空航行的舰船。由此,它将成为继它之后所有星河舰队的鼻祖。

"莽原号"美国太空警卫艇将是一艘太空警卫船,旨在成为一艘执行所有太空警卫使命任务的多用途应急反应舰。它将被设计为整个运维周期都处于太空中,不会像航天飞机那样每次任务都在地球起飞和降落,设计上将基于低地球低倾角轨道,需要由该轨道出发并能够到达任何绕地轨道,甚至能够奔向月球。它将在21世纪中叶之前服役,并将作为太空警卫队舰队的旗舰,这是第一款高持久力(远程)新型快艇,将保护和防卫人类在太空中日益扩大的驻留。

本书中并不合适对"莽原号"加以设计,但我们能够确定它的一些特征,让其成为一艘大有用处的太空警卫艇和星河舰队原型舰船。"莽原号"将永久载员5~10名官兵,将有能力应对各种紧急情形,要求能够容纳从太空灾难中营救的大概大量人员或货物。由于速度和尺寸需求,只有核火箭才足以为其提供动力。因此,"莽原号"将率先使用大型固态堆芯核发动机,用于长期载人。由于将始终载人、仅在太空中运维并能抵达大量不同地点和履行大量不同使命任务,因此它将不再是一艘仲马式"使命症"缩小版飞行器,取而代之的是一艘强大的多使命任务太空飞船,它将引领人类用后续核族谱载人太空飞船统辖太阳系的进军征途,直至太阳系尽头。"莽原号"将由美军太空警卫队军官和乘员指挥。在履行使命任务当中,除先进技术之外,它在各方面将与"星际迷航"中的舰船完全一样,其太空警卫队乘员或许就将启动一支"星际迷航"式的星河舰队。

用语问题和船艇番号很重要。《星际迷航》不停地用海军术语描述其舰船。建制级(Constitution-class)星舰"集群号"(Enterprise)被认为是一艘重型巡洋舰,其他船级被称为轻型巡洋舰、无畏舰、驱逐舰和护卫舰(如本身不正统则一般接受为非正统来源)。这些番号暗指该舰队由众军舰组成。在《星际迷航》的未来,海岸警卫队式的星河舰队血统毫无疑问得以接受。尽管星河舰队是一个军事组织,但首要任务被普遍公认为是和平探索。相反,今天和不久的将来,当能够建造"莽原号"核动力太空飞船时,在那些将看到航天部门采用好战的海军模式者(假设所有各方甚至都同意该军种采用一套海事模式是可取的)和主张和平驱动的海岸警卫队模式者之间,针对军事航天部门身份的斗争仍将纷争很大。虽然有人或许将这场辩论视为毫无意义的咬文嚼字而不屑一顾,但将"莽原号"命名为一艘巡洋舰或快艇,对于海军好战的鹰派或是海岸警卫队人道主义者而言,很可能都是重大胜利。

为何"莽原号"快艇对于太空警卫队的海岸警卫队星河舰队拥护者们将会是一种胜利呢?答案是,"快艇"一词拥有作为主要从事和平任务的军舰的一段特定历史。"快艇"一词源自英国皇家海军。他们对于"快艇"的定义是一艘装有8~12门大炮的小型战舰,当时的"战列舰"(回想与之同名的《星际迷航》一览表)经常有70门或更多大炮。尽管这个定义最初是一个军事术语,但常规使用中,快艇开始指英国皇家海关参与执法而非战争的任何船只(包括武装船只)。

在现代用法中,"快艇"一词现在指执法职责中使用的任何适航船只。美国海岸警卫队已经将该词用于命名长度超过65英尺的船只。尽管一些海岸警卫队舰艇接近其美国海军一些姊妹舰艇的战斗能力,并且相较于许多世界海军大多数前线军舰在军备方面相当有利,但它们仍保留着"快艇"这一称谓,不断提醒人们,尽管它们是军舰,一旦召集起来就能够并且会进行战斗,而它们的首要任务却始终是和平。为了确保美国太空警卫队对星河舰队的军国主义但非好战愿景作出规定性承诺,至关重要的是,这一共同愿景以其舰船(特别是其首艘核动力舰船——"莽原号"美国太空警艇)之名进行表达。

"莽原号"美国太空警卫艇将是首次尝试利用核火箭动力开发那种开始看起来像《星际迷航》强大的"集群号"原型远祖的舰船,就如同当今强大的超级油轮、战斗舰和航空母舰可以追溯到小型低功率"莽原号"蒸汽动力船。"莽原号"

美国太空警卫艇的重要性在于它在迈出了进入一个更大且从根本上改变后的世界的第一步,在这里,《星际迷航》将是这个世界完全成熟的表现。这个新世界将不再是一次技术的变革,而是一前景变革。德瓦尔在描述核火箭的重要性时又说道:

> 这种心理转变(由核火箭得到)相当重要。我们在脑海里不再认为太阳系是一个巨大而危险的深渊,因为它在我们脑海中将日益缩小,就像从用化学火箭穿越浩瀚的太平洋到用固态堆芯的核火箭穿越"我们的大海"——古罗马人将地中海称为我们的大海,然后变成一个大湖、一个大池塘,最终只是一个令人厌烦的泥水坑。换言之,沿着核族谱的进步将导致一种头脑或心理上的转变,即太阳系的时间和距离维度越来越不受禁忌,与此同时,我们个人对太阳系天体的个人所有权和管辖权意识不断增强……未来一个世纪里,我们的继任者或许囊括一艘核聚变动力宇宙飞船的船长,当他从一趟更远端的探险返回时,将现在被降格的冥王星视为"行星"警告从而放缓飞船速度,而非太阳系最外层的"行星",这就是我们当前对它的看法。[80]

德瓦尔的未来难道不是《星际迷航》那种未来?他对飞船船长飞经冥王星的描述是否与星河舰队船长乘坐冲量发动机返回"索尔"并不完全吻合?"莽原号"美国太空警卫艇是开始技术发展的第一步,它让当今的航天计划到一种星河舰队的未来得到心理上的转变。事实上,从今天到《星际迷航》,在太阳系内推进技术方面,没有核族谱无法跨越的重大飞跃。以《星际迷航》的术语思维,"莽原号"美国太空警卫艇将是第一艘冲量动力载人宇宙飞船!

不难想象,在庞大的联邦星河舰队或商船队的某处,"莽原号"美国太空飞船——星舰 NCC-18181959(1959 是"莽原号"航行发射年份)是一艘在无数星系之间穿梭于太空之路的先进推进技术演示器。它的使命要么是在世界之间运输重要货物、探索银河系未知区域,要么是保护联邦公民免遭太空危险。船长的头等船舱按照惯例挂着各色舰船照片,它们把名字镌刻在历史的时光里。3 艘舰船赫然于模型或草图之中:一艘烟囱弯曲的古老边桨式蒸汽船、一艘优雅却依旧古老的白色无烟囱航船和有史以来研发的首艘真正以冲量驱动的太空船艇——它们都肩负着"莽原号"的荣耀。

这种对核火箭和科幻小说的探索,有助于阐明这样一个事实,即随着适当的技术发展,太空实力"语义德尔塔"的管理也许会以很多方式形成未来太空实力,就像太空旅行最奇异的狂想。然而,我们目前并未处于这种走向成熟太空实力的趋势。为更好地理解当前轨线和必须如何做出改变,现在将讨论当今军事采办环境中的需求牵引和能力推动问题。

3.11 创新案例研究:作为用户的联合兵力指挥官

熊彼特主义对经济发展的一个关键见解是,发展(创新)并非源自经济方程的消费者(需求)端,而是源于生产者(供应)端。熊彼特指出:

> 当然,我们必须始终从满足需求开始,因为它们是所有生产的终端,任何时候给定的经济情形都必须从这方面加以理解。然而,经济系统中的创新通常不以这样一种方式出现,即消费者自发产生最先的新需求,而后生产机构在其压力下来回波动。我们不否认存在这种联系。然而,生产者通常来发起经济变革,消费者在必要情况下受其培训。与过去一样,他们被教导成需要新东西,或者某些方面不同的东西,或不同于他们惯用的东西。[81]

太空实力发展是应用于太空活动的一个经济发展的子集,也主要由生产者而非消费者驱动。这一事实对太空实力发展者有着许多影响,特别是在军事圈。

自1986年《戈德华特-尼科尔斯防务重组法》(Goldwater-Nichols Act)颁布以来,关于兵力发展的决策大多掌握在联合兵力指挥官手中,因为他们通过诸如联合需求监管委员会之类的军种部门文化杜绝组织在各军种部门记录存档其"需求"。"戈德沃特-尼科尔斯"的支持者们对遏制了他们视为绝对祸害的猖獗的"军种部门间竞争"。然而,主要基于联合兵力指挥官们的"需求"做出兵力发展决策时,存在一个未来或许被证实致命的关键缺陷,这是一个能够通过业务创新理论暴露的缺陷。

从一种业务角度(完全由军事术语支持)看,戈德华特-尼科尔斯法案将联合兵力指挥官定位为"客户",将"组织、培训和装备"的负责军种部门定位为"生产者"。然而,这项法案进一步赋予联合兵力指挥官及其联合官僚以压倒性权势发展兵力,有效地消除了作为创新影响力的军种部门文化。用经济术语来说,《戈德华特-尼科尔斯法案》授权了一套用户驱动的防务兵力发展流程。这就是问题所在。一个众所周知的业务公理是,那些策略上只关注指定用户需求的生产者没有能力创新,最终将失去那些对用户意见不那么负责的业务。这一观察资料一个多世纪以来已记录在案。

熊彼特写道:"然而,通常情况下,生产者发起经济变革,消费者在必要时接受其培养;他们像过去那样被培养成需要新东西。"业务和军事创新没有那么不同,以致不遵循相同逻辑和行为。因此,公认的业务理论表明,联合兵力指挥官(用户)驱动的兵力发展方案将趋于阻碍有益的兵力发展创新。

太空这种环境从未发展出过一种以军种部门为导向的成熟文化(可以说是力求生产者驱动创新的文化,戈德华特-尼科尔斯的支持者错误地指责其除了军种部门间竞争之外别无他处），或许是这种创新缺陷最明显之处。截至2011年12月，空军航天司令部的任务是"以所需速度（加重强调）提供一套太空和赛博空间能力集成体"。当然，这是联合兵力指挥官陈述的需求。很难想象更深入的用户驱动口号。

空军航天司令部的用户驱动心态在联合军事化响应航天构想中得以体现。联合兵力指挥官的许多需求能够由太空资产提供，其中包括：定位、导航与授时、成像、通信和友军（蓝军）跟踪等。目前，这些服务用具有全球效应的价格昂贵且采办缓慢的系统提供。联合军事化响应航天向联合兵力指挥官承诺没有新的真正的战区效应，但仅仅是为在数天至数月而非数年的时段里提供更加定制化的服务。在军事化响应航天策略下，额外的太空能力将由微卫星或纳卫星提供，这些卫星由快速且小型航天运载器交付。军事化响应航天以这种方式清晰地反映已告知生产者的普通用户所需：用户想要相同的东西，只是更便宜、更快、更好、更小。已陈述的用户所需往往是对现有能力的渐增改进，而非真正的创新。军事化响应航天承诺的"创新"只是对国家航天能力的渐增改进，是用户驱动创新策略之经典作用的案例。

虽然大多数人会说，军事化响应航天的一个有效描述词是"快"，但有一种论点认为最佳用词是"小"。军事化响应航天打算通过使卫星尽可能小型以降低成本和运载要求，从而变得响应化。不幸的是，新的商业航天产业的战斗口号是"大型"。最有创新性的航天新公司正在研发太空站和大型火箭以增进人类在太空的驻留，与对联合兵力指挥官静态需求做出响应的军事化响应航天小型技术截然不同的项目。有趣的是，太空探索技术（SpaceX）公司的"猎鹰Ⅰ"运载火箭被吹捧为仅有的已建且飞的军事化响应航天技术之一（SpaceX是军事化响应航天资金的受益者）。然而，埃隆·马斯克（Elon Musk）创办SpaceX的动机是助力在火星上寻找一个人类定居点———一名航天爱好者的理由，而非去为军事化响应航天防务合同竞标。此外，"猎鹰Ⅰ"运载火箭契合军事化响应航天的需要，但火箭的真正目的是作为更大型的"猎鹰9"运载火箭的技术和运维演示验证者，该火箭旨在作为一种货物和宇航员运载器去辅助"大型"航天。事实上，SpaceX是非防务、生产者驱动的创新（猎鹰级运载火箭）填补联合兵力指挥官需求的一个关键样例。

然而，想象一下SpaceX完成了"大型"太空愿景：一套强健的轨道基础设施和经济性重型运载能力，足以保障一个火星殖民地。这样一套基础设施除了其主要功能外，还无法达成军事化响应航天的目标，这是不可想象的。但是，这一军事化响应航天促成的方案不会像联合兵力指挥官需求驱动的军事化响应航天策略所想象的那样"小型"———从最充分的意义上说，它将是"大型"的。通过生产者驱动而非消费者驱动，联合兵力指挥官能够以一种真正的创新，即一套强健的航天基础设施，而不是在聚焦联合兵力指挥官需求的军事化响应航天渐增策略下所想象的相对有限的小型火箭和纳米卫星群,来满足其军事化响应航天需求。

这个讨论表明,通过准备给予(且仅仅是)所想要的东西来"保障战争人员",可能会对军事航天创新产生反作用。让联合兵力指挥官指定发展项或许因未容许其他人"恰当地教会他需要新东西"而有害于他自身。为锻造一种真正创新的文化,也许现在是时候重新将服务(和他们的陆、空、海和两栖"生产者"聚焦点)引入需求决策了,以便由环境所决定的"为了创新而创新"能够在军事部队发展方面再次寻求真正有价值的创新。

3.12　太空实力组织:将逻辑与语义校准

尽管安排在独立章节,而且看似与组织的属性不同有关,但太空实力逻辑和语义并不是独立且完全分离的实体。乍一看会呈现出,语义只发展工具,逻辑只影响这些工具的使用。因此,"需求牵引"的倡导者可能主张,逻辑必须领先于并规定太空实力语义所要发展的工具。或者,一种"能力推动"方法也许认为,通过为逻辑提供新的使用权来发展本领,语义方面的发展是太空实力逻辑的首要驱动力,这将使逻辑得以转化为国家实力。现实中,逻辑和语义不可避免地交织在一起。正如威廉·霍兰德(William Holland)上将所说:

> 逻辑表明,政策指导战略,又依次形成战术策略以执行该战略。这些战术考虑随后成为用于支持技术的基础。所发展的技术引发对于支持战术所必需的装备进行采办。这种逻辑采纳于业务和经济模型,是规划计划与预算系统的基础。

> 经验表明,真正的范式发挥不同作用。建立于对环境的一种理解基础上的组织性知识,和由学习与经验扩充的使命任务,形成战术策略的基础。在此基础上,一种对国家利益的理解、对冲突历史的领悟、对潜在敌方能力的掌握和对技术的鉴赏,都驱动战术机会。这些依此又确定针对技术发展和未来采办的设计。所发展的装备使得不同的改进后的先进战术可能性成为可能。这些新战术依次使得战略得以改变,这种变化可能或不可能在政策中得到反映。[82]

太空实力逻辑和语义都不能主张太空实力发展的优先地位。正因为如此,任何致力于发展太空实力的组织机构都必须组织起来,以成功发展太空实力的工具并聪明地加以使用。这样一种组织是怎样的呢?为了回答这个问题,我们必须回顾历史,以确定适合于那些将彻底变革美国太空发展的组织行为榜样。第四章将探讨一群富有远见的领导者与军官在第二次世界大战前如何成功组织美国海上实力用于革命性发展,为美国带来巨大成果。

第 4 章 海军至上主义者的战争
——太平洋 1941—1945 年

由于"太空实力通论"的主要灵感来自马汉的关于海上实力的著作,非常契合的是,用于探索军事史上如何产生创新的最佳历史案例,也许某种程度上来源于马汉的作品激发和启发的一个事件。为了更好地理解如何刺激太空实力方面的创新,我们必须看看美国海军如何策划军事史上最伟大的转型,以赢得人类历史上最伟大的海战。

4.1 海上实力革命

19 世纪 80 年代晚期,"海军至上主义者"的领导者、致力于一场美国海军复兴的志同道合海军军官和非军职政府领导者、海军少将史蒂芬·卢斯(Stephen B. Luce)将美国海军视为其昔日荣光的一副虚壳,而且是唯一可以看到它未来会怎样的军官之一。扼杀南部邦联的庞大舰队已然消失,飞散在跨大西洋海岸散布的港口泊位。在仅剩的 92 艘"林肯"海军舰艇中,只有 32 艘在役(1884 年只有 8000 多名官兵)。而相比之下,英国皇家海军拥有 359 艘在役军舰和近 6.4 万名官兵。[1]

也许,比舰船数量还要糟糕的是它们的总体状况。这支舰队对一个大国来说是一种耻辱:木质船身、风力帆,最先进的部分只有用外国武器武装的基础燃煤动力蒸汽发动机,因为没有美国公司可以生产现代海军军械。在世界上伟大的海军中,美国海军甚至不是新世界的最强力量。现代钢质船身、膛线炮弹和燃油发动机在美国海军中都是未知的。

几乎没有人能想象,仅仅半个世纪多一点之后,这支船底脏臭不堪、武器装备老旧过时的破旧舰队将会转变为有史以来浮于海上的最强大兵力,由大型航空母舰、战斗舰、潜艇、快速加油船和浮动干船坞组成数千艘战舰和保障船只。此外,这支舰队将打响人类历史上最复杂的海军和后勤保障战争,在对抗一个跨数千英里水域位于半个世界以外的帝国中制胜。

美国海军从荒废渎职转变为优势支配,不是一夜而成,当然也非偶然发生。这需要坚定不移地努力打造这一强有力的国家政策手段,这一努力始于 19 世纪 80 年代。历史学家马克·拉塞尔·舒尔曼(Mark Russell Shulman)指出:

19世纪80年代和90年代，美国出现了一套激进的新海军战略，作为一小群精力充沛、思想进步且知识渊博的人制定并实施的一种独特政治议程的产物。虽然海军至上主义者为新海军提供了催化剂，但其创建过程需要民众支持。广大公众、政治和知识分子精英因此决定了新海军的形态和战略，一起创建了帝国军种。

美国在和平时期的首次积累曾以惊人的速度和彻底性实施，这主要归功于海军至上主义者超凡的广泛努力。这些人知道，为使新的大战略生效，他们必须为新的政治讨论争取支持，这会依此使该战略产生。尽管历经多年改变，但海军至上主义者的战略愿景基本上要求建立一支由一流舰船组成的现有舰队，通过能够对公海上的敌方致命一击的协同兵力，与执行美国海外政策绑定。这一军事战略伴随着一项界定不那么清晰的大战略，其中美国会声称自身位于伟大甚至最伟大的国家之列。[2]

海军至上主义者的海军战略使美国成为海上最大强国。五十多年来，海军至上主义者从战术、技能、物资等可以想象的各个方面彻底变革了海军，海军至上主义者表现优异，但这还几乎不够。

4.2　太平洋战争

第二次世界大战（1941—1945年）中的对日海战是海军至上主义者在当时准备的战争。太平洋战争的规模庞大、距离遥远、气候残酷、敌方强大可怕，各方面都要求在海上实力逻辑和语义各个方面进行革命。在盟军与日本帝国的战斗中，动用了数百艘舰船、数千架飞机、数万人和数十亿美元。太平洋战争是史上最纯粹的海战，确实是海军至上主义者的项目高潮。没有海军至上主义者和他们的创新，美国不可能参加太平洋战争。为取得必要进展以赢得这样一场新的域外战争，海军至上主义者改组了美国海军以激起沿每一路进步的创新。

美国海军的创新主要产生于两点：官僚机构重组，包括创建新机构支持和扩大用于军事行动与技术创新；广泛的战争博弈和演习计划，用以管理、试验和吸纳这些进展。从史蒂芬·卢斯的破败海军到1945年强力进入东京湾的舰队之间的半个世纪里，美国海军开辟了前所未见的航空母舰、大型战舰、流线攻击潜艇、浮动基地和辅助舰艇的先锋，都使用全新的石油动力推进系统。在仅有的一生时间中，海军已经完全重塑，而且不是短暂的片刻。回想起来，从19世纪80年代到20世纪40年代年间，海军至上主义者和他们的后裔所做的超凡努力是必要的，并不仅仅只是幸运或者有所助益而已。他们要能够获得的每一点时间和努力才能成功。但他们是如何做到的？通过重组海军，并通过强大的战争博弈和自由性演习计划建立一套试验新概念和新技术的系统,海军为创新奠定了基础。两者都为海军转型都提供了必要的催化剂。

4.3　为海上实力组织海军

在19世纪晚期直至20世纪,美国海军的主要行政单位是业务局。每个部门都由一名将官(Flag Officer)独立指挥,且负责海军活动的特定部分,只向海军部长负责。航海局管辖海军航海研究、人事管理和任职分配。军械局管理海军武器和弹药的采办。建设与维修局采办并维护了海军舰船。其他业务局包括工程、场地与码头、供应与征募、装备与征募、医药与外科。另一个主要业务局——航空局成立于1921年。这些局差不多能够认为就是组织管道的终点。它们与现代专家所青睐的刺激创新的横向"扁平"组织结构几近于完全相反。然而,局的体制从1842年持续到1966年,贯穿海军至上主义者的转型时期。海军至上主义者没有攻击局的体制,也没有将其视为对转型的一种损害。取而代之,他们主张成立脱离局且在其之上的三个新组织,并由海军部长领导,以促进横跨海军集群的合作与沟通。这三个组织是海军战争学院、海军委员会和海军军事行动部长办公室。

历史学家兼海军指挥官约翰·库恩(John Kuehn)描述了这三个机构在一战到第二次世界大战期间的相互作用:

> 战争期间的海军是一个协作场所,总理事会鼓励跨战争的各层面(战术、战役和战略)合作,从而进行创新。该委员会往往最关注战略层面。它制定了政策并将其政策决定应用于海军的总体设计(舰船类型和数量)。海军军事行动部长(OpNav或CNO)应对的是战役层面的战争(由其头衔称谓所固有),涵盖当前和未来的军事行动规划。尽管其战争规划部囊括一个战略"单元",但海军军事行动部长绝大部分精力聚焦战役范围——进行现实世界的军事行动和演练,并随时围绕舰队设计规划。海军军事行动部长与海军战争学院合作,在实验和制定军事行动概念中使用该学院的战争博弈流程。这些战争博弈的结论也与总理事会共享。同样,战争学院也通过法定成员与总理事会联系。战术问题出现于海军军事行动部长的规划课程、战争学院的战争博弈和总理事会的讨论中。在委员会的听证会上,技巧和战术设计方案经常通过局代表和其他专家的证词进入这一流程。这些会议,特别是在专题听证会上,成为在战争的战略、战术和战役层面讨论政策和设计问题的论坛(图4.1)。[3]

总理事会、海军战争学院和海军军事行动部长之间的相互联络对于理解海军

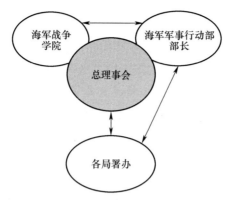

图 4.1　两次战争期间美国海军的组织关系①
（重叠部分表示成员资格，箭线表示沟通与协调）

如何能够及时转型以打太平洋战争至关重要。为最好地了解原因，我们必须逐个探讨这些组织。

4.3.1　总理事会

美国海军总理事会于 1900 年 3 月 13 日成立，承担第一任海军总参谋长角色，并一直持续到 1951 年。它从海军至上主义者遭遇的第一次世界大战（1898 年西班牙对美国战争）所吸取的经验教训而来。格伦维尔（J. A. S. Grenville）解释说：

> 与西班牙的战争突出了足够参谋工作的需求，而战争委员会取得成功为未来指明了道路。泰勒（H. C. Taylor）语义层面是为海军设立一个总参谋部的最坚持倡导者之一。早在罗斯福上任之前的 1897 年 5 月，他就第一个为这样一个参谋部门拟定了规划；1900 年，他又将该想法再次提请海军部长隆（Long）关注。然而，隆部长不愿冒险和根基深厚的局长做争斗，对于容许职业化军官拥有管控非军职事务以外的广泛权力疑虑重重，并直接怀疑国会能否批准该计划。因此，他妥协了，并于 1900 年 3 月设立了一个委员会，称为总理事会，它没有执行的职能，但充当纯粹的咨询委员会，从政体上仅限于审议海军部长可能参考的战略问题。[4]

总理事会委员全程由 7~14 名成员轮流担任，但由执行委员会和当然成员组成。执行委员会通常由临近职业生涯尾声并不承担编队职责的海军和海军陆战队高级军官组成。他们承担以公正理性的视角审议影响海军的各种问题，并完全聚焦解决问题。委员会的当然成员涵盖被任命担任海军重要职务的官员，包括航海

---

① 译者注：约翰·库恩（John T. Kuehn）是美国军事学者，著有《总理事会与战胜日本海军的舰队设计》一书（马里兰州海军研究所出版社，2008 年）。

局局长、海军情报局局长和海军战争学院院长。这些高级军官一起担任海军部长的高级顾问。

库恩认为,总理事会不仅仅是一个咨询团体。"总理事会经常被表述为只是海军部长的一个'咨询团体',但其实际职能覆盖了1900年至1950年期间所有与海军有关的政策和战略事项。由于成员的平衡和其作为政策转化为兵力结构之纽带的组织性功能,这一独特组织对创新产生了影响。"[5] 事实上,约翰·库恩得出结论:"总理事会在将条约体系(华盛顿海军限制)与舰队设计创新相联系方面发挥了关键的组织作用。"[6]

实际上,总理事会充当了涌现于整个独立局和海军的想法的信息交流中心,并以坦诚和开放的方式加以讨论。在这里,由航空局研发和改进的海军航空打击飞行器等新技术机会,可以与航海和工程局的高级官员及其他代表进行讨论,从而就今后的使用达成共同理解和协议。实际上,该总理事会是作为审议、完善新思想和将其纳入舰队(或从中丢弃)的一种方式。然后,总理事会可以用作接受新思想("太空实力通论"定义的转变器和组合)的论坛,并在战略层面将创新整体纳入海军。然而,为海上实力产生并发展新的转变器与要素组合将要求具备一套不同的组织。

4.3.2 海军战争学院

海军战争学院设立于1884年10月6日,其创始人和主要支持者、海军上将斯蒂芬·卢斯谈到开办学院的目的时宣布:

> 它是所有与战争、战争关联的政治家才能或战争预防有关问题的原创性研究场所。那种"战争属于顶级学校的战争"是危险且迷幻的名言之一,其中包含着相当多的真理,即安全硬通货:那些等待战争以学会自身职业的人往往是以可怕的生命代价才获得知识。[7]

由此,海军战争学院发挥了对舰队指挥官的思想产生者、第一试验者和新思想培训者的作用。该学院主要通过利用海军战争博弈来完成这些任务,它是一套桌面级规则系统(就像现代商业和军事战争博弈一样的先例),使得学生和教员得以在教室的舒适环境中模拟关于大战略、战役和战术规模方面的海军战争。

海军战争学院的战争博弈对于会在太平洋战争中打仗的军官的发展之重要性再怎么强调也不为过。舰队上将切斯特·尼米兹(Chester Nimitz)在1965年说:"我们(在海军战争学院)博弈的敌方总是日本,而且在第二次世界大战开始之后,课程设置也非常全面,因此太平洋战争发生任何事情都毫不陌生也不出所料。每个学生都被要求为一次跨太平洋的进击做后勤保障筹划——我们为保障战争行动所需的超常后勤工作做好了充分准备。已经预见到了海上机动补给的需求——因为我在1937年就进行了实践……"[8] 但海军分析师兼战争博弈师彼得·佩拉

（Peter Perla）进一步指出：

> 海军战争学院的存档了战争期间300多次战争博弈记录。其中，除9次以外几乎都聚焦在可能与日本发生的战争，超过130次强调征战或战略层次。在这些博弈课程期间，角色方和参谋人员的讨论和评论证实，这些对后来在太平洋战争期间浮现的战略现实越来越有一种鉴赏力。自最初聚焦一场由战斗舰队提早发起决定性交锋的一种马汉式愿景（Mahanian Vision），它会在一个下午决定战争结果，这场博弈演变成了一场更加现实和残酷的长期斗争，不仅是舰队之间而且是国家和社会之间的斗争。在此过程中，将在下一场战争中承担任务兵力和舰队指挥的年轻军官们看到了他们的认知被撕碎而后重建。
>
> 海军上将尼米兹的著名言论已讲得再多不过，除"神风"（Kamikazes）以外，战争中没有突袭。在尼米兹和海军战略思维的发展中，更有趣且或许更表明博弈价值的是，写在他1923年论文中内容："为让这场战争获胜而终，蓝军要么必须摧毁橙方军队和海军兵力，要通过切断橙方一切外界联系而使之彻底隔绝孤立。当隔绝孤立完成，橙方抵抗将会停止，而在橙方国土减少军力的之前步骤都必不可少。无论哪种情况，施加于蓝方的军事行动都将要求蓝方舰队以大量列车向西推进，从而为夺占并沿途建立基地做好准备……橙方在西太平洋拥有的大量基地将给其舰队以最大机动性，而缺乏这些基地则迫使蓝方必须在海上沿线重新加油，或为此目的从橙方夺占基地，以便至少保持有限的机动程度。"
>
> 在战争期间战略博弈的课程中，尼米兹所展现的那种细致而敏锐的思想重塑了海军在一场与日本的未来战争所发挥的角色作用的思考方式。战争学院一位研究博弈的历史学家认为，"橙方战争①的反复战略博弈迫使海军抛弃了以前的一些"现实假设"。
>
> （1）定义："海上战争是根据战斗舰队的一场正式的高潮式交锋，海

---

① 译者注：1904年日俄战争爆发后，美国军方意识到亚太地区力量失衡，为保卫菲律宾的美国利益免受日军攻击，自1911年起，美军联合委员会以不同颜色标识不同国家（美国为蓝色、日本为橙色、英国为红色、德国为黑色、法国为金色……）制定了一系列战争计划。其中，对日本的"橙方"战争计划在1913年基本成型，基本思想是：当与日本发生战争时，设想菲律宾是敌方在西太平洋建立制海权的首要目标，防御的决定性因素是战斗舰队的到达。为此，美军夺取控制权的战略关键是西太平洋的海军基地。但是，当时美海军的舰队并不具备跨洋远距机动支援的现实能力。因此，该战争计划一定程度推动了美军以航空母舰为代表的大型海上作战平台、舰载战斗机和联合陆海军远征兵力的发展。1938年到1939年间，随着德、意、日的法西斯力量崛起，美军联合委员会重新制订了包含五个分计划的"彩虹"战争计划，其中，"彩虹2号"和"彩虹3号"更多地体现"橙方"战争计划的特征。

军战略包括操控某方舰队将对手带入决定性交战。"

（2）信条："和平时期的上等海军战斗序列等同于战争中可动用兵力，和平时期的现状将无限期地持续下去，只有按照传统的重要等级划分的传统海军武器对于打败敌人才会必不可少。"

（3）推定："横跨海洋战区能够迅速实施海上战争，而敌方的战略性地形优势在战略规划和实施海上军事行动中微不足道。"

（4）假设："与日本的战争将在交战兵力、目标、交战参与方和时间上加以限制。"

通过强调宽泛的战略问题并以降低一些战斗的技术和战术细节的代价管理舰队，战争学院的战略博弈留给参与者探索自身选项自由，并教会自己下一场战争更深层的真相。基于战略博弈提供的认识，海军开始探索对横跨太平洋的一场节奏精准、循序渐进的进攻性征战需求，不仅针对海军，而且针对整个国家的政治和军事机构。"博弈现实迫使海军抢抓一套关于进行未来战争的战略概念，这些战争有能力重新定义美国的世界角色本质。"[9]

战争学院在探索和训练作用上为海军产生了新思想，通过价格低廉、用途广泛的战争博弈流程对它们进行试验，并向太平洋战争的指挥官灌输了关于新技术和军事行动概念的经验。海军战争学院对太平洋战争的影响可以概括如下：

到1941年12月日本军队袭击珍珠港时，海军战争学院通过其更早期培训军官使用一套解决问题的方法论，已经对战争做出了最重大的贡献……当美国进入第二次世界大战时，每名将官都具备海上指挥的资质，但作为海军战争学院的毕业生，已经习惯于用它建立的术语进行思考。[10]

4.3.3 海军军事行动部长

海军之上主义者最后一项关键的组织创新实行于1915年5月11日。海军军事行动部长办公室是海军当前和未来军事行动的筹划单位，"海军军事行动部长"正是在筹划和执行任务中对创新产生最大影响。亨利·比尔斯（Henry Beers）从1916年5月海军军事行动部长的声明中对海军的组织做出描述。

到1916年，海军军事行动部长的工作方式由其首领陈述如下：

第1章——信息。在制定任何情报计划或完成任何有效工作之前，需要完整且全面的信息，采集和分发情报的职责由海军情报局负责。

第2章——教育。这部分主要以海军战争学院为代表，该学院将进行海上战争作为研究和学习的特殊目标，并给予军官进行战争的训练机会。

第3章——筹划。将第1章收集的信息和第2章收集的经验与培训用于审议的部分。在此,摆脱任何行政工作,对计划进行审议、完善并提交部长审批和最后采纳。本章现在就是总理事会,海军军事行动部长是一名成员,它填补了战争中舰队战备和开展作战行动这一总体功能的一个重要办公室。

第4章——检视。本章用于检视测验,它测验舰队的战备状态。舰船的物资战备由检视委员会测验,枪炮战备由打靶射击练习测验,蒸气效能由年度蒸气竞赛测验。

在这方面,我可以指出,测验舰队对战争的战备状态已经完成或预期完成,它由所谓的演习启动。我任职期间进行了两次,先后于负责办公室之前和之后实施。这些演习中的方法旨在给该部门一种明确和明确的思想,从而使舰队总体战备以迎战敌人。

第5章——执行。这是最后一章,它的职责是负责执行批准后的政策和规划,并接受海军军事行动部长的直接监管。

执行上述总体规划的组织如下:

(1) 军事行动部——军事行动办公室的组织,海军政策、舰船的军事特征、建造计划、舰队演习,舰队的组织和运用。

(2) 筹划——规划、战争投资组合和针对战争的战备报告。

(3) 海军地区——海军地区的水雷敷设行动与运维。

(4) 规章与档案——辅助海军军事行动部长、海军规章、总体序列、档案保管和要求其他行政部门协调的事项。

(5) 舰船调动——调动序列,即军事调动;兵力运用安排表;舰队和舰船服役档案;海军兵力岸上军事行动和海军行动报告;调动序列(后勤);海上后勤设施和海军辅配服务。

(6) 通信——通信办公室。包括无线电、电缆、电报和电话服务——审查、信号和代码。

(7) 宣传——即一般新闻和向公众发布的调动,分发当前的消息、审查制度和新闻公告。

(8) 物资部——办公室后勤;基地、供应品和储备的地点、特征和扩张,物资局署的协调。

这就是存在于1916年3月的海军军事行动部长办公室组织概要。[11]

该序列不仅更好地描述了海军军事行动部长的目标和部门,还解释了海军战争学院和总理事会的目标与部门,用以协助将美国海军及时塑造为海军之上主义者的愿景,从而实施太平洋战争。海军军事行动部长几乎参与了海军参与的每一次行动。效能的关键是,海军军事行动部长侧重于战争的战场层次,而在战争的战役层次,新技术和战术思想满足国家战略需要,从而找到对必要问题的满意答案。

在这一战役联系中,海军军事行动部长安排了或许是史上设计的规模最大、最复杂的军事演习计划——年度美国海军舰队困难。

4.4 为海军至上主义者训练舰队

战争期间海军"舰队问题"的权威报道者阿尔伯特·诺菲(Albert Nofi)所著的《为战争训练舰队》一书中描述了美国在第二次世界大战中击败日本的一个关键因素:

1922年至1940年间,美国海军实施了名为"舰队问题"的一系列超常的自由演习。海军部长克劳德·司万森(Claude A. Swanson)在1939年的文章指出,舰队问题"对训练舰队人员具有极大价值"。"舰队问题"在于试图在近似实际战争会发生的情形条件下进行演习。几十年后,1940—1941年曾担任美国舰队总司令(CINCU.S.)的海军上将詹姆斯·理查森(James O. Richardson)回顾说,"舰队问题"在于"以激情和决心作战"被安全考虑所限制。

正是在"舰队问题"持续期间,美国海军从一支在一系列更复杂的战舰对抗方面以日德兰半岛风格思考未来的部队,演变为一支看到未来的部队,虽不清晰但从海上、空中、水下和海军陆战队兵力集成到一支能够将美国实力跨越太平洋投送到日本的联军武装"海军兵力"。[12]

正是在众所周知称为"舰队问题"的重大演习中,海军为其重组以打造成一件强大的武器提供了创新种子。海军战争学院—总理事会—海军军事行动部长(NWC-GB-OpNav)三元体可以提供用来发明、设计、讨论和决定创新性想法的结构,但正是"舰队问题"给规划者以效能方面的反馈和对于使一个早期想法成为可理解和有效的现实所需的至关紧要的现实世界经验。正是在"舰队问题"中,海军促使许多概念结出硕果,像海军航空学说条令和前置后勤概念,并抛弃了飞艇等其他概念。虽然海军战争博弈中的一些想法可以在纸上模拟,但只有现实世界中模拟战争条件下的运维中,高级军官才能理解这些概念战时的最优使用,并训练初级人员如何高效地履行这些战时职责。

事实上,"舰队问题"把19世纪末海军至上主义者崛起后发生的两场海战大革命联系在一起。当海军改革的推动力到来时,参加第一次世界大战的"无畏号"战舰的钢制战舰后裔、潜艇和鱼雷驱逐舰,只不过是不具备基于现实世界经验的概念而已。日特兰式的海军战斗本身就是海战的一场革命。因此,"舰队问题"从一开始就聚焦打一场非常现代的海战。体制性海军没有现实理由去期待另一场大规模变革是必须的。那么,"舰队问题"是如何将一支现代且创新的海军交换成另一支的呢?

"舰队问题"不像如今美国军方所进行的那些演习：彩排式的预定脚本，对确保指挥官和分队能够执行指定任务，而非探索事态或许如何透过战争迷雾而发展。"舰队问题"是"自由演习"，意味着海军将两支舰队对峙，提供非常粗略的序列，并使得舰队交战得以按其可能的情形演进。诺菲解释说：

> "舰队问题"是真正的自由演习，涉及整个海军的大部分可用资源，其中部分资源在军官们的领导下逆向运维，而他们将在战时完全无彩排的征战中指挥舰队，有时横跨数百数千平方英里的海洋，演习为海军的发展提供了宝贵经验，其中许多经验现今仍然适用。[13]

考虑到"舰队问题"的两方指挥官对立，宽泛的自由度确保了"舰队问题"将在海军工作的几乎所有领域用作一个实验的试验床。舰队将必须以可用的任何兵力进行航行，达成其目标并挫败敌方目标。例如，枪炮射击和后勤保障行动这类战术演习都属于这些问题，但问题的范围不仅限于此。由于不受约束，整个舰队都鼓励创新。舰队也相应地做出了反应。20年以来：

> "舰队问题"在许多层面对海军产生了影响。其中最重要的是它们在执行旷日持久的跨洋海军征战中帮助训练舰队，特别是指挥官和所属参谋人员，并在发展航母任务兵力和航母空战理论上提供帮助。但从战术发展、技术试验到公共关系的其他贡献，都在两次战争间隙期间的海军发展中扮演重要角色，并随着该军种部门为一场与日本的跨太平洋战争做好战备，对制订和完善"橙方战争计划"做出了贡献。[14]

然而，"舰队问题"并非完全无彩排。"舰队问题"旨在为极有可能被征召去参战的舰队进行训练。1898年之后，随着菲律宾被日本吞并，美国海军领导人认为，最需准备的是对日战争。这并不一定是因为他们相信对日战争不可避免或是可取的。远离美国的菲律宾防务只是可能性和挑战相组合才形成了一幅最引人关注的太平洋战争场景。由于如此远距离作战要求大量技能和军事行动，单单模拟这场战争就推动了创新。诺菲描述"舰队问题"的地缘政治因素如下：

> 尽管从档案看有时可能并不明显，但"舰队问题"首要聚焦仅仅一个战略事务，即对日战争。为舰队设计的具体问题几乎总是与这个头顶的战略难题相关。"舰队问题"通常旨在探索舰队作为一支执行"橙方战争计划"某些方面或有关意外事件的舰队的本领。甚至即便当一个欧洲大国被模糊地认定为"敌方"，情况也是如此。

当然，"橙方战争计划"设想了横跨西太平洋的军事行动，而在现实潜在的战区军事行动中进行演习是不现实的，外交上也不可能。结果，在大部分"舰队问题"处理期间出现了美国舰队总司令罗伯特·孔茨（Robert E. Coontz）所说的"地理位置调换和定向"。也就是说，全球相当大一部分地理位置从名义上重新安排，使舰队能够在一种最接近可能的战区军事行动环境中运维。要列入"舰队问题"的各类实际军事行动自然从需求指向在如此广阔趋于实施军事行的需要。因此，常规演习包括舰队护航与防御、侦搜与疏散、在航加油、友方港口反进入以及战斗责任线内战术、舰队潜艇行动、空战与舰队防空、登陆行动等演习，演练与预期战争不同方面相关的可能场景。有时，一个"舰队问题"的场景或某个问题的一个特定阶段，由一个更早期问题中发生的某事所激发。"舰队问题"与海军战争学院的博弈推演之间存在系统性交互，这个过程至少部分由为 1922 年开始的组波特的战争博弈引入最佳纪录保持规程而引起。因此，博弈场形成的想法或遇到的问题经常在"舰队问题"处理期间加以检查，反之亦然。至少，紧随"舰队问题Ⅶ"（1927 年）的陆海联合海防演习期间，海军战争学院的学员们曾经在博弈场推演了相同场景，这片博弈场是海军、空军和地面兵力曾演练的罗德岛湾和邻近沿海地区，它似乎丰富了对该问题的后续评判。[15]

"舰队问题"的改善是整个海军按照必要性和设计进行的一项合作性工作。虽然海军军事行动部长办公室直接控制演练，但问题改善从来都不仅仅是海军军事行动部长的努力。事实上，每年度"舰队问题"是"海军战争学院-总理事会-海军军事行动部长"三元体用来驱动创新的主要工具之一，而这些问题有助于使该创新性组织结构取得成功。针对"舰队问题"进行规划总是付出大量努力：

> 一旦海军和美国舰队总司令就一项"舰队问题"的性质达成一致后，就开启实际规划。针对一项问题的规划由美国舰队总司令的参谋军官完成，通常由海军战争学院的人员协助。它们处于一套复杂流程的顶端，处于其间的舰队主要分部指挥官和参谋人员会被就拟议计划征询意见，并就战役和战术观点自由提出建议。美国舰队总司令的参谋人员对这些评论和建议纳入最终计划的可能性加以研究。

> 通过确保从该军种部门最高级官员、总理事会和海军战争学院以及如若战争来临将必须实施行动的实际指挥官们进行输入，有助于提供一种切合实际的连续度，与一场健康的创新相组合——这些成员集体性地既是海军"体制记忆"的保留者，也对其未来发展负责。[16]

"舰队问题"给海军的新组织结构增添了意义和效力，而每一点效能都迫切需要。海军有很多问题需要解决。它与能够跨半个世界进行一场大战的大量新的和未经实验的技术、新的战场需求有关，而且与用于运行的预算非常有限有关。"舰队问题"致力于公开实验和"解决"海军三元体正在讨论的主要问题，完美地适合解决海军的问题：

> 通过为该军种部门提供一种"手段"，使演习在缺少实战时能够以尽可能现实、不受限制的方式开展，"舰队问题"不仅是对海军技能的一种检验，而且是实验

现有的和新的战争理念与技术的实验室。"舰队问题"不仅帮助海军改善其对海上实力工具的掌握,而且从过多的新思想、技术和能力中找出哪些行之有效、哪些并无奏效,同时给指挥官最大机会去规划应对现实形势的创造性方案。这个过程创建了为美国在第二次世界大战和冷战中控制海洋并进入新世纪提供保护的海军兵力。[17]

概念、技术、能力、指挥灵活性,为了让海军做好太平洋战争准备,所有这些都需要经过实验和完善。最易辨别的变化就是新技术和军舰中的变化,但正如诺菲所指出,除非人们知晓如何用它打仗,否则新技术毫无用处。负责"舰队问题"的人意识到:

"舰队问题"使海军能够在现实的作战条件下试验各种新想法和新装备。正是在各种"舰队问题"处理期间,一些创新的理论概念首次在"战时"条件下得到检验,例如航母任务兵力、在航补给、空中战斗巡逻和环程巡航编队[18]……尽管大多数人提到"舰队问题"都强调其在舰载航空演变中的重要性,但实际上,它们对于每个战争领域和舰船、飞机、人员的运维与管理以及技术的各方面发展都至关重要。贯穿一个"舰队问题"的总有若干条实验线条。由于经验增多、技术优化、新的思想和计划变更,这些线索通常年复一年重复出现,但每次都被以不同方式审视。随着学说思想的完善,它们发表在《舰队战术出版物》上,或以海军战争学院的讲座和美国舰队总司令的年度报告的方式传播。这使舰队保持跟上学说变化的前沿。[19]

采用新技术是"舰队问题"的标志。航空母舰是第一次世界大战后出现的最著名的海军技术,也是太平洋战争中最关键的技术。多数人想象认为,1941年"美国号"战列舰在珍珠港沉没后,美国海军被迫依靠未经训练和检验的航空母舰来阻止日本推进——实质上迫使海军将关注点从战列舰转向航空母舰。虽然这一说法有一定道理,但"舰队问题"改善了海军本领,在珍珠港之前就将独立航空母舰打造成一种强悍的武器。詹姆斯·格莱姆斯(James M. Grimes)清楚地总结了"舰队问题"对海军航空发展的重要性,他指出,"正是在20世纪20年代和20世纪30年代的战争博弈和演练中,海军航空获得了实践性训练和经验,由此它发展到了使其能够证明其价值的位置,并作为舰队的一个必要组成部分。"[20]

在"舰队问题"处理期间,航空母舰从一个辅助侦搜工具演变为一艘主战首舰。快速航空母舰任务兵力的出现并不是为了抗击中途岛战役而强加于海军的突然创新,而是已经在"舰队问题"中实践多年的一种常见舰队编队。虽然航母之战在太平洋战争期间得以完善,但由于"舰队问题"的解决,它在"神风"机群狂飙之前,站立于坚实的战力基础之上。

然而,航空母舰并不是从"舰队问题"产生的唯一创新。航空母舰将舰队的打击本领延伸到数百英里,但太平洋地区仍然要大几个数量级。舰队在接近战斗区域之前甚至必须机动数千英里。在"橙方战争计划"筹划初期,煤炭仍然是海军首要的燃料来源。20世纪早期石油的出现使远距离长途航行更加经济,但仅靠它并不能解决远距离的压倒性制约。"舰队问题"再次使太平洋战争中使用的解决方案得以实施:

> 通过"中部横骑"或"舷侧"方法在航加油的完善就是在"舰队问题"处理期间出现的舰队维持方面最显著的创新,它首次发展于第一次世界大战期间,且至今仍在使用。由于是"20世纪20年代末30年代初期间的几乎每个'舰队问题'的一个标准部分",这种小型舰船加油方法在"舰队问题Ⅱ"(1924年)期间被引入。直至"舰队问题Ⅷ"(1932年)时期,开始了从一艘单一油轮同时为两艘船加油的实验,这一做法不久成为惯例,从更大型战舰为驱逐舰加油也是如此。然而,尽管早在"舰队问题Ⅱ"就建议尝试用这种方法给更重型的舰船加油,但需要十多年才能克服技术和文化障碍,最终需要海军军事行动部长的干预。尽管有这些妨碍,但采用中部横骑方法为战列舰和航母加油在"舰队问题××"(1939年)期间得到成功演示,也很快成为惯例。

> "舰队问题"也有助于使海军领导人确信采购高速辅船、加油船、兵力运输工具和货运船的重要性。从1923年首次"舰队问题"开始,就已在总结报告中为每个"舰队问题"提出建议,采购能够维持12节(1节=每小时1.852千米)或以上速度的辅船。此外,"橙方战争计划"的制定表明对数百艘辅船、加油船、兵力运输船、货运船以及大量专用舰船的需要。然而,在20世纪20年代和大萧条初期,公众和国会都不愿意在海军花销任何资金。即便罗斯福执政期间开始出现可用资金,也把重点放在建立条约允许限度的舰队。考虑到建造军舰比辅助舰需要更长时间,尤其考虑到1936年《商船队法案》开始对国家的商船队进行重要的重组、标准化和扩建,这可能曾是一个不错的决策。然而,在"珍珠港"事件前夕,海军没有足够的现代舰队辅船。由此造成高速辅船特别是快速加油船的短缺,束缚了第二次世界大战头两年的军事行动。[21]

"舰队问题"指出了解决太平洋战争中固有距离问题的途径:在航加油和高速辅船。对于打太平洋战争而言,舰队维持的负荷可能比描绘航母战的特征更为艰难。人们可以想象一场由战列舰战斗形成的太平洋战争,但很难想象一场舰队没有加油船的战争。即便如此,由于问题稀松平常,这种重要性具有欺骗性。后勤根本不像空战那么迷人。但是,尽管缺乏刺激和吸引力,"舰队问题"还是使得先进的海上后勤在海军心里打下深深烙印:

> 在航加油的演变提供了一个创新性技术如何进入海军工具箱的好例

子。在早期"舰队问题"期间,通过"中部横骑"方法进行在航加油显然是一项极具实验性的规程。几年后,在航加油"几乎是每个'舰队问题'的标准组成部分。"直至后来的"舰队问题"期间,尽管一些高级官员有些惶恐不安,大型战舰以这种方式加油也变得普遍。[22]

如果没有"舰队问题"提供在航加油这种大规模实践,在对日作战的同时学习或接受这些技能,美国海军吸纳它的话,如果不是不可能也将极其困难。若果真如此,那付出鲜血和珍宝的代价将非常惊人。

在"舰队问题"处理期间,大量技术进步被接受和吸纳,但并非所有被测试的技术都具有吸引力。尽管海军飞行员对大型飞艇具有极大兴趣,但海军在两次世界大战之间的岁月里还是放弃了它,首要原因在于其在"舰队问题"期间表现不佳。诺菲记录了"舰队问题"中飞艇的经验:

"舰队问题Ⅷ"进一步证实飞艇是一种价值可疑的武器。齐柏林的拥护者们试图抹杀1924年建设的"洛杉矶号"(ZR3)因年老导致的低劣表现,同时兜售新"阿克伦号"(ZRS4)和姊妹舰"梅肯号"(ZRS5)航空母舰的优点,它们都未曾参加过演习。然而,斯科菲尔德(Schofield)上将曾在对海军军事行动部长威廉·普莱特(William V. Pratt)一次颇有先见之明的评论中说,"对飞机的需求不是更多'阿克伦号',而是更多航空母舰",这似乎很好总结了舰队的看法。[23]

因此,"舰队问题"使一些技术得以进入美国海军,而拒绝广泛部署其他技术。作为思想和技术的一个非凡的鉴别器,"舰队问题"证实了海军中的创新。这只是"舰队问题"帮助激励海军创新的一种方式。"舰队问题"取得成功影响深远:

很难辩驳詹姆斯·理查森上将对于"舰队问题"的结论,即它"在时间、耗资和工作量上都很昂贵,但它们引发了战略和战术思维方面的重大进展,标志着战争间隙期间的海军发展。"正如国务卿克劳德·司万森(Claude A. Swanson)1939年评价,"舰队问题""对训练舰队人员具有极大价值"。[24]

但是,"舰队问题"何以在近20年的运行中迎来这么多成功呢?"舰队问题"成为海军的非凡工具有很多原因。也许,"舰队问题"成功的最重要原因是领导层的处理方式。历史学家诺菲认为:"在'舰队问题'中,许多高级军官表现出的高度开放思维和灵活变通相当突出。"[25]事实上,当军事思维因对新理念采取封闭思维和迟钝反应而受到嘲讽时,"舰队问题"似乎恰恰从反面加以例证。从最高层舰队指挥官到最初级的舰船部门军官,没有跨"舰队问题"范围领导力的这种灵活变通,很难想象"舰队问题"将如此多新理念纳入军种使用,以改变海军的作战方式。不过,"舰队问题"还有许多其他独特之处。

在"舰队问题"的军事行动部分结束之后如何严肃对待,对于"舰队问题"取得成功也极为重要。诺菲解释说：

> 通常情况下，每个"舰队问题"随后都会遭到批评，对此美国舰队总司令詹姆斯·理查森（1940—1941年）后来写道，"'舰队问题'的战斗被从演讲台上再度争论。"这些批评往往很长。[26]

对"舰队问题"的批评对于海军的发展至关重要，通常紧随问题处理结束之后持续数天或数周，并对不考虑军衔级别的所有参与者和观察者开放。从军事行动中吸取的经验教训只有被理解和吸纳时才有用。为能被理解，它们首先必须清晰明了。借助演讲者的讲台并听取双方的动机、经验、思考过程、辩论和动机再度争论，所有参与者都能更好地理解事情为何会那样发展。不具备看到所有可用信息的这种本领时，如果一个主要因素被忽略，很容易得出错误教训。这些批评的即时性使得参与者头脑中所有新鲜内容进得以反映，但这刚好导致记录下尽可能正确的经验。正是公开的批评给舰队带来了这些教训：

> 这些结论常常是直率的、吸取的经验教训和建议通常纳入原则上下属指挥官们的个人报告摘录（有时是整个报告）。即便下属指挥官们的报告与美国舰队总司令或两位舰队指挥官的结论和建议不一致，这些甚至也照做。"舰队问题"综合报告公布并广泛流传以供研究、评价和评论。有时，一个"舰队问题"的改进给海军战争学院的博弈实验带来灵感。这些实验作为"模拟—演练（和舰队问题）—模拟"周期环的组成部分，将探索在某个后续"舰队问题"中可能实验的想法。[27]

这些教训不仅被探讨并记录下来，还被海军机构加以利用。"舰队问题"报告的公布和广泛分发，并附上异议观点，确保所有对"舰队问题"事项感兴趣或对问题的某一特定部分感兴趣的海军人员都能获得这些资料，如飞行员检查舰队空战行动的结果。然而，这些教训也被用作"模拟-'舰队问题'-模拟"关键周期的反馈，该周期利用关键的海军组织三元体，以推动舰队创新和发展最大化。对"舰队问题"忠实度、及时性和完整性的批评在海军革命中"舰队问题"的成就起到重要作用。

当然，"舰队问题"取得成功的一个明显但被忽视且未被意识到的极其重要的原因是，舰队可以致力于实验：

> 大约从1922年一直到20世纪30年代后期，舰队的大部分几乎从未被要求展示舰旗，而且也无须打仗。因此，正如海军分析员彼得·斯沃茨（Peter M. Swartz）所指出，舰队变成了"一个庞大的训练中心和实验室，运维着庞大的训练演习和舰队战斗实验"。在"舰队问题"中，"海上演习的作用不只是一间校舍，还作为舰队创新思想实验发挥到极致的实验室……"

"舰队问题"旨在为海军，特别是其高级指挥官提供缺乏实际战斗条件下最现实的培训，教指挥官思考问题，训练他们制订行动计划和序列，

并实验学说条令和技术。它们标志着海军训练年的高峰……[28]

回顾过去,拥有一支庞大的军用兵力来长期从事实验是罕见之事。现代美国军队尽管规模庞大,但由于军事行动需要,往往挤压到近乎极致。几乎不可能将任何时间都花在不指向近期重大利益的简单的实验上。"舰队问题"规划者和领导者们意识到在高操控节奏的时间内难以进行有效实验:

> 詹姆斯·理查森在第二次世界大战之后写作时观察到,舰队为可能的战争战备与进行大规模实验是不相容的。在过去几年的和平时期,海军及其军事行动需求迅速扩大,从"舰队问题"分散转移,而"舰队问题"可能从战备状态分散转移。此外,在一个"舰队问题"出现后,几乎没有时间对吸取的经验教训进行有效反思和分析。[29]

军队不仅必须可用于实验,还必须有足够的时间评估实验的结果。"面对非直接'威胁',战争间隙期间的海军有空余时间进行大规模演习和实验,因为这些不会干扰战备。"[30]如果在为战争进行战备很关键的时期内很难找出两者兼顾的时间,那在实际冲突和有效军事行动的时期内就几乎不可能。通过对比20世纪30年代和平时期美国海军与日本帝国海军的活动,而它几乎在同一时期与中国开战,诺菲强调这场冲突并发出警告:

> 然而,虽然军事行动需求有时可能限定了"舰队问题"的价值,但日本帝国海军这方面的经验教训也许更差。从1937年年中开始,随着对华全面战争的爆发,帝国海军似乎没有时间进行大型舰队演习。虽然在针对中国的主动海军行动中毫无疑问学习了许多有益经验,但很大程度是支持地面行动。实际结果是,虽然帝国海军的军官们获得了宝贵的战术和管辖经验,但他们不再针对战役和战略任务进行练习。[31]

诺菲的观察应该作为对美国军方的一次严厉警示,特别是对于其羽翼未丰且不成熟的太空兵力:不断处于战争中提供了大量战术经验,但它迟缓了战役和战略发展。随着太空兵力自2001年以来对"战斗员集成"的反复强调,太空对战术级对抗的贡献大幅增加。然而,空军武器学校太空部的战术重点仅仅只占战争层次的三分之一。即算考虑太空兵力在战役层次上的本质影响,战备和战时使用对战略发展造成迟缓吗?历史也许表明,就像20世纪30年代的日本帝国海军一样,太空兵力可能"打一场终极之战",这就是当前的战争,而并不足够关注下一场战争。

资金是"舰队问题"的又一个重要考虑因素。"舰队问题"发生在防务预算停滞时期。第一次世界大战后的"和平红利"和大萧条结合到一起,使得两次战争间隙时期资金非常稀缺,并贯穿"舰队问题"存续时期。但是,尽管由罗斯福政府提供的额外补充资金,但似乎仍然没有足够资金用于海军想干的所有事情。然而,尽管战争间隙时期大多数年份的预算被认为非常紧缩,但成本似乎并不像当代文学作品中经常号称的那样对

"舰队问题"构成那么重要的一个不利障碍。确实,可以这样说,预算拮据形势迫使海军提高效率。再者,如果1922年至20世纪30年代中期的"紧缩"年代具备更多可用资金,这些资金原本所购之物到30年代末就会大量过时废弃或逐步淘汰,特别是对飞机而言。[32]

这一有趣的经验教训似乎表明,在技术迅速扩张但资金有限的时期,预算可能最好用于军事行动改进和训练,而非物资采办,因为虽然新武器可能很快过时,但战术、学说条令和军事行动理解方面的创新具有保质期,带来更大回报。也许在当今同样受限制的财政环境下,受航天技术快速发展(如商业载人航天旅行、推进物理和探索计划)的威胁,可用于发展太空实力的有限资金应该主要用于概念培育和技术试验,而非用于战备目的的大型兵力部署。这可能是"舰队问题"能够提供的一个微妙但关键的经验教训。

也许,"舰队问题"所能提供的最大经验教训最为直接:"发展促使海军赢得第二次世界大战的组织、战术和技术,需要将近20年的'舰队问题'。"[33]创新并非一蹴而就。见证海军从第一次世界大战中以战舰为中心的舰队发展到赢得第二次世界大战的航空母舰能力型舰队,是一段海军职业生涯的更有幸部分。经过多年的试验、模拟、演习和反思,才创造出了可以赢得太平洋战争的舰队。海军赢得海军至上主义者乐见到来的战争所需的新技术、新概念、新的战舰和辅舰,需要大量时间和精力。如果我们不愿意将同等或更多的资源用于现代军事探索,我们将无法实现与之相同的结果,即为下一场战争做准备至关重要。

诺菲对"舰队问题"总结如下:[34]

> "舰队问题"强调由海军行动部长明确的特殊战略问题,常常利用从海军战争学院战争博弈中获益的演练,或用以试验由总理事会和海军军事行动部长的战争筹划部制定的计划……在一种财政拮据的环境中,利用老系统、升级系统和新系统,海军实际上设法解决在全球规模进行一场重大海上战争所固有的几乎所有问题,当用通信、雷达、伪装等新技术进行试验时,同时探索和制定了作为航空母舰任务兵力军事行动、两栖登陆、在航加油和更多海军战争基本工具的基本准则,从而创建了不仅赢得了第二次世界大战而且对冷战胜利做出了重大贡献的舰队,进而继续支配世界海洋并向纵深内陆投送实力。"舰队问题"是美国海军学会打第二次世界大战的方式,也是一支军队如何自我教育的一个杰出范例。

为确定太空兵力能够而且应该如何教育自身完成未来将要完成的任务,美国海军在战争间隙期间的每年度"舰队问题"是一套用以效仿的非凡模式。不过,战斗舰队只是海军至上主义者对海上实力理解的一部分。下面介绍另一位海军之上主义者的发展道路。

4.5　商　船　队

正如"太空实力通论"指出,军事武装力量只是"逻辑德尔塔"中的一点,海上实力并不仅仅由军舰和海军的制度性发展组成。海军至上主义者早就清楚一个国家的海军和其商船队之间的重要联系。卢斯上将在1903年详细阐述了这一重要性[35]:

> 对海军政策的明智研究必须包括我们的航运利益。军事航海与商业航海相互依存。海军在出警管辖海洋的同时保护我国的域外贸易,而在战争时期从那里找到最大储备。有人曾经指出,我们曾将商贸"剪断翅膀",驱使我们将贸易搬到国外去打基础。今天,情况实际上也是如此。因此,我们不仅在间接给也许某天会抵抗我们本国海军的外国海军贡献支持,而且正在剥夺自身在战时会被证明为无法估价的一种后备援助。必须让国会明智地补救这种令人遗憾的事态。但是,海军对该问题没有其他兴趣,只是受最高爱国主义意识的支配而履行了一项紧迫义务,敦促恢复我们的商船队作为一种军事必需品。

正如海军上将卢斯所建议的那样,正是国会而非海军,使美国商船队有足够健硕的底子去打太平洋战争,当有必要求助于美国海上实力时,确保逻辑"三叉戟"的商业和政治顶点的力量。尽管海军明确了作为所需辅船的商船必要特征(如,在"舰队问题"处理期间明确对舰队快速加油船的需要),但几乎不参与决定将用于建立美国商船舰队的政策。

海军确实知道其对商船所需,源于理解一场太平洋战争以保卫菲律宾免遭日本侵略的要求,即霍姆斯和吉原的海上实力逻辑"三叉戟"上的商业部分。这样一场征战的需求,特别是距离和后勤问题,必定要由商船解决。正如筹划者所看见,后勤问题在于:

> 为将实力投送到西太平洋,美国必须克服前所未有的困难。蓝水海军习惯性地驻扎在切萨皮克(美国弗吉尼亚州东南部城市)。要到达主要战区,必须经过大西洋和印度洋航行1.4万英里,或经由麦哲伦海峡航行1.97万英里,后者距离相当于地球周长的近80%。1914年巴拿马运河开通后,巡航航程缩小到仍然可怕的1.2万英里。即使是在加利福尼亚和夏威夷拟建的海军基地,也各离菲律宾7000英里和5000英里。仅仅到达前线将是一场宏大的后勤付出。1905年,一支疲惫不堪的俄罗斯舰队在一场从波罗的海奔赴对马岛战斗的艰苦航行后遭到摧毁,就曾是一次严酷的预兆。

据估计,从驻泊基地每巡航1000英里后,一支舰队的实力将减损

10%。损耗、长期失修和热带地区航时加长都对船体造成腐坏,离开干船坞几个月造成航速下降若干节,都将不可避免地侵蚀美国的海军优势。舰队战斗力将会按照"N平方规则"急剧下降,根据该规则,战斗中的相对实力与行动舰船(或枪炮)数量的平方成正比。这些距离和实力的方程式奠定了著名的"五比三"战舰吨位比,它由美国1922年发起对日谈判的《华盛顿条约》达成,用以平衡西太平洋战斗实力(通过石油改装和之后的海上加油延长舰船航程,改善距离带来的劣势,但由于飞机的活动半径是数百英里而非数千英里,该问题在航空时代再次恶化)。此外,美国军火库和所开采煤炭的远距运送规定,雇用5~10倍于日本数量的商船,以在战区保持同等军事力量,而且它们在大部分航程中将遭受攻击,但在美国战舰抵达战区前日本可以毫无风险运维其前哨。[36]

因此,此处事关两大主要考量:减缓舰队在远距离航行中的损耗;需要几乎比日本大一个数量级的商船队来保障战争地区的力量对等。后一问题本质上将会得到现代辅助舰船的协助,但它确实是一个数量问题而非质量问题,而当然不需要船舶设计方面的革命。然而,前一问题需要一套更为专业技术的解决办法。与太平洋战争中其他交战方不同,美国海军征服了距离挑战和"每1000海里减损10%"的法则:

> 美国卓越于海上后勤。按照"橙方战争计划"规定,用以运送人员和货物而下水的数百艘"自由号"舰船受到护航队、庇护港和抗袭击巡逻队的保护(日本未能同样有效做到是它的遗憾)。美国在海军强国中独树一帜,掌握了舰队携带基地的艺术。1908—1914年,由于海外船坞遭到禁止,加上太平洋距离的困境,后勤人员被迫发明了巨型运煤船和20世纪20年代的西部基地工程。他们设计了模块化先进基地单位,由专门的建筑施工营(海军工程营)进行装配。哈尔西称推土机是战争的三大决定性武器之一。海军完善了浮动服务补给站。尽管新的损害控制技术和防污涂料使其变得不那么关键,但战争持续了足够长时间,足以交付令两代筹划人员感到忧虑的庞大浮动干船坞。一旦日本采取防御姿态,没有机动基地的美国海军很可能无法在海上将其打败。相比之下,英国皇家海军在失去新加坡后无力返航,直至1945年美国提供后勤支援。[37]

作为舰队所需浮动基地,浮动干船坞的发展将在下文讨论。然而,上述段落表明了海军处理后勤事务的极端重要性。他们不仅需要部署先进武器,还需要部署先进的后勤系统。海军可以建造多个浮动基地并部署多个海军工程营,但他们无法引领太平洋战争所需所有后勤需求的发展。正如卢斯上将曾预言,是立法部门将接管海上实力的必要商业航运部分。对美国而言,幸运的是国会刚好在战争开始前及时采取了重大行动以发展商船队。历史学家约翰·巴特勒(John Butler)解释说：

国会再次研究了商业和防务的滞后状况。这一次它推出了20世纪最不朽的立法。1936年6月29日，罗斯福签署《商船队法案》，废止了航运理事会局，并建立了一个独立机构美国海事委员会（MarComm）。海事委员会被授权管控美国海洋商贸，监管货运和码头设施，并管辖用于商船建造和运营的政府资金。由美国公民占有所有权四分之三的任何美国公司都可以就在美国船厂建造新船申请资金援助。如果一艘船被纳入海事委员会定义为一项对外贸易必不可少的服务，将被付给一笔基于外国和国内潜在建造成本之间差额的"建造差额补贴"。运营公司被提供20年共计一艘船购买价格75%的贷款。舰船上规定了更严格的许可证要求，为所有部门建立了三班轮值制度，并为舰员宿舍更加舒适设定了规范。受补贴的货运船船员必须全部配备美国人，客运船船员90%为美国人（菲律宾和欧洲乘务员对付乘客费有更大吸引力）。为使商船队现代化并保持国防效益，在美国国旗下建造和运营的船只为改装成海军辅船做好准备。此外，1936年《商船队法案》提供了资金，以保障用于为这些船只配备人员的军官培训。

造船厂工人过去减少到两万人，只有不到10家船厂可以建造超过400英尺的舰船，46个下水滑道仅有一半被海军签约。在1922年至1937年的15年里，只建造了两艘干货船、几艘油轮和29艘受补贴的客船。罗斯福于1937年任命约瑟夫·肯尼迪（Joseph P. Kennedy）为海事委员会首任主席。肯尼迪迅速认识到一个失败时代的终结，指出美国政府20年来花费了38亿美元并未得到一支兴旺的商船队。他提议了一个建造500艘船的十年计划，但不久之后就盯上了更高的政治任命，从这个机构离开。继任他的委员会委员是海军少将埃默里·兰德（Emory S. Land），为拿到国会授权而来，一旦合同签订就会建造150艘船。

1938年3月，海事委员会成立了候补军官学员军团，负责通过任命到受补贴的商船队上执行任务来选拔和培训舰员。海军预备役理查德·麦克纳提（Richard R. McNulty）（后来成为海军少将）被任命为军团的首任监管者，一个他坚守了12年的岗位。麦克纳提毕业于马萨诸塞州海事学校，负责为坐落于三条海岸的正规学校设立一套竞选流程。在一年之内，200多名受训学员用与他们航行所乘舰船提供的几乎一样的军事行动基地，朝着在联邦资助的商船上的特许职位而努力。[38]

借助海事委员会，受补贴的船只及其船员和一条候补军官学员军团培训新路径，朝着一支兴旺的美国商船队的组织架构井井有条。然而，即使有海军上将兰德（Land）和麦克纳提作为主要角色，海事委员会也无疑并非美国海军的一项创举。

它绝对是一个由非军职发起的组织。那么,非军职人员为何会采取一个海军之上主义者立场?吉布森(Gibson)和多诺万(Donovan)认为,海军至上主义者理解海上实力并不局限于身着制服的现役军人:

> 该委员会在成立的第一年也开始了一项海上行业的产业化经济的研究……总结该研究结果的《一项美国商船队经济调查》报告于1937年11月发表……

> 鉴于一项经济调查着重于经济分析,而不仅仅是学术活动……引言以对航运业非常直接和广博的描述(作)开头,并做出一个警告:

> 航运是我们最古老的行业,也是最复杂的行业之一。首先,航运不是世界通常意义上的一项业务。就美国而言,它是国家政策的手段,以高昂的成本维持以服务商业和防务需要。同时,它以一种私营事业运维。我们喜欢把航运看作一个独创案例,由投资维持并能够以一份利润运营。然而实践中,产业行业需要政府大力支持才能生存。这使某些政府控制措施成为必需,这反过来又意味着缺乏灵活度、投资缩减,且也许最终会增加对补贴的需要。

> 引言中叙述政府为航运产业提供保障的理由同样简明:"代表一支美国商船队仔细考察提出的观点表明,可以看出,只有两套可取方案证明美国花费公共资金维持一支海外运营的船队是合理的:方案之一是航运作为一个保持和发展对外商贸因素的重要性;另一方案是商船与国防之间的关系。基于这两套方案在国际运输贸易中维持一套受补贴航运机构的理由必定成立。"[39]

在该研究中,海事委员会明确并致力于海军至上主义者的信念,即公海上的商业和战争紧密相连,一支强大的海军需要一支强大的商船队。此外,海事委员会指出,补贴商船不仅是发展美国所需强健的商船队必要且切实可行的措施,也是"橙方战争计划"所需的商业服务。

有了这种对商船队对国家实力重要性和政府管制与补贴的理由的认识,美国开始转身走上一条新道路,将海运业带到20世纪末。1936年的《商船队法案》保持与伍德罗·威尔逊(Woodrow Wilson)关于一套强大的国家化产业愿景相一致,但它淡化了威尔逊的经济合理性。它几乎一字不差地采纳了1920年《商船队法案》中的目的声明,只将一支商船队的目标在于运送国家船运需求的"很大一部分"替代了"更大部分"。为达成该结果,它设立了不同的补贴以保障建造和海洋客轮运营。由于不面临外国竞争,该法令不保障沿海或内陆航线的船舶。它也不适用于在国际竞争中取得不同程度成功的不定期货船或散装货轮。客轮服务竞争最激烈、最动荡、潜在利润最高且在战时对美国军事需求最有用。因此,政府同意向造船厂商支付一份建造补贴,数额相当于其成本与外国企业境外造船成本之间的差额,最高可达单船造价的50%。此外,它还同意为航运企业支付其运维成本和该企业在境外注册运营船舶成本之间的差额,最高可达年总费用的75%。[40]

这些政治和经济行动也许被证明像美国军队对二战中的轴心国一样具有毁灭性,因为他们是那些唤醒沉睡巨人的兵力。通过激活海上实力"三叉戟"的经济和政治利齿,美国给了敌方关键的一记重拳突袭:

> 德国和日本没有预料到美国工厂和造船厂喷涌而出制造了大量产品以保障其战争努力,这并不新奇。一个国家在1941年仅建造了100万吨商船,到1943年建设了超过17万吨。到1945年战争结束时,400万劳工已耗资约120亿美元建设了5000艘船。这样的完工速度和付出规模仍然令人难以理解。当以峰值生产率运维,美国造船厂能够在不到三年时间里生产出全世界的战前商业吨位。[41]

为第二次世界大战建造商船队的巨量规模是军事史上最惊人的产业化壮举之一,远远超过了当时的军舰建造。美国纯粹的产业化能力使得这类建造看起来十分容易。似乎只要国家需要它们,行业就基本上从零开始建造了数千艘舰船。这并非真的。为取得成功,在战争开始之前,这一巨大集合体需要大量(物项):资金、海事委员会的组织结构和海军之上主义者的信念,即美国需要一支真正的世界级商船队与日本打仗。

当然还需要能够并愿意运营商业舰队的企业。尽管商船队对于保卫国家必不可少,但不由海军人员乘载或操作。随着美国迅速海上扩张,私人参与海上贸易的活动也随之扩大:

> 美国商船队拥有大约4500艘商船,约占世界商船吨位的60%,第二次世界大战结束当时是世界上最大的商船队。这些船由约130家私营公司运营,它们在海上业务方面有着丰富经验,拥有可观的财政资源,在商业业务中由决定性话语权。这一扩张使自1939年以来的营运方数量增加了3倍、船舶数目增加了4倍。[42]

虽然海军至上主义者经常是政府雇员或官员,属于海军和海事委员会的联邦组织,但海上实力绝不仅仅是政府的职权范围。商业、船东和商务乘员为针对太平洋战争发展和部署美国海上实力发挥了重要作用。

即便在第二次世界大战前建设美国商船队的工作量巨大,在太平洋和大西洋战争中制胜所需的航运也不能完全从头开始建设。1936年《商船队法案》极为重要,但它本身不足以赢得胜利。第一次世界大战遗留的商船队船舶也同样有必要。要赢得太平洋战争,不仅要求海军至上主义者在战争前召集商船,而且要求尽可能多聚集超过60年的努力:

对第二次世界大战航运的传统叙事赋予了"自由"舰、"胜利"舰和油轮的特色,它们曾给这场战争的轰动性造船计划赢得公众关注。据说,这些应急船只从美国造船厂装配发货,数量足以补充由德国潜艇在北大西洋造成的损耗。这幅画景蕴含大量真相。但美国最重要的航运损失不在"自由"舰和"胜利"舰,而在第一次世界大战造船计划里忠实过硬的老兵。第二次世界大战中损失的306艘美国商船中,几乎有一半启动于第一次世界大战的应急舰队。另外有11%要么是在冲突之前就进入美国舰队,要么是从其他源头进入美国舰队。在第二次世界大战中损失的商船中,只有32%是这场战争的造船计划的产物。

原因之一是时机。美国以一支老旧船队开启第二次世界大战,而1942年是商船航运战争最危险的一年。战争中损失或损坏的一半美国船只在1942年年底之前就消亡了。美国海事委员会建造计划在1942年交付了760艘船,少于1937年开始的战前全面建造期间的1000艘。而相比之下,它在战争的最后3年里生产了近5000艘船。[43]

第二次世界大战要求美国海军在全世界大规模征战,其商船队服役于每片海域。然而,太平洋战争独一无二,不仅要求船只(军舰和商船),而且要求所推行的所有海上重产业同时得到发展。大西洋和海湾地区已经拥有发达的港口和造船厂为美国的战争努力提供供应,而太平洋沿岸的装配则远远不足:

西海岸商船队曾保障从珍珠港到东京的太平洋征战。它用同样的机制让东海岸航运载满船员。但它的船只和港口情况另当别论。从1940年到1945年,来自美国北大西洋港口的航运量增加了240%,而南大西洋和海湾地区港口的航运量增加了180%。但来自西海岸港口的出口货运量在同一时期增加了1487%,超过南大西洋和墨西哥湾港口运出总量的将近100%,并接近北大西洋港口的运出总量。

西海岸在美国出口货运总量中的占比在1940年为7%、1945年为34.5%。第二次世界大战推动了太平洋商船队的诞生,方式就是第一次世界大战推动一套美国式竞价北大西洋市场的威尔逊/赫利(Wilson/Hurley)愿景。这一成就从内陆和沿海航运到铁路和轮式车辆(汽车、卡车、公共汽车)对美国整个运输基础设施都施加重负。海外航运与港口的联系要求现有基础设施进行一次转型,创建以前从未有过的全新设施。

西海岸造船业也经历了类似的爆炸性增长。西海岸1941年生产的船只数量低于美国装配发货的三分之一,几乎不到东海岸的一半。而第二年的产量超过了任何其他地区。此后一年,建造了全国总量的一半以上。到战争结束时,西海岸已经建造了全国新增吨位量的47%,高于威尔明顿和其他东海岸造船厂的建造量。[44]

当然,对于西海岸和东海岸商船队而言,面向商船海员的共同训练管道要求尽可能多发展和实际的造船计划。在太平洋战争初期,能够操控一支世界级并跨越世界的商船队的训练有素的海员太过人微言轻,不能有效发动战争。鉴于完全知晓舰船既离不开载员也离不开建造,商船官员和甲板操作手训练计划迅速扩大,以适应雄心勃勃的建造计划。

1941年12月,从事航行的商船海员和军官只有约55000名。将战争运抵敌方的船只将要求配备数十万人作为船员。到1942年春,平均每月有45艘船运因缺少船员而延误。战船管理局寻求并征募了从事其他生计行业的经验海员,并设定了培训计划。1942年1月,由1936年《商船队法案》授权并成立于1938年的美国商船队学员军团开设在纽约金斯角美国商船学院。1938年至1945年12月,全国各地其他机构也加入其中,并最终培养了31986名军官、7727名无线电操作员、150734名无证海员、5034名初级助理事务长和医护兵、2588名陆军运输处初级海军军官和64298名其他专项培训计划的毕业生,他们重新学习或提升了海上技能。这些不同计划的共计262474名毕业生具备了经营国家商船的资质。[45]

正如海军在太平洋战争的战争筹划方面未做到完全正确,所信赖的商船部门服务中也并不总是正确:

"橙方战争计划"筹划者希望将快速客船以每月1艘的进度改装成补给型舰队运输船。但美国客轮的速度和航程并不起眼,且人们发现在其上安装电梯和其他设备很不容易。此外,还需要将它们作为军舰。补给型舰队运输船很快就从"橙方战争计划"中隐去。第二次世界大战的大量护航运输船执行保障任务,这与所设想的20世纪20年代补给型舰队运输船不同。[46]

举个例子,一项需求原本给予海上实力"三叉戟"的商业部门,根据实验证据和评估最终让位于军事部门。因此,商业和军事尖顶部分("三叉戟"上)的开发并非单独在真空中实现。由于实施太平洋战争是海上实力作为其整体中的职责,而不仅仅是其军事表现,因此海上"三叉戟"的所有尖顶都必须要成为一体。

拥有了港口、舰船和船员,商业部门准备与其战舰同胞并肩打仗并赢得太平洋战争。有了创新性的新设计和行动技巧,打仗海军和商业海军都做好了响应美国太平洋战争号召的准备。在太平洋战争准备工作中,非军职和军职海军至上主义者将海上实力"三叉戟"用于打败日本帝国,他们早在半个世纪前就已预言了这场战争。

4.6 案例研究:《华盛顿海军条约》与基地问题

海军至上主义者的胜利并不容易,也不是没有经历严重挫折。也许,海军至上主义者面临的最危险问题是签署《华盛顿海军条约》的政治决定及其给海上军事实力的战备造成极大的破坏。这一事件对于我们研究太空实力尤其有用,因为它表明了政治约束如何推动创新和改变,以保持实力逻辑的正确平衡。本案例研究的主题是《华盛顿海军条约》和20世纪二三十年代"条约海军"的建设,从而审视马汉的思想在战争层次的语义如何用于指导军事行动问题。尽管这项研究在经典的海上实力语境中使用马汉的思想,但我们将在结论部分就目前生效的太空条约进行一些讨论,以明白这些准则在海洋或太空领域将保持一致。

指挥官约翰·库恩(John T. Kuehn)的《创新的动因》描述了海军如何应对因《华盛顿海军条约》签署而做出的政治决策,该条约导致其改变了太平洋战争计划的一个重要假设。库恩解释道,第一次世界大战之后,"美国海军战略围绕海上实力的成功应用展开,海军军官普遍认为海上实力由舰队、国内外基地和强大的商船队组成。"[47]这些组成部分符合战争语义的要素,因为商船队是国家海洋贸易的代名词,它产生基于军事行动所需的财富。海军还认识到,一个要素的缺陷必然需要通过增加一个不同要素来弥补,以保持针对敌方的优势。[48]

1922年《华盛顿海军条约》规定的缺陷来自第19条,即所谓的设防条款。该条规定:

> 美国、大英帝国和日本同意,在当前条约签署之时,关于防御工事和海军基地的现状应予维持……在前述规定下维持现状意味着不应建立新的防御工事或海军基地……[49]

《华盛顿海军条约》第19条击中了美国海军太平洋战略的核心。通过不允许美国太平洋基地的进一步发展,该条约严重阻碍了海军保留太平洋战略使用权的本来计划——特别是菲律宾的防务和与中国的"门户开放"贸易政策。[50] 1916年,海军上将布拉德利·菲斯克(Bradley Fiske)的著作详述了海军的基地战略:

> 太平洋如此广阔,美国在那里的利益终有一天会非常巨大,除在珍珠港、菲律宾和关岛建立基地外,建立海军基地的问题很快就需要关注……事关太平洋的一项适度远见的政策和执行该政策的一项适度远见的战略,将规定在南部和北部地区建立基地并充分施以保护;这样,我们的舰队就可以执行所需的远距离军事行动而不受过度妨碍。支配大西洋的位势选择和基地设立的准则同样应用于太平洋;一个基地应靠近舰队开展军事行动的位置的需求同样如此——无论这些军事行动是进攻性还是防御性、是针对交通线的直接攻击还是威胁。[51]

如前所述,当时的海军规划者通常假定,一支战斗舰队离开基地母港每1000海里将失去其战斗效能的10%。[52]为避免这种降效,海军在条约签订前曾打算在关岛建立一个主要海军基地,并加强吕宋基地。一份早期的"橙方战争计划"(在太平洋对日战争计划)呼吁美国海军在一场远离关岛的决定性战斗中打败日本舰队,然后在必要时对菲律宾实施救援行动。[53]鉴于舰队后勤人员认为一支舰队在离某一主要海军基地超过2000英里有效实施军事行动,除夏威夷和菲律宾之外,大量基地都为舰队在太平洋地区全范围机动所需要。[54]在条约签署前,这些基地都未发展出必要的潜力,也不允许进一步发展,这使得这些预期的基地毫无用处。事实上,许多海军领导人只是在正式签署后才知道"设防条款",而因此引发了一场海军军事行动战略危机。[55]

没有这些基地,海军在"条约之前"的舰船就不具有对太平洋的战略使用权,无法有效投送实力并实施"橙方战争计划"。战争语义的一个必要要素——基地,被条约保持在其必要的军事力量之下。海军面临一个可用于执行军事行动的问题。海军如何能够为一支能够在远离任何主要海军基地的情况下击败日本海军的舰队有效创建并维持对太平洋的战略使用权?海军将不得不使用战争语义重新平衡海上实力逻辑的军事尖顶部,重新审视如何产生战略使用权,通过改进战争的其他因素并最终通过重新定义基地本身的概念,从损失基地中填补缺失。

达德利·诺克斯(Dudley Knox)是第一批注意到"设防条款"对海军太平洋战略重要性的海军军官之一。诺克斯1922年在他激情命名之书《美国海上实力的消逝》中写道,"美国为尊重西太平洋基地所做的牺牲"远比条约所体现的更知名的主力舰吨位限制和准许船型要"重要得多"。[56]诺克斯认为,作为弥补,美国应该通过建造更多战斗舰和辅助舰艇来改善其军事船运分队,即战斗舰队。但是,出于两大原因,这一战略选项的价值有限。首先,任何增加舰队和辅助分队巡航半径的尝试都会导致设计权衡,这种权衡将限制新船有效打击相近级别舰艇的本领,而这些舰艇是针对火力而非续航力进行优化。其次,任何由美国发起的造船计划都会被一项无限制的日本建造计划所匹敌或超越,这可以使其舰队战略与当前的基础结构变得经济节约。如果并非不可能,这两个原因使得用舰队分队替代基地以重新平衡战争语义变得困难。

通过商船扩张来促进海上贸易的方式增加海军可获取的财富,也同样困难。如果东亚缺乏一支有竞争力的海军存在,与中国和其他国家的任何海上贸易增长都将受日本帝国海军的摆布。如果发生战争,美国在太平洋的海上贸易将受到威胁,而且很可能立即停止,即耗尽一支更大型商船队能为海军提供的任何财富。战略使用权将被切断,美国海上实力从逻辑和语义上将会衰退。此外,众所周知的在军事和防务事务上花费很少的民主倾向很可能会促使通过海上贸易增加的任何税收,被用于任何其他方面,而非太平洋防卫战略使用权。由此看来,试图用宝藏代替基地也无法解决海军可用于执行军事行动的难题。

1923年,弗兰克·斯科菲尔德(Frank Schofield)强调了该条约的军方可用于执行军事行动的海上实力问题的严重性:

> 海上实力不是由舰船或舰船与船员有关的事务构成,而是由广泛的舰船、船员和基地组成。没有外围边远基地的舰船几乎是无能为力

的——除非克服基地问题,否则将无能为力,而除夏威夷一个基地之外,海军条约剥夺了我们在太平洋拥有一个边远基地的所有可能性。我们给出了新的主力舰和出于更好的国际好感而建造基地的权利,但无人给回我们任何东西。显然,海军条约的条款规定提出了需要立即解决的一个最为严重的海军问题。必须制定一项新政策,以最大可能利用新的条件。[57]

至少对于海军而言,政治语义用条约背叛了战争语义。但问题依然存在。可以制定何种政策以最优方式利用条约的条件? 从破坏基地要素的潜力而言,扩大舰队和商业投资本身并不一定能够弥补太平洋海上军事实力的差距。答案将来自对基础概念本身的重新审视。

海军非军职工程师坎宁安(A. C. Cunningham)在1904年用"活动基地"的概念偶然发现了解决方案。[58]坎宁安的"可活动基地"将"由跟随舰队活动或紧随其后的组装式浮动干船坞、运煤船、弹药船、维修船、供给船和医疗船组成,并将提供对一个基地所要求的所有必要服务。"[59]有了活动基地,海军可以保持对海军基地所要求的所有服务,而不必建在陆地上,最重要的是还不违反《华盛顿海军条约》的"设防条款"。面对条约时,海军军事行动部长参谋队伍的筹划人员发现了坎宁安的想法,并加以暂时征用,通过将由条约而丧失的大量重要地位给予基地要素,已重新平衡太平洋战争的语义。活动基地概念的演变最终产生了舰队基地兵力,是美国四支舰队组成之一,其中包括修理船、仓储船、医院船、冷藏船和到第二次世界大战结束后的6个基地先进可拼装码头——可容纳和修理总计多达9万吨船只的可移动干船坞。[60]舰队基地兵力确实是一种被启用的移动基地。当美国海军面临失去确保太平洋战略使用权的固定基地潜力时,通过对战争语义要素的一种新理解,海军设法将基地与舰队绑定,并挽救了海上实力的战斗潜力。

海军最终在一项战舰现代化的三点计划(提高机动性和航程)中对条约限制下的新条件做出了反应,即对条约限制和不在条约管制下的船级实施强有力的建造计划(包括最大程度建造航空母舰、驱逐舰和潜艇),并发展舰队基地兵力。[61]20世纪20年代和30年代的这三项进步是"蓝水舰队"的起源,它在太平洋战争中抵抗并最终摧毁了日本帝国海军。这些进展,特别是舰队基地兵力,是海战中前所未见的宏伟创新。然而,它们并没有使海上实力的战争语义失效,而只是经过试验验证的真正概念的新表达。两次战争之间美国海军的创新确实是一项体制上的革命。指挥官约翰·库恩一针见血地指出:[62]

在两次世界大战之间,海军并未对其海上实力的范式做出彻底改变。相反,试图调整其解决方案和设计,以适应根植于马汉教义的现有海上实力范式或概念。通过这样,海军改变了范式的边界而非实质。舰队、海上商业和基地仍被视为对海上实力方程式至关重要。然而,对"基地"真正含义的定义已经扩大到包括活动基地。固定和活动基地在太平洋的战略环境中都是需要的。尽管范式没有改变,但舰队确实发生了变化。这种变化由设防条款对海军传统的海上实力概念引发的反常现象而加速。不言而喻,不仅是战术和战役单位而且是战略后勤能力的战时机动性至关重要。设防条款使美国海军学会如何成为一支全球海军。

该案例研究表明,当面对逻辑或语义、战略或战役层次的新输入时,马汉模型如何不会崩塌。《华盛顿海军条约》是一套忽视海上实力逻辑的典型海上实力谬论——凭借战略使用权获得海事财富,通过牺牲战争语义(确保战略使用权所需的基地)来提升政治语义(良好的国际好感)。然而,正如案例研究也表明,马汉的海上实力模式能够使规划者和战略家知悉海军如何就满足新条约引发的战略环境之需要而成功做出响应。通过由马汉的海上实力理论启发的创新,美国在20年里从驻足于对美国海上实力衰落构成威胁而步入一堵政治驱动的绝壁,到部署一支全球蓝水海军舰队,拥有战争史上空前的军事力量。这的确是一套强健的模式。

但为何太空规划人员和战略家应当关心它呢?这些事件在60多年前的海上发生。即使马汉的海上实力理论能够成功地应用于一种太空实力环境中,但回顾海军对《华盛顿海军条约》可用于执行军事行动的反应又如何帮助太空规划人员呢?考虑到这点,美国1967年签署的《关于治理各国探索并利用包括月球和其他天体在内的外层空间活动的准则》(《外层空间条约》)第2条规定[63]:外层空间,包括月球和其他天体,不因主权声索、使用或占领或任何其他手段而从属于国家侵占。该条约第4条继续规定[64]:在天体上建立军事基地、设施和防御工事、试验任何类型的武器、进行军事演习都应被禁止。

与《华盛顿海军条约》的"设防条款"有着不可思议的相似之处,不能不被注意到。

既定的国际条约不只是冲击运用太空实力中战争语义的自由,美国未签署的《关于治理各国在月球和其他天体上活动的协定》也冲击了商业语义。第11条第3款拟定天体上国有或私有财产视为非法,规定:[65]月球的表面或次表面以及其中的任何部分或自然资源所在部位,均不得成为任何国家、国际政府间或非政府组织、国家组织或非政府实体或任何自然人的财产。第11条第5款批准太空自然资源开采为国际政府的专属权限:[66]本协定缔约国特此承诺建立一项国际制度,包括用以管理月球自然资源开采的恰当规程。

哪怕对太空条约作粗略检视都清楚看出,它们可能妨碍马汉模式下的太空实力发展。《外层空间条约》和《月球条约》的上述选择证明,在马汉模式下,这些条约可被视为政治谬论的案例,将政治语义置于商业和战争语义两者之上,也一并完全忽略太空实力的逻辑。就像《华盛顿海军条约》一样,外交官们可能仅仅为了良好的国际好感而牺牲了非常急需的在太空的活动自由。"太空实力通论"是否建议我们将这些条约驳斥为谬论,还是迫使军事规划人员调整战争语义、迫使交易主管调整商业语义来顺应政治家们,只有时间和研究将告知答案。应该特别明确的是,20世纪20年代和30年代的海军规划人员经历极度关乎于当今的太空实力战略家们。用马汉太空实力模型对此加以描述,太空战略家们也许能够大大促进其艺术。

4.7 用太空实力通论为海军至上主义者的战争做准备

在大约六十年的时间里,海军至上主义者不得不使海军为太平洋战争做准备,海战的各个方面都取得突破。在海上实力语义和逻辑各方面都产生了巨大影响的新机器、新战术、新组织策略将海军从内战的残骸遗骨转变为一支全球性的强大集团。既然我们已经探讨了海军之上主义者如何完成这一转变,那再凭借"太空实力通论"来探讨其活动。回顾由海军至上主义者所实施的组织革命:

  总的来说,组织因素在影响两次战争之间时期的美国海军创新中起着一种积极作用。最重要的因素是海军组织之间的相互关系、如何将这些成员指派到这些组织以及这些组织本身的内部结构。总理事会作为一个推动创新的组织实体发挥了中心作用,因为《华盛顿海军条约》政策的贯彻执行、兵力与舰船设计在此交叉。这种交叉还进一步受到该理事会组成和结构的积极影响。成员们将其独特的从业经验和关联关系带到了理事会,而在去向其他职位时又会重提理事会。他们的下一个或上一个职位往往与总理事会密切关联,如普拉特(Pratt)上将在20世纪20年代担任总理事会成员后又被任命为海军战争学院院长,弗兰克·斯科菲尔德从理事会被指派担任海军军事行动部长的战争计划主管。这种"职位调动"支持而非阻碍两次世界大战之间时期海军中的组织协作。此外,被指派到总理事会的大多数军官已经"接受和理解了"海军解决问题的实验性方法,它由战争学院课程进行教授和作为范例,并在"舰队战斗问题"期间加以实践。[67]

回顾可知,发展能够在某一环境相关实力①的语义和逻辑两种不同层次发生。语义发展涉及构建更大、更好、更多的实力构件——能够在特定领地航行和运维的有形工具与设备。或者,逻辑发展涉及寻求新的和更好的方法来使用这些工具用于支持一个目标。经济学家约瑟夫·熊彼特指出了经济发展的五种不同途径,这也可以用来描述环境相关实力的发展。路径(1),引入一个新要素(生产、运输或殖民地要素)本质上是通过引入新硬件来发展。路径(2),引入生产或处理一个要

---

  ① 译者注:环境相关实力即为在某一种域(Domain)的环境下,实体所具备的自身实力。例如,海上实力、空中实力或太空实力即为环境相关实力。

素的新方法,主要处理以新方式使用现有要素的问题。路径(3)发展是打开一个新市场,在"太空实力通论"中定义为将要素组合为一种新层次的使用权。路径(4)发展是直接征服一个新的供应源,改变零和现状的一种战略性新原料储备的使用权。最后一条发展路径,路径(5)是一个产业或组织的重组,激发新的逻辑和语义思想,用以进一步助力实力发展。

新要素以新方式组合形成新的使用权和对环境的管辖,这是实力语义的最终表达。逻辑采用这些新使用权,并通过转变器使用它们来发展新本领,以使用应用型实力达到一个目标,即实力逻辑的最终表达。在语义中,各要素往往是最重要的组分,组合是新的配方。在逻辑中,转变器最为首要。军事转变器是指导军事装备用于军事目的的战术、技巧和学说条令;商业转变器往往是商业计划,利用民用设备盈利,产生财富;政治转变器往往是产生威望和软实力的条约、协议和善意姿态。在这个框架中,海军之上主义者计划能够被更好地理解并调适用于产生太空实力。

4.7.1 海军战争学院、总理事会与海军军事行动部长的三角体

也许海军至上主义者时代最重要的发展就是为了发展重组海军。创建海军战争学院以刺激思想产生,创建总理事会来考量这些思想,创建海军军事行动部长办公室来试验和部署这些思想的成果,是创新中组织革命的妙招。

在"太空实力通论"下,海军战争学院、总理事会与海军军事行动部长(NWC-GB-OpNav)结构是路径(5)发展的一个典型案例。海军领导结构的简单改组根本不是基于任何新技术或语义要素。新结构只是让逻辑层面更多地产生和发展思想。三角体没有发展潜艇、飞机、航空母舰或浮动干船坞,但它无疑导致了关于如何使用这些潜在的海上实力新工具的先进思想的发展。从海军战争学院和相关的战争博弈的研究开始,这些思想提交到总理事会考量和审视,并最终提交舰队(通过海军军事行动部长)进行现场实验(反馈给海军战争学院和总理事会)和部署。三角体直接导致海上实力逻辑层面的新的军事转变器的一次新生,并为将这些思想以及运用这些思想所需的要素进一步发展和完善成为极其先进的海上实力新本领提供了组织结构。海军至上主义者改组海军或许作为海军至上主义者时代最重要的创新,也是沿着"逻辑德尔塔"军事实力顶点的路径(5)发展的一场古董式质量典范。然而,为真正释放三角体组织的创新威力,它需要充分的经验进行评估和思考。因此,我们有了下一次发展的伟大引擎,即"舰队问题"。

4.7.2 舰队问题

两次世界大战之间的"舰队问题"是海军发展中的"海军战争学院-总理事会-海军军事行动部长"三角体的主要分支。正是在"舰队问题"中,舰队在逻辑层面被引入到创新型军事转变器中,而在语义层(遭遇)海上行动的严酷现实。"舰队

问题"既在逻辑层面实验较变器,也在语义层面实验各要素及其组合。因此,"舰队问题"直接促进了海上实力逻辑和语义的发展。随着舰队极力完善和吸纳在军事条件下处理新要素的新方法,"舰队问题"通过路径(2)发展刺激了发展。这些问题还通过路径(2)发展影响语义,揭示新的要素组合以产生新的使用权。从"舰队问题"中吸取的经验教训也推动了军舰和飞机的设计,随着舰队要求的新要素进入实施而刺激路径(1)发展。

首先,"舰队问题"检验了由三角组织在海上条件下发展的军事转变器思想。这类案例包括首次使用海军航空兵作为快速航母任务兵力战前打击武装的侦察机,以及保障海上安全和有效加油补给的必要规程。虽然在海军战争学院教室里或总理事会大厅里的论文上,一些想法看起来不错,但只有放之于海上舰队的甲板检验才真正关系到发展。"舰队问题"提供了一个用于在逻辑层面检验新的转变器创新的非常重要的实验室。

"舰队问题"发挥的下一个重要作用在语义层面。"舰队问题"在"语义德尔塔"的各要素和组合层面直接涉及军事装备及其使用。首先,对各要素的组合进行检验,以确定海军系统是否按原本打算通过路径(1)和路径(2)发展。如飞机和航空母舰等一些进展运转极为出色,成功产生了海军的进步。其他一些项目,如海军的飞船计划,则被视为失败并被放弃。如果没有海军从"舰队问题"中获得的艰辛而现实的经验,源于海上实力"逻辑德尔塔"和"语义德尔塔"的进步将不会准备好用于太平洋战争。

在此,我们还必须指出,海军致力于发展而非战备(正如"舰队问题"展现的那样)是一项上等的战略决策,当我们进入一个技术和工业迅速变革的时期,是太空实力的任何一名学生都必须加以思索的决策。通过开展精心策划且耗资昂贵的"舰队问题",海军有意识地牺牲战备,并继续一贯如此,直至战争来临变得明了。由于海军卓越的战略远见,当国家召唤之时,太平洋战争海军已经做好战备。

4.7.3 技术采办

当然,没有适当的装备,环境相关实力就无法行使。因此,尽管逻辑发展极其重要,但没有一个强大的发达语义实力基础,它本身也无能为力。没有新的舰船和飞机,海军的组织三角体和"舰队问题"系统就毫无用处,这些也需要发展。在海军至上主义者时代的初期,诸如飞机或航空母舰这类事物尚不存在,快速运兵船闻所未闻,浮动干船坞和火星入侵者一样空幻。海军至上主义者必须聚焦海上实力语义和逻辑。

飞机创新向海军航空兵发展包含着许多路径发展。在组织上,路径(5)发展始于航空局的启动。当海军购买第一架莱特飞机时,路径(1)发展就开始了。路径(2)发展与汽车发动机技术、航空电子和航空母舰技术的进步同步进行。

要注意的重要问题是,海军通过其采办政策刺激了路径(1)和路径(2)发展。在两次战争之间的年代,海军(打算吸纳从"舰队问题"中吸取的新教训,并对相关技术和产业的快速进展进行投资)实行了小批量订购军用飞机。在第一次和第二次世界大战之间(延伸到第二次世界大战的合同除外),海军采购了27类1917架战斗机,以平均每类仅71架飞机生产运行。[68]"小批量采办"使海军得以迅速纳入新设计,并确保创新(从语义和逻辑"德尔塔"两方面)尽快部署到舰队。总的来说,小批量采办似乎是一支致力于发展而非战备的兵力的关键必要条件。正如飞机采购合同表明,当海军参加第二次世界大战时,新飞机设计总量减少了,但生产的飞机数却增加了一个数量级。即便是太平洋战争中的大部分先进飞机,早期也已经处于先进的设计阶段。为刺激创新,小批量采办是持续保持路径(1)和路径(2)发展的关键。

航空母舰的结构性发展已经成熟,在许多方面就像飞机一样。最初的海军航空母舰是改装的商船("兰利号"运输船CV-1美国舰原本是"木星号"运煤船),然后是改装的巡洋舰,最后是卓越的主力舰。运输舰必须紧密跟进海军飞机的发展,因为必须变得更大以容纳具有更高技术和更长跑道需求的更多飞机。只有通过海军建设、军用飞机、航母的行动和理论不断发展,埃塞克斯级舰队航母才从以附在残破船体上的胶合甲板进行的首次实验中浮现。

路径(4)(供应源)发展也是通过将在舰队基地兵力中积累的后勤方面的创新展现,即快速舰队加油船和浮动干船坞。尽管路径(4)发展更为经常的是发现或俘获一种诸如一片新油田或铁矿矿床的地理资源,但此处是战斗舰队在机动途中携带必要的燃料、补给品和维修补给的本领。太平洋战争需要终结舰队受远离基地支配的"距离严酷"。因此,海军规划人员设计了一套替代方案——用舰队后勤专列携载基地。这一舰队基地兵力当然是一项令人惊叹的海上实力发展和一项新的供应创新的恰当案例。

4.7.4 商船队

军事实力不是海上实力的唯一类型。当海军军官正在准备美国海上实力的利剑,而海军至上主义者的政治家们领导着发展商业武装的职权。1936年《商船队法案》聚焦路径(2)发展的逻辑转变器,通过海事管理局的路径(5)发展为创新设定了阶段,然后留下私营部门以法案为路径(3)发展所提供的新激励措施下的新商业计划进行响应。海事管理局作为私人创新的一个政府刺激方,不承担发展语义或逻辑创新本身的任务,这种刺激的形式主要是对扩大的海事建设和运营进行补贴。私营航运企业的迅速扩张提供了必要的船舶数量,而通过"舰队问题"和太平洋战争其他需求所吸取的经验教训有助于推动海事管理局对补贴的合法要求。

《商船队法案》是政府行动如何能够刺激商业领域创新的一个案例。海军至上主义者在军事和商业海上实力方面取得了巨大进步,但他们不能阻止环境相关实力第三点方面的一种消极发展,只能尝试减轻一个错误导致的危害。

4.7.5 一次软实力失败

毫无疑问,签署《华盛顿海军条约》是美国海上实力方面的错误。前述"设防条款"的问题是海上实力谬论的典型案例——政客们试图以牺牲美国海上实力为代价,以裁军和军备控制捞取廉价而短暂的政治分。海军至上主义者从一开始就知道这项条约是一个错误。舰长达德利·诺克斯上校在著作《美国海上实力的消逝》中试图反对这种待遇。鉴于英国和日本都在倾尽其国库维持着庞大但废旧的舰队,而美国处于相对崛起:[69]

> 显然,英国和日本海军实力的增长几乎停滞(由于两个大国债务沉重),即使不是倒退,也几无复兴的前景。相反,美国的伟大建设计划不受资金匮乏的危及,是一种硕果将成前夕的蓬勃、有力的新成长,海军也无须在英国和日本的选择中做出足够答复。即便他们立刻着手一项类似计划,我们的计划也先进到他们追赶不及。考虑到我们的计划所代表的是伟大、强有力、现代实力,它迅速成长的状况和早期完工的前景,按其价值的当前情况,同英国和日本相对废旧的舰船相比,吨位要大得多,以至于可能2倍之大。

《华盛顿海军条约》于1922年生效,直至1936年日本宣布放弃该协定。一旦限制解除,美国在夏威夷、中途环礁和其他战略点位的基地扩张就迫切开始了。然而,在两次世界大战间的大部分年份里,海军至上主义者不得不通过扩大商业和军事形式的海上实力来克服条约造成的劣势,以克服这一战略偏差。浮动干船坞和扩大的后勤计划即是为克服由《华盛顿海军条约》这种政治授意的战略谬论所引起的基地限制而发展的转变器。

4.8 经 验 教 训

海军至上主义者为太平洋战争战备的行动给试图加速发展太空实力的实践者提供了大量重要经验教训。首先,海军和商船队的发展努力为"太空实力通论"中的所有发展路径提供了历史范例;其次,海军至上主义者展示了政府性补贴、适用的组织机构和实践性运动的组合如何能够通过这些发展路径刺激创新;最后,海军至上主义者的案例表明,太空实力将同样要有几十年的努力来为任何大事做好充分准备,即太空主义者①的战争将成为未来对美国太空实力的重大冲突。

第5章将利用"太空实力通论"的经验来探索太空主义者的战争可能是什么——美国太空实力版本的海军至上主义者的太平洋战争,以及当今的太空职业人员必须采取什么行动来发展足以征服未来挑战的太空实力。通过研究海军至上主义者,美国太空实力的支持者可以随时获取经验教训、警示、动机、灵感和模型,用以将当今有限的太空实力创新发展为美国行星际级武装,进而成为人类掌控未来的实力。美国太空实力面临的问题在许多方面与海军至上主义者面临的问题同样令人生畏,需要采取的英勇行动不亚于过去伟大海军军官和政界人士。但这并不是一场艰苦卓绝的战斗。科技给我们带来了巨大优势。正如诺菲在其关于"舰队问题"的结论和今天能否再创造这些问题时所说:[70]

> 尽管如此,考虑到意志问题,倘若我们对武器效能和计算机收集处理数据的实力有高度了解,我们能够更加认真地进行实验和演练,远远好过两次战争之间的时期。自由演练应该辅之以当今可以获得的战争博弈推演和先进技术的建模与仿真工具。但是,正如防务分析师詹姆斯·邓尼根(James F. Dunnigan)所评论,"再好的建模与仿真工具也弥补不了不敢使用的勇气不足。"

用与海军至上主义者所用的同样技巧,太空实力能够加以研究、发展和掌握。我们只须具有大胆使用它们的勇气。

---

① 译者注:原文 Spacer(太空主义者)与 Navalist(海军至上主义者)相呼应,表示执着于通过建造大型星际母舰集群用以征战深空、发展天域产业,从而发展强大的国家太空实力的理想追求者。

第5章 太空主义者的战争——
超越地球轨道 2053—2057 年

当美国遭遇巨大的太空实力挑战时,会是什么情形,而我们需要做什么以做好准备?本章假设当前美国太空兵力处于1900年海军至上主义者的境况。我们设想,在2053年,美国太空实力将被要求用至少在地球同步轨道——绝大多数军事相关卫星当前运行的最高能量轨道之外采取一些行动,应对在强度和持续时间上与太平洋战争相当的在太空挑战。美国太空实力有40年时间为迎接挑战做准备。那我们应当怎么办?

为回答这个问题,我们必须首先弄清楚2053年太空主义者的战争将是什么。海军至上主义者在1898年吞并菲律宾而同时日本帝国崛起后不久,将太平洋明确为一个潜在战场,太空兵力与之不同,这种潜在逼近的太空危机尚未清晰显现。简而言之,我们不知道太空主义者将被迫应对怎样的巨大挑战,即太空实力对美国海军至上主义者的回应。面对这种不确定性,我们能做什么?我们能如何筹划?

5.1 场景想定筹划

幸运的是,战略家们(军事和商业领域)已经开发了一个有力工具用于考量一个未能预见的未来。该技能被称为"场景筹划"或"场景想定"。在场景想定筹划中,筹划者们考量多个不同的未来场景并拟制情节,领导者们能够针对每个情节"检验"项目和计划有效性或适当性。商业策略师皮特·施瓦兹(Peter Schwartz)谈及该技能时说:[1]

> 场景想定是一种用于帮助我们在一个充满巨大不确定性的世界里使用长期视角的工具。其命名源于剧场术语"剧情脚本"——电影或戏剧的剧本。场景想定就是关于世界明天可能的呈现方式的情景,这些情景能够帮助我们辨别和适应当前环境中的变化方面。它们形成一种方法,用于表述明天也许存在的不同路径,并在这些可能路径中找到适当的动向。场景想定筹划就是关于用一种对他们最终结果也许如何的理解做出当前的决策。
>
> 在此背景下,确切定义的"场景想定"是一种工具,用来整理某人关

于可选未来环境的认识,在该环境中其决策也许要进行到底。或者是一套有组织的方式,使我们能够有效地设想自身未来。具体地说,它们类似于写出来或经常是说出来的一组情景。然而,这些情景围绕精心构想的"情节"建立,使世界舞台的重大要素大胆凸显。这种方式与其说是一种规范的方法论,不如说是一种训练有素的思维方式。

对未来的有效设想通过形成一组关于未来组织将在其间运维的独特而貌似合理的情景形成。每个"场景想定"都讲述未来也许解决的一种方式的某个故事。每个场景想定必须包含可行的细节,这些细节将直接影响到筹划组织将要采取行动的运维操作或设置。制定的场景想定用于检验潜在的未来行动(决策),它是完成场景想定筹划的组织正在仔细考虑采取的。场景想定专家基斯·范·德·希登(Kees Van Der Heijden)解释道:[2]

> 这些多重但似乎相当合理的未来情景服务的目的是作为一个政策与计划的检验床。在一家以工程为主导名为壳牌的公司(早期的场景想定筹划采用者之一),大多数关乎未来前景的重大决策都与项目相关。每个项目都针对一组(两个或三个)场景想定进行经济性评估,因此生成两个或三个业绩结果,每个场景想定对应一个结果。是否继续进行该项目的一项决策是基于这些多重可能结果做出的,而非一个进行或不进行的编号。其目的是发展在任何场景想定下都有可能取得积极回报的项目。这些场景想定本身不是表明是否继续进行项目的决策演算,而是一种生成决策相关信息的机制。决策从来不是基于某一更可能的场景想定,项目发展者同时优化多个被认为同样可行(但并非同样可能)的不同未来前景,并按同等权重对待。以这种方式既对项目价值也对后续潜力进行评估。

对场景想定筹划的一个普遍误解在于,它意味着准确预测未来前景,为它们全部拟制多种差异化未来前景并进行筹划的目的是有价值的,因为它使组织得以具备更好的机会准确预测未来任何事件。因此,最好是制定最有可能发生的场景想定。这种看法是错误的。场景想定不是旨在为某种未来前景而是任何未来前景做准备。他们不是通过预测来制定,而是通过让组织做好适应任何事情的准备。基斯·希登继续道:[3]

> 场景想定并不被视作类似预测,而是认知手段。上下限方法不能增强认知,因为它没有增加新的概念到"预测"思维框架。沿着一个单一维度创建三个未来前景,并附加主观概率,从概念上是与预测相同的活动。这并不导致我们从概念上探讨未来前景成功结局的不同方法……场景想定是一组从结构上不同的未来前景。这些概念通过一个因果过程而非概率思维过程进行构想,反映对驱动环境底层结构的现象的不同解释。通

过对照一些从结构上截然不同但看似合理的世界未来前景模型的策略，场景想定被当作一种思维手段使用。一旦场景想定集被决定，它们将被平等对待，无论战略性决策何时做出，可能都被给定同等权重。

因此，只考虑因程度改变而非结构变化的场景想定会适得其反。场景想定必须从根本上有所区别，为充分阐述认知，某些场景想定必须非常激进，且"改变博弈规则"。有些场景想定也许很像当今——事实上，结构上没有哪种重大变化是一种可行的未来前景——但其他场景想定必须呈现一种截然不同的未来前景，以检验决策在面对巨大压力和转变时的耐力。当选择要拟定的场景想定时，有一些指导准则。皮特·施瓦兹提出，"场景想定往往（但并非总是）似乎分为三类：更为相同但更好、更糟糕（衰败和萧条）、不同但更好（根本变化）。"[4]这三种场景想定描述用于检验决策的三种显著不同的非未来前景。鉴于这些都是不同的未来前景，但每种未来前景的可能性或许不同。然而，概率不应吓阻了场景想定拟制者。皮特·施瓦兹谈到了可能性在场景想定中的作用：[5]

一般而言，避免给不同的场景想定分配发生可能性，因为人们倾向于只认真考虑可能性最高的场景想定。拟制两个同等高可能性的可能场景想定和两个潜在影响度高但可能性低的"通配"场景想定，也许具有意义。在任何情况下，将一个场景想定中的事件发生可能性与另一个场景想定中的事件发生可能性进行比较，无论如何都没有意义，因为是对这两个事件发生在截然不同的环境中做出假设，而可能性分配取决于对未来前景截然不同的假设。

因此，场景想定筹划旨在通过对一组根本不同的未来可能（但不是同等可能性）场景想定的决策或行动路线进行评价，以增强一个组织对其环境的认知。我们通过拟制关于太空主义者的战争将如何发起的潜在场景想定，能够使用场景想定筹划来探索如何为太空主义者的战争做准备。我们将使用这些场景想定来检验技术上的潜在发展工作（类似于发展航空母舰和先进的海运物流平台）和它们在每种可能场景想定中使用的适用性。

对于我们的演练，将探讨能够促成太空主义者的战争的四种不同场景想定。每种场景想定都将尝试作为一个截然不同的未来前景，它将从根本上改变美国太空实力将必须成功运行的环境。每种场景想定都似乎可能，但对其他场景想定而言不是一样可能，并将突出对国家实力的一种新挑战。

第一种场景想定将是"经认可的"场景想定：太空珍珠港。在这一个未来前景中，国家太空实力将主要致力于融入地球上的实力方案（保障战斗部），且环境大体上仍像现今一样。然而，地球上某个对手一次先发制人的攻击将检验太空主义者及时防御和补充其太空资产以防止国家被打败的本领。

第二种场景想定"占领高地"将保持以地球为本质，但反映美国太空政策的一种根本转变。在"占领高地"行动中,美国太空兵力被召集从军事上控制低地球轨道,并通过法案对地球实行一种管制封锁,以防止对手在太空采取敌对行动。敌方将试图解除封锁,太空主义者将被召集保卫在一种美国治下天基和平的美国统治。该场景想定将强调一种从地球上聚焦美国太空实力的军国主义愿景。

最后两个场景想定将聚焦行星防御的语义和逻辑,通过潜在的不可能但看似合理的场景想定,在该情况下美国太空实力必须做出根本性改变,以适应和克服人类文明面对的两个最危险的场景想定。第三种场景想定是"上帝之锤",将探讨行星防御的语义。由于寒冷的宇宙以毁灭威胁着地球,一个数千米宽的反常物体正处于撞击地球的碰撞航线上,具有破坏文明的潜在影响。甚至只有美国太空实力将最终具备避免一场灾难的机会。

最后一种场景想定是"末日餐厅"[①],描述一种代表行星防御逻辑的场景想定。此场景中,侦测到一份潜在的敌对情报且一艘飞船正在途中。典型的外星人入侵场景是最不可能呈现的场景想定,其可能性非常遥远,但仍然似乎具有可能性。鉴于其将最危险和最不可预测,它也可能最能提高认知。人类命运的赛程悬而未决,太空主义者将处于防御事务的前线。

这四种场景想定将用于探索在有关如何发动太空主义者的战争的所有场景想定当中,关于潜在技术(增强型太空实力要素和思想产生)是否适用的决定。尽管某些可预见的航天技术在某些场景下将被证明非常有价值,但对于所有场景而言可能并不那么有价值。通过这些场景想定评估各种技术,我们或许能够找到美国能够追求的技术路径,以使美国太空实力与其所找到的2053年前夕在深空的自身任何情形最大程度相适。

5.2 太空珍珠港

正如历史所表明,无论是珍珠港偷袭,导致241名美国海军陆战队士兵在黎巴嫩军营中被杀害,还是在也门对美国科尔号舰队的袭击,如果美国成为一个诱人的目标,它很可能会为攻击付出代价。随着商业和国家安全使用太空的增长,美国在太空和地面的资产恰恰提供了此种目标。美国是"太空珍珠港"极具吸引力的候选者。[6]

毫无疑问,美国从当今任何国家的太空实力中获益最多。无论是经济、军事还是政治上,太空实力在美国活动的几乎所有方面给予辅助。可以说,源于其太空实

[①]译者注:原文"Eat at Joe's"是酒吧或餐厅的常见广告标语,一些太空科幻电影中经常用于描述某个稀松平常的就餐场景,表达或传递对地球文化的怀念。美国科幻电影《太空漫游2001》《星际迷航Ⅳ:拯救未来》等外空和灾难来临前的场景中,都出现了挂着"Eat at Joe's"招牌的餐厅画面。

力的益处也许使美国依赖太空活动正确发挥机能。因此，决心危害或削弱美国的对手可能会将美国太空资产视为诱人的目标。"太空珍珠港"场景设想了一场针对美国在轨卫星出人意料且后果严重的无预警的攻击，这就要求太空主义者尽快重建美国的能力。

美国在一个平凡之日醒来，几乎毫无特别消息。然后，在上班路上买咖啡时，人们开始发现信用卡无法使用，大多数ATM机也不能用，计算机网络连接不稳定，华尔街由于技术困难未能开盘，银行无法获取客户记录并限制提款，GPS和其他卫星导航系统不能接收信号且变成失效。

在空军航天司令部，操作员与一颗全球定位系统卫星失去联系，然后一颗又一颗，最终大多数失联。通信卫星无法响应指控命令，全部终止收发。有些卫星完全消失。这个国家所看到的问题是由于经济所依赖的卫星基础设施不再发挥作用。仅仅是立即失去大部分卫星对于国家而言有多糟糕就受到极大争论，一些人认为这将是一场灾难，而另一些人则认为这将是个大一点的麻烦。然而，大多数人同意，我们应该希望它不会发生，而如果它发生就必须尝试尽快恢复。

我们说，太空主义者的战争是尽快从这种攻击中替换我们的航天基础设施。哪类技术对于重建重组最为必要？假定重建重组将使得发射新的卫星舰队以修复在这类事件中损失的卫星成为必要，则迫切需要先进的运载火箭技术。要发射构成目前我们航天基础设施的数百颗卫星需要几十年的时间，且在几个月或几年内取代其中的大部分卫星，既需要更快的发射，也需要更便宜的发射运载具。运载火箭需要具备更高的有效载荷质量容积，而且建造和发射费用要低得多。这两项需求都要求运载火箭新科学来取代我们当前现有的运载火箭。我们可能需要使用可重复使用的化学运载火箭（假设它们可快速回收），而不是一次性化学运载火箭，还可能需要转向使用核能而非化学助推器的运载火箭。我们甚至可以按比例增大现有火箭，生产只是简单的花瓶式火箭所用的"大型低推力助推器"，它自身只不过是向太空发射极大的有效载荷，并将精巧机动的负荷置于新卫星上。有许多方法可以改进运载火箭技术，以满足快速重组破损太空星座的需要。关键是，太空主义者将需要比现有更好的运载火箭，将部署整个星座的时间从几年压缩到几个月。

这种场景想定所需的其他技术取决于究竟是什么原因首先导致卫星失效。如果敌对行为方在太空中发起大规模核爆炸导致大量系统的卫星电子设备失效，那么相对而言几乎没有碎片将对已死亡但庞大且完好无损的卫星本身以外的太空航行造成危害。即便是一次不幸的太阳耀斑这样一件自然事件也会造成这种伤害。然而，如果说太空珍珠港是由地基拦截导弹或定向能武器协同通过动能手段杀伤的"共轨"反卫星武器对卫星的攻击而引发，而非只是简单地终结被摧毁的卫星，它就也许已被粉碎，造成大量碎片污染太空并使得原重建更加困难。

如果该事件导致的碎片很严重，这一场景想定中的另一个重要能力将是近地环境的太空态势感知(SSA-NE, Space Situational Awareness of the Near Earth),或者现在通常所称"太空态势感知"(SSA),因为当今防务当局中对深空监视缺乏重要的兴趣。太空主义者将需要使用地基和天天基雷达与光电传感器来寻找和跟踪碎片,以确保发射的卫星不会碰上这些危险、使自身受损或被摧毁。强大的近地环境太空态势感知能力将使任务规划人员能够通过确切知晓何时何地发射新卫星以避免危险和大量风险。太空碎片的跟踪和编目也将有助于清理,这是本场景想定的另一项关键技术。

迄今为止,在发展一项清除或其他缓减太空碎片危险的能力方面,大量的讨论已展开而采取的行动很少。在这一场景想定中,清除能力将是一项非常重要的第三类关键技术。如果卫星已经死亡但仍完好无损,清除工作可能只需要将一个小型推进器附着到该废弃星上,将其推到未被使用的"处置"轨道,并使其重返地球大气层。如果碎片云层很大,清除工作或许要求从技术上取得重大进展,并要求巨大支出用于部署诸如大型电磁"扫帚"或激光移除系统等清除辅助设施。无论如何,从一次太空珍珠港事件中恢复,将要求互补性太空碎片清除的重大尝试。

用于该场景想定的最后一项关键技术又相应地取决于该事件背后的首因。除恢复重建(发射)、跟踪(对近地环境的太空态势感知)和减缓(碎片移除和系统加固以抵御一场未来类似事件)之外,自然事件不会引起任何必要的反应。然而,如果太空珍珠港事件由一次攻击所致,在它们能够打击已恢复重建的美国航天基础设施之前,就或许需要太空武器用于拦截攻击。这引导我们进入第二个场景想定。

5.3 夺取高地

美国空军大学战略家埃弗雷特·多尔曼认为,为了既释放人类在太空中的全部潜力(但最重要的是美国),又确保从太空获得的好处用于改善人类,美国应当确立一套太空统辖权(并因此处于一种拒止它认为不受欢迎的任何太空活动的地位)。虽然其他国家可能质疑美国作为全人类太空活动仲裁者的道德公正性,但太空主义者也许号召追求天缘政治场景。多尔曼解释道:[7]

>如果任何一个联邦国家应当支配太空,就应当是具备一套建设性政治准则的国家,即政府应当对其人民负责并积极做出响应,对其观点予以宽容和接纳,并愿意将合法性和政治平等延伸到所有人。换而言之,美国应抢占对外太空的控制,并成为所有敢于在太空探险者的引领者(或许是监管者),因为如果任何一个联邦国家必须这样做,它最有可能确立一套良好的统辖权。

"天缘政治计划"只需三个关键步骤就可迅速而轻松推出。

第一,美国应宣告退出当前的太空体制,并宣布正在确立一套太空中的自由市场主权准则。应当精心制作并发布一套太空探索开发新的黄金时代前景的宣传兜售,并突出太空努力的经济优势和衍生技术,以建立公众对该计划的支持。

第二,通过利用其当前和近期的能力,美国应立即努力抢占对低地球轨道的军事控制。出于这一高地优势,靠近地球引力的最高处,天基激光武器或动能武器可以防止任何其他联邦在此部署资产,并能最有效地与敌方反卫星设施接战并将其摧毁。其他联邦应与新体制的准则保持一致,出于从事商业活动的目的仍能相对自由地进入太空。正如在雅典人和英国人面前的海洋支配地位时代一样,美国军事航天兵力必须创建并保持一种安全的运行环境(源于海盗和其他入侵者,或许又源于碎片),以加强贸易和探索开发。然而,只有那些事先通告其飞行任务和飞行计划的航天器才能被准许进入太空。对低地球轨道实施军事控制的所有实际目的就是一种出警管辖封锁所有现有太空港,监测并控制进出的所有交通。

第三,应设立一个国家级太空协调机构,以界定、分离和协调商业、民用和军事航天项目的工作。该机构还将界定关键需求和缺陷、消除非生产性重叠、接管上面反复强调的宣传职能,并在可行情况下合并武装部队各种航天计划和政策。可以确定的是,在这种环境下,将设立一支与陆军、海军和空军平等的单独的太空部队,但目前情况下并不认为它至关重要。作为这一宣传工作的一部分,载人航天工作将需要加快。这是对新机构效能论点的一个反击,但必不可少。在太空中的人们激发想象力,挑出非同寻常的民众支持,并且尽管代价高昂,但正如奥伯格(Oberg)做出的精妙论述,即人类"具备并将继续拥有一套比机器更敏锐地对意外现象感知、评估和适应的本领"。一个互补的商业航天技术机构可以隶属于协调机构或从协调机构中分离,以协助全国性大学和学院制订"太空开发计划"、资助和指导商业技术研究,并为太空资源和制造业产生财富最大化战略和其他经济战略。

这正是它应该夺取的。这三大步骤足以开启向天缘政治体制的概念性转变,并确保美国在可预见未来保持在太空实力的前列。从社会与文化到理论与学说条令,细节都将被及时解决,但战略显然符合先前阐述的基本要求。它将曾经试图统辖世界更大部分地区的(自诩所谓)最仁厚国家作为太空卫士。它利用国家和社会的自然冲动,寻求并找到尚未确定但普遍推测指向的巨大太空财富,同时为不能冒险飞出地球的联邦国家提供一种产生税收的储备。它大胆、果断、导引并且从统辖权的观点至少是道德公正的。

多尔曼的三大步骤相对简单:宣告一种在太空的自由市场经济和私有财产(实质性放弃《外层空间条约》及其太空语言"造福全人类"),建立对低地球轨道的军事控制(以防止它不喜欢的任何太空活动抵达轨道),发一个新的国家级机构以建立这一新的美国太空工作(实质上是培育太空主义者自身)。所有三项提议的组合影响将是美国太空实力的一次非常受欢迎的提速。然而,只有第二项提议要求大量技术进步。

什么技术对于抢占对低地球轨道的军事控制必不可少?首先且最重要的是,它需要能够与地球轨道上的目标交战且是发射到地球轨道的太空武器,是同样可以与地球目标交战的武器,并也是确保一种严密且有效封锁的必要武器。定向能量和一种高选择属性的动能武器将很有必要。这些武器如被使用,也需要很精确并产生很少或几乎不产生碎片。最重要的是,这些武器将会瞄向大气层内。由于该武器将会针对由地球发起的目标,因而将会瞄准位置在其下方的物体。太空本身在此处并非一个真正的兴趣领域。为有效地使用这些武器,还需要强大的近地环境太空态势感知能力,以确保敌方航天器在能够成功实施封锁之前被发现、与之接战并被击败。因此,武器和对于有效使用它们所必需的近地环境太空态势感知是夺取高地最必不可少的技术。

然而,发射和深空推进在这一场景想定种也很关键。如果另一国家(或国家联盟)试图挫败这种封锁,太空主义者将需要在对手能够以自有武器对其挑战之前,拥有强大且廉价的重型货运发射能力来部署武器,并能够在战时条件的重大事件中重建和维持被摧毁或耗尽的武器。此外,多尔曼指出,这种对太空军事封锁的整体理由并非要建立美国的支配地位本身,而在于强制履行一套使所有参与者受益的体制,通过提供适当的激励措施用于人类福祉而使太阳系产业化。因此,将鼓励大规模深空运维行动以实施在经济上有用的活动,而一个国家拥有的深空推进能力越廉价越有效,能够从深空活动产生的财富就越多。因此,发射和航天推进在此也是一项关键技术。

应当指出,"夺取高地"无须一个由好战的太空主义者促成的侵略性美国来获得帝国主义地位等级。确实,此场景也许源于太空主义者从故意敌对的"太空珍珠港"场景中成功恢复的逻辑延伸。如果太空主义者成功重建了遭到蓄意攻击的一套受损的美国航天基础设施,那么永远不让类似的太空中的偷袭再次发生,将会符合美国(或许也是全世界)的利益。一种对低地球轨道的军事封锁很可能将起因于太空海盗成功发动一场"太空珍珠港"袭击对全世界造成的危险中所吸取的一次赤裸裸的教训。

这一场景的另一潜在衍生事件是,太空主义者实际上或许被召集去阻止另一国家试图批准一种对低地球轨道的军事封锁。如果太空主义者抵御由外国建立一种封锁,也将需要与封锁者同样的技术,对他们部署的武器稍做改进,因它将需要既可朝向上也可朝向下。无论太空主义者作为封锁者还是封锁竞争者来应对这一场景,高技术都是必要的,而该场景也无须起因于美国的严厉入侵。"夺取高地"是太空主义者或许需要应对的一种场景,而该场景也不会将太空主义者自动变成"坏人"。事实上,这种场景可能会产生最终拯救人类和地球本身的技术。

5.4 行星防御的语义:上帝之锤

行星防御问题,即保护地球及其居民免受太空本身造成的威胁,由两个最终极也最遥远的场景组成。这第三种场景始于人类发现一颗据人们估计会在几年内撞击地球的巨大岩石或彗星。防止人种和大多数其他生命遭受大规模毁坏且可能灭绝的唯一办法是,以人类的太空实力摧毁撞击物,或改变其航向以避免撞击地球。因为没有致力于对付人类或打败一个敌人的恶意心智,这一场景被称为行星防御的语义。这个问题完全由物理宇宙的运行而引发。因此,这是一个语义问题——人类控制自然的能力正在受到考验,而不是它打败一个主动式敌人的本领。

针对危险太空天体撞击的行星防御一直是 NASA 和国防部感兴趣的课题。事实上,政府圈子里的"行星防御"一词仅仅关注这一语义场景,通常由于语义场景已在严肃圈里获得了大量吸引力,而一种逻辑场景却没有真正的机会消除"玩笑因素"。但是,NASA 和国防部之间的区别重大。NASA 倾向于从一种技术问题角度思考行星防御,而国防部则倾向于以程序设计角度考虑。空军中校彼得·盖里森(Peter Garretson)哀叹军界缺乏集中思维:[8]

> 行星防御似乎是一种抽象且不真实的国家安全风险。然而,对于先前居住在我们这个星球的恐龙而言,确实是一个相当严重的问题,今天也构成的威胁不亚于此。不管一些人们将石头掉落头顶的机会想得有多遥远,他们至少应该担心政府或国防部还没有抵御一次撞击或减轻其后果的应急计划。

即便国防部没有清晰的行星防御战略,军方也仍然为我们提供了当前绝大部分的行星防御能力,特别是在通过其太空态势感知能力进行探测的领域:[9]

作为战略防御倡议(通常称为"星球大战")的一部分,美国国防部花费了数千万美元开发一种电子传感器,将其数据快速下载到计算机内存中。这种创新克服了以往系统的主要缺点之一,意味着当前一图像得以存储时一幅新图像可予显现,从而本质上使得数据收集得以连续进行。

处于这项工作前列的是麻省理工学院的林肯实验室。在该机构,其他人参与了卫星跟踪,并同样使用新墨西哥州索科罗(Socorro)附近的一个天文观测台综合体。该站点不仅包括可运维的地基光电深空监视摄像机,还包括过去两个很少使用的两套相同系统。林肯实验室团队领导者格兰特·斯托克斯(Grant Stokes)安排了一系列试验观测,这些所用相机中的一台于1996年开始启用,使用了一套传统探测器系统。正如所料,他们的结果与近地小行星跟踪团队的结论相当,该团队当时已在毛伊岛启动其工作。到1997年年中,从新墨西哥州站点发现一些新的近地天体和其他几十个小行星。斯托克斯认为,扩增到军方已研发的更大更有效的探测器是一件简单的事情。他推断,随着该计划实施,他们的近地天体发现率应该会飙升。由此,林肯近地小行星研究项目诞生了……

林肯近地小行星研究的输出已很惊人。在运行的头两年中,近300万颗小行星的观测数据已提供给中央数据储存库。探测到40万颗小行星,其中6万颗记录足够详细,以此给予了新冠名(如2005年JG5)……重大要点在于,林肯近地小行星研究团队已发现了400多个近地天体(截至2000年)。此前,全球发现率峰值在每月5到10个之间。如今,光林肯近地小行星研究团队发现每晚临近地球的数量就超过一个。

截至2011年,林肯近地小行星研究团队已发现2423个近地天体和279颗彗星。[10]

尽管国防部为我们当前的太空探测能力做出了一项巨大贡献,但大多数人仍然认为NASA是行星防御活动的"排头兵"。然而,将该任务交给国防部具备一套可靠的论点:[11]

由于不存在美国指派或授权的行星防御任务,国防部作为一个组织,没有开展任何"撞击防御"行动。国防部几乎无人意识到政策缺失是一个问题,而确实必须应对这种"玩笑因素"的也寥寥无人。这种思路抑制了做进一步的任何认可或研究。责任分配将会纠正这个问题,但谁又应当承担一项行星防御任务的责任?读者可能会问,为什么作者提及美国战略司令部作为一种可能。为何不是国防部其他部门?为何不是整个国防部?也许NASA可以处理探测、侦察和减缓任务,同时尝试替换航天飞机并返回月球。鉴于撞击可能变成一种全国性灾难,也许国土安全部或联邦紧急事务管理局是更好的选择。

NASA和国防部都拥有太空事务的专业知识并运维太空资产。但NASA的核心任务是太空探索,国防部的核心任务是维护美国安全、保护美国人的生命并确保盟国安全。除专业知识外,行星防御显然是一项防御使命。此外,鉴于国防部维持着一种强大的太空使命,相比于国土安全部而言,拟议的使命似乎与国防部的强项和事务范围更为接近。

在国防部内部,可能选项包括空军航天司令部、国家安全航天办公室、导弹防御局、战略司令部。战略司令部成为最优选项具备几大理由。首先,战略司令部的使命要求"为全国提供全球慑止能力并与国防部形成协同效应,以在全球范围打击敌方大规模毁灭性武器。"该司令部负责协同国防部挫败大规模杀伤性武器的能力。尽管缺失了一个对手,但我们能够将飞入大气层撞击地球的岩石视为一枚武器。战略司令部作为一个战斗司令部,拥有既定的沟通渠道和对战略级威胁做出反应的实力。它已经维持全球警戒和太空态势感知。前美国航天司令部已撤销并归入战略司令部。经由空军航天司令部,该司令部已经维持了探测弹道导弹发射、跟踪人造卫星与地球轨道碎片的日常太空监视。尽管空军航天司令部维持着太空资产,但执行军事行动的运维控制属于战略司令部的权限,它还控制着所有军事核能力,也许是某些最小化预警场景中的唯一选项。此外,战略司令部在向非军职领导和非军事防务网络分发快速预警信息方面具有良好经验和能力。最后,该司令部拥有谈判和执行集体安全协议的多年经验,如与加拿大签订的北美空天防御司令部协议和涉及北大西洋公约组织的协议。

太空主义者将会是 NASA 和国防部的人员,因此今日谁最终负责行星防御,远不及发展对于有效实施行星防御所需的能力重要。在这一场景想定中,对行星防御威胁进行探测和分类是最重要的事务。因此,该场景中深空监视本领是单独的最重要能力。我们将这种能力称为针对深空的太空态势感知。一种有效的深空态势感知能力应该建立于我们现有能力,如林肯近地小行星研究项目和其他系统,但必须包括天基增强,如置于太阳系内的对天观测望远镜(类金星轨道)和 B612 基金会提议的使命。尽可能多地预告威胁来临是行星防御活动的语义关键。

在深空态势感知技术充分发展后,用于重型货运与深空推进的航天推进对于对抗威胁很有必要。具备充分预警,深空推进可能是成功抵御这一场景最后的必要技术。经过多年研制周期,附上一台持续运行的推进器(如使用物体材料本身作为推进剂的聚式驱动器,且越大越好)可能会将某一威胁"弹指"搞定,而无须任何额外行动。因此,成熟的深空态势感知和航天推进技术是完全必需的。然而,即使这一相对优良的技术需求也引起一些人犹豫不决。作者邓肯·斯蒂尔(Duncan Steel)认为:[12]

行星防御还有另一方面问题。假设我们人类开发一套防御系统,能够使小行星转向偏离地球。如果截至目前你与书中观点一致,那很不错,甚至对我们长期生存至关重要。但缺点在于,如果一个国家具有将近地物体转向偏离地球的本领,那也有将其转向地球的本领。

你会问,这会是自杀吗?不一定。设想 A 国准确定位一颗将恰好错过地球的尺寸 100 码的小行星。在未告知任何他人情况下,当距离仍旧遥远时可以偏转其弹射路线,用这样一种方式猛击敌国 B,以一百兆吨爆炸彻底摧毁该国都城。而 A 国可以声明没有事先获悉。或者,×国可能看到另一小行星正向自家领土飞去,为了自卫而以击中整片海洋之外的Y国方式偏转其方向。

这种场景称为偏转困境。保护自身免遭近地天体撞击的本领,是一把双刃剑。正因为此,包括本作者在内的许多民间科学家认为,在辨识到实际威胁之前,无须建造小行星防御系统。我们应该首先执行一套恰当的无害监测计划。

斯蒂尔的最后一段话极度令人不安,将对任何科学家或NASA领导的行星防御计划质疑。斯蒂尔和他的"许多民间科学家"表现出惊人的天真。如果万一有人能够用作一种武器而去阻止发展拯救地球的潜在能力显然是荒谬的,因为这将从根本上永远阻止开发任何东西!任何技术都要冒一定风险,都可能落入坏人之手。针对这一"偏离困境"的一种更务实的观点在于简单的现实。盖里森(Garretson)中校辩称:[13]

具备10年的预先告警似乎有大量时间形成这些政策和一项缓解行动,但事实并非如此。我们需要在大部分的这段时间用一艘低推力、高效能的拖船慢慢影响一颗小行星的速度。抵达一颗危险的小行星也需要若干年飞行时间。显然,我们需要进行任务规划、航天器研发和实验。当前,国防部系统研发和采办很容易就能超出10年进行。仅F-22战斗机就用了近25年时间才从需求清单演变成早期作战行动能力。

因此,即便我们足够幸运,有重要的告警时间,只要求具备将威胁轻轻推离路线以减轻其危险的本领,但我们需要现在就做好准备。"偏离困境"根本不是进退两难,只是妄想狂人针对军方磨刀霍霍的一场狂热梦想。太空主义者必须反对任何这种不合理的想法,特别是鉴于如果预先探测失败,而我们的深空态势感知能力不足以提供预警,太空主义者则要求我们所能想象到的最强大、最具破坏力的太空武器来摧毁威胁,而非使其偏转方向。可在太空中部署的重型毁灭性武器(可能是核武器)和在协同征战中发动实际上消灭一种外来威胁的技巧和能力,对于生存于行星防御场景也许很有必要。在这种情形下,对"太空武器化"的过分苛求和道德标榜将直接威胁生命本身,辩论中的任何此类事例都必须无情地加以粉碎,宣扬者必须受到最严厉的批判。工程师兼作家特拉维斯·泰勒(Travis Taylor)对用于行星防御的太空武器进行了直接但准确的评估:[14]

如果有一天,我们最终探测到将会撞击地球并引发重大灾难的小行星、彗星或某种近地天体将会如何?我们将拼命想办法在可能会对即将到来的命运产生某些影响的极短时间框架内将正确武器投放到太空。如果我们已经拥有一个平台设计,刚刚完成用于实验的原型,且至少有一两个系统在轨部署,那就简单多了。也许只是某个物体,不只是在轨道上,而是在月球上,或者是在一个拉格朗日点或太空中其他某处。但重点是,我们需要行星防御系统，在太空中的武器系统，否则等我们遭到某个世界级杀戮物入侵就为时已晚，就像给恐龙带来灭顶之灾的那种问题。

如果重武器对于地球的充分防御非常必要，那么航天推进对于确保所开发的任何系统都将充分部署以完成其使命任务而言将极为重要。足够的深空态势感知能力、重型太空武器以及足够的重型运载与深空推进技术相结合，既使得一种在太空中的大规模人类驻留成为可能，也对之提出了要求。记者威廉·巴柔斯（William Burrows）认为，行星防御是大规模太空实力的最终表现：[15]

必须有一种真实、持续的太空驻留，具有某个令人信服的目的的一种驻留。而持续驻留反过来将需要的发射系统比当前在用的便宜得多。然而，无论载人和载货登月的运载火箭与航天器如何相对廉价，无法逃避的事实是，前往月球将的确很昂贵。但是，若非如此，除接受最终的灾难之外，其他别无选择。

对于一项利用太空用于保卫地球的永久性计划，最棘手的阻碍不在于财政或技术，而是政治性。至关重要的是，一种两党性行星防御文化影响美国和全世界，并接受航天预算不仅必须增长，而且必须无限制地长期保持稳定并受到保护，而非每年辩论和再辩论。换而言之，行星防御必须像军事一样规范化。没有哪个政府会考虑放弃武装兵力。保护地球应当像具有选举权的民族国家受到保护一样，相应地永久制度化并得到资助。这样一个模型是存在的。海军为大型舰队（如航空母舰）的军事行动提供预算，用于一艘舰船的预期寿命。难以想象，耗资40亿美元、耗时7年建造的一艘超级航母，将无法拥有足够的运维资金，以便在预设的寿命期内完成使命。由于航空母舰的上将们每年不必网罗资金用于运维其舰船，航天器舰队、太空站和月球殖民地的管理者也不应去网罗争取。他们的资金必须像军方一样稳定可靠。

两党的行星防御文化对于太空主义者的成长、成熟和支持及他们保卫地球和美国太空利益的使命是必要的。事实上，航天器舰队、太空站和月球殖民地巴勒斯（Burroughs）的管理者们的信仰是太空主义者本身，它对于一项成熟且可靠的行星防御能力是必不可少的，而且太空主义者将远远要比单单抵御威胁地球的流氓太空物体更有价值。潜伏在太空深处的危险也许甚至更大。

5.5 行星防御的逻辑：末日餐厅

从太空深处出现的外星人杀戮、吞食地球，或给地球带来麻烦，是经典科幻小说的陈词滥调。然而，这也是一件可能发生的事件，当然也是对美国（实际上是人类）太空实力构成最终挑战的一个场景。这是行星防御的逻辑，因为太空主义者将不会与自然对抗,而将会抵御一个思想高深、反应敏捷的敌方。和语义场景中无灵魂的撞击物不同,敌方握有让哪一方将获胜的"选票"。

尽管考虑外星人入侵的人们往往是科幻小说和幻想作家,但这个主题并没有完全逃离现代军事战略家们。受人尊敬的学者兼防务战略家科林·格雷(Colin Gray)博士在其关于太空实力的著作中强调了该议题:[16]

> 尽管地球地理环境和太空之间存在着巨大的不对等性,但"星星"或"天空"对当代防务筹划者们具有战略意义却并不十分明显。源于地月系统以外的威胁也许出现于太阳系以外甚至银河系以外。如若确实如此,若我们甚至能够注意到这种威胁的途径,更别说能够在发起时看到它们,我们将是幸运的。从长远看,确实就极长远而言,人类的安全最大可能取决于其太空实力。恐龙面临着移居与灭绝之间的一种糟糕前景,并从技术上被宣判为后者。幸运的是,由太空中快速移动的外星物体带来的随机威胁对地球生命构成的一种威胁似乎远比《日内瓦公约》细致描述为未经教化的外星文明有目的的威胁要严重得多。一颗小行星也许只是终止人类经验并解决宗教争论,但至少在准则方面它可探测可追踪而且可能可偏移。通过告诫,可以从另一个太阳系抵达地球的任何有生命的、目的明确的外星人威胁,更别说来自另一星系,能够设想为可能享有一种用于卓越战略效果的决定性技术优势。

让我们针对这一场景想定假设地球出现比科林·格雷博士描述的略微幸运一点的场景。由于一场难以置信的巧合、偶然运气或天神干预,地基的观测器发现了一个巨大物体,它从柯伊伯带进入我们的太阳系内部,并按设想穿过小行星带进入岩石行星区域。它大而暗(宽度数千米而且处于更深空)。该物体并不试图在我们能够探测到的任何波段进行通信。事实上,似乎该物体被设计成明确限制任何类型的辐射并尽可能隐藏自身。这艘外星"复仇者号"飞船如同一艘攻击潜艇,在静默运行。更糟糕的是,它看起来很邪恶,就像整个从一场"洛夫克拉夫特"式①梦魇中出现。我们的恐惧也许只是对未知的恐惧和对地球美学的偏见的一种毫无道理的表达,又也许不是。无论如何,太空主义者被迫成为我们的侦察一线,而且愿上帝保佑,成为抵御一种无限潜力攻击的第一防线。

尤其在各种纪录片科学电视节目中必播的外星人片段,电视荧屏流行的科学家通过叙说具有星际飞行能力的任何外星人都会先进到人类任何抵抗将毫无用处的程度并因此不值得讨论,倾向于避谈抵御外星人的攻击。既然它忽略了军事分

---

①译者注:洛夫克拉夫特(H. P. Lovecraft)是知名的美国小说家,被称为"现代恐怖小说之父",洛氏元素(Lovecraftian)表征一种探求神灵、秩序、危险和奇珍异兽的场景,尤其是对宇宙的场景描述中会融入对神秘空间的本能恐惧。其经典作品有《克苏鲁的呼唤》。

析中其他潜在缓解因素的影响,而且真正的职业人员如果助长这种轻薄且失败主义的态度就会在其防御职责中玩忽职守,那这就是一个不令人满意的回应。例如,用入侵兵力跨星际距离航行抵达地球能够佐证其优势技术,但也可能暴露出敌方的一个关键弱点——天文上的巨大交通线。在外星人入侵场景中,最关键的情报之一就是首先了解对手如何抵达此处。了解他们的星际航行方法至关重要,因为这种情形(某方潜在地强大到足以使一项技术优势失效)下,人类可能拥有的一种优势就是后勤优势。一支外星人攻击舰队如果需要穿越星际宇宙,将可能无法轻易获得增援。相反,人类的整个力量将可以全部用于军事行动区域(我们的太阳系)。如果外星人星际航行很"艰难",即行驶缓慢(亚光速)或受规模限制(在烟雾中行驶的母船就是我们可能要战斗的主体),则某些军事目标和战略就能设计出来。

但对手的技术并非我们自身必须关注的唯一问题。太空主义者拥有的太空实力本领对于确定人类应当如何防护自身同样至关重要。显然,人类拥有的技术(以太空实力为中心与否)越多就越好。然而,我们所拥有的航天技术类型很大程度上限制了我们的战略选择。迈克尔·米库德(Michael Michaud)①给我们提供了一个关于外星殖民和行星防御的非常有趣的两难处境。[17]

　　蒂普勒(Tipler)和巴罗(Barrow)设想了一项侵略性的星际扩张和殖民计划,试图对理想的和更为贬义的星际帝国主义概念作一区别。首先,他们宣称期望星际帝国主义是毫无理由的。而后,他们承认,"帝国主义者"的存在将刺激"殖民者"加速占领先前无人占用的太阳系,以防止"帝国主义者"抢占。他们列举了欧洲列强迅速征服非洲中部作为这种行为的一个例子(非洲领土当然已经有人居住)。

　　蒂普勒和巴罗似乎不承认,"殖民者"和"帝国主义者"之间的争执将是一场帝国间的争执。他们也不承认源于另一文明的探测器的到来可能被视为威胁。他们甚至声称,宇宙外星生物对除地球以外我们太阳系中所有行星的殖民不会是帝国主义,因为这些行星只是"死亡之石和气体"。然而,他们承认,外星人对无人居住行星的殖民会阻止当地智慧物种最终在这些世界殖民。想象一下,如果我们看到外星生物殖民火星会是什么反应。

如果我们看到外星人殖民火星,会做何反应?让我们通过定义两个不同的行

---

①译者注:迈克尔·米库德(Michael Michaud)是美国国务院太空与先进技术办公室前主任,2007年曾出版《联系外星文明:我们对遇见外星人的希望和恐惧》一书,书中认为"理想主义者试图与地外文明取得联系,但人类社会会因此而遭到破坏。外星人不太可能是类人生物,如果它们驾驶具有高级智能技术的飞船入侵,征服地球人类会像杀死昆虫一样轻松。"

星防御模型来设想对该问题的两种不同答案:亚里士多德派(Aristotelian)观点和哥白尼派(Copernican)观点。亚里士多德关于行星防御的观点是"以地球为中心"。亚里士多德对迈克尔·米库德问题的答案是,如果看到外星生物殖民火星,我们会什么也做不了,或者至少我们不会试图阻止它们。对于亚里士多德派而言,地球是人类的不动产,除此以外的其他一切都可以磋商。亚里士多德派观点的一些优点在于,由于人类所感知的利益范围将仅限于地球或大概是地月系统,冲突风险将会降低。如果"复仇女神"(Nemesis)止步于木星或火星,问题就迎刃而解了!如果发生一场对地球的攻击事件,人类的兵力也将会以加强军事重心为原则集中于地球,而非潜在地扩散至太阳系。这项行星防御计划的一些缺点包括出于让敌方靠近"我们的家园和炉边",使得地球更易受到攻击。此外,正如迈克尔·米库德所指出,外星人对我们太阳系其他星球的殖民将阻止我们做同样的事情。

或者说,哥白尼派的行星防御观点在于"以太阳为中心"。太阳是太阳系的中心,人类是太阳系中天然的智慧生命,因此太阳系属于人类。哥白尼派会认为未经人类同意而对太阳系的任何外星殖民,都是值得以武装抵抗的事件。因此,如果我们看到外星生物殖民火星,哥白尼派就会派出一支军事舰队,促使敌方停止活动,达成某种共同协议或完全阻止敌方达成殖民努力。

一种哥白尼派观点本身并不在于帝国主义。在木卫二卫星和其他冥王星的世界或其他更奇特环境中的整个太阳系大量疑似液态的海洋中都可能存在本土生命。事实上,我们太阳系或许存在其他智慧生命。哥白尼派可以很容易同意一般规则,声明本土生命存在之地即为该区域理所当然归属于其本土物种。然而,人类似乎是我们太阳系本土唯一的技能物种。事实上,哥白尼派针对一种外星殖民者的"十字军东征"甚至可能是为了保护一种受到非原本土殖民者威胁但是太阳系本土生命形式的外星生物。

我们采用某个亚里士多德派或哥白尼派行星防御观点的一个主要因素是,当前在太空中的技术和运维本领。为了发起一项哥白尼派战略,我们将需要能够争夺地球以外的太空。这就要求用巨大的有效载荷进入并利用太空从而发起军事行动——这比美国当前拥有的太空实力要大得多。在2014年,当外星人完成登陆滩头后发起一场对地球的攻击,我们在祈祷之时,除了只是看着"复仇女神"殖民火星并等候一声"邻居你好"的友好信息,别无他法。亚里士多德派关于行星防御的观点是一种太空实力的默认姿态,它不具备在整个太阳系实施大型后勤行动的本领。哥白尼派行星防御战略只对那些能广泛进入并利用太阳系的太空强国开放。对从事哪种行星防御战略的任何决定都应以人类的需要为基础,并以针对其优点所选择的经过深思熟虑且合理的战略为基础。不应当由于一种技术条件受限制而默认做出决定。因此,航天推进是这种场景的一项至关重要的技术需要。

但是,航天推进只是太空主义者在这种场景下会需要的技术之一。最显而易见且最重要的会是具有太空能力的重型武器。这是一种大型武器,要能够生产得尽可能大。没有能够指向外空的太空武器(就像对于统治场景至关重要的面向地球的武器类),太空主义者无法建立一种针对入侵的防御。该入侵将需要在任何防御性火力得以尝试之前降至地球。核武器和更奇特的定向能武器将作为任何天基防御的必要条件。除重型太空武器外,瞄准设备还将使其得以使用。深空态势感知将是太空主义者们用于深空武器探测和瞄准的关键补充技术,还必须部署将武器和深空态势感知无缝集成的指挥与控制技术。

当武器、探测和指控都先进到足以制定有用的军事战略并辅以一场潜在成功的防御时,限制因素将是航天推进。部署所开发的任何武器和对其提供后勤保障都需要高水平有效载荷发射技术和深空推进技术,而推进技术能力将是决定一支入侵兵力能够距离地球多远进行交战以及太空主义者能否采取一种哥白尼派战略或被迫采取一种亚里士多德派防御的关键因素。因此,即便太空中的一项战斗能力是防御的必要条件,但一旦达成某种有效能力,其效用将主要由对于部署和维持可用的航天推进能力来界定。尽管航天推进对于一套行星防御场景逻辑而言不是最为重要的能力,但因为它可能为任何技术提供最为战略级的自由,因此仍然最为重要。

5.6 行星防御的统一体

正如没有理解太空实力语义和逻辑之间的共生关系就无法完全理解太空实力一样,行星防御也具有本质的统一。行星防御就是行星防御,不论它必须对抗的威胁是什么。因此,行星防御是所展示场景中最强有力的。这也可能是太空主义者最终将证明其最为值得的议题。为行星防御做准备,聚焦语义或逻辑场景,使太空主义者考量太空实力的所有方面,并驱使对最强有力的技术和产业化基础的需求成为可能。迈克尔·米库德认为:[18]

> 如果发现一颗小行星正飞向地球,我们仍然没有用于人类反应的恰当的具体规划。一些分析表明,只有在小行星和彗星被预测到撞击的数年之前抵达它们,我们才能使其从穿越地球的路线偏转。对于直径200米的小行星,我们需要大约20年时间;对于更大的小行星,交付前的研制周期会更长。

对星际飞行理论家格雷戈里·迈特洛夫(Gregory Matloff)来说,这意味着要在太阳系外建造一套基础设施——至少是戒备飞入天体的警戒哨位。这种能力还可以让我们发现其他潜在的危险入侵者——另一种文明的探测器或栖居飞行器。地球安全保障将延伸为太阳系安全保障。

行星防御能够被视为针对直接遭遇的一次彩排。它提供了一个模型,让我们做好准备以应对一种更为先进技术的探索飞行器。我们是否能够保卫自身,将取决于这两个文明的相对能力。我们是否需要保卫自身将取决于更强大一方的意图。

搜寻地外智慧生命的守旧派学者认为,由于我们的技术水平远低于所接触的任何其他文明,如果外星人充满敌意,我们将无能为力。这种悬殊也许原来是真实的,但尚未得到证实。事先假定我们的弱点将会是对先发制人的屈从。

屈从于先发制人将不会出现在太空主义者的词汇里。但行星防御的根本统一也意味着为一颗行星做准备将自动为针对另一颗行星的防御提供好处。的确,即使通过启动最基本的第一步来建设行星防御能力,也能够制定对新技术的需求,并产生新的科学发现。更好的事情在于,行星防御技术甚至可以为我们现有探索倡议提供巨大好处。迈克尔·帕帕吉安尼斯(Michael Papagiannis)[①]博士针对一项更狂热、更集中的太阳系探索计划提供了一套非常有趣的逻辑。据在哈佛大学培训的波士顿大学物理学家介绍,当前在深空态势感知能力上的局限甚至使我们无法确定我们确实是目前居住在太阳系的唯一智慧物种:[19]

大小规模 1~10 千米的少量太空殖民地……,本可以很容易避开源于地球的光学探测,消失在小行星带的大量有形物体中……

因此,我们必须在太阳系特别是小行星带协调一致地寻找外星生物活动。这项调查必须包括对某些特定小行星的飞越任务,以及利用覆盖众多不同光谱区域的地面和太空望远镜从地球进行观测。其目的是寻找意外的红外高温等具有特殊物理特性的小行星、无线电传输等先进文明的症候和核聚变副产物等技术活动的任何证据。

在小行星带中找到外星生物殖民地的可能性或许很低,但无疑值得去做,因为回报可能非常高。即使我们什么也没找到,也不应将我们的努力视为一种失败,因为尽管找到其他文明也许令人兴奋,但同样重要的是要知道,我们的太阳系和银河系尚未被殖民,因此可能只有我们独自在整个银河系。此外,独立于探索外星生命之外,从一项对小行星带直接探索而获得的关于太阳系起源和演化的新知识,无疑将使这一努力变得有价值。

因此,一项基于行星防御需要的探索计划,包括编目可能威胁地球的潜在危险太空物体和寻找具备物理特性的太空物体,可能表明人造物将会提供超出当前探

[①] 译者注:迈克尔·帕帕吉安尼斯(Michael Papagiannis)在1984的《增长极限下恒星文明的自然选择》一书中认为,比我们古老的文明更有可能选择智慧价值而非唯物主义,从而达到伦理和道德的高度发展,并在精神上高度进化。

索计划的科学好处。这种努力可能比我们目前的探索计划更可持续,因为还给探索附加了除简单求知欲以外的非常务实的理由。

即便是对于一种强大的行星防御能力所必需的技术,也将广泛应用于我们决定在太空进行的任何活动,就像第 1 章中的太空实力理论所提议的那样。例如,特拉维斯·泰勒(Travis Taylor)提供了下列用于对抗一场外星人入侵的有价值的技术清单:

以下是为外星人入侵做准备应予调查的技术案例:[20]

- 轨道炮技术
- 地球入轨航天发射技术
- 国家导弹防御
- 战术性地基、空基和天基定向能武器
- 新型装甲(动力装甲和机械装甲)
- 电磁干扰武器
- 微卫星、纳卫星和皮卫星
- 纳米技术
- 先进软件武器
- 定向太阳能
- 新能源
- 防御性护盾
- 光学和射频超大阵列(无线电频率)
- 月球弹射器
- 天基导弹平台
- 太空、月球、火星等基地
- 太空海军
- 民防掩蔽所
- 其他尚未发现的技术

这份清单有着大量不同技术,都具备超出行星防御使命任务的用途,而且许多都能通过地球上的研究和开发加以发展(至少部分是)。因此,并非所有这些技术都必须依赖太空主义者或任何太空实力施动者来开发。事实上,泰勒说对行星防御最重要的一项技术是支撑航天技术中所有其他技术的技术:[21]

人类行星防御能力中最严重的缺陷是什么?答案显而易见:航天推进。目前,地球上没有任何人能够在太空执行哪怕是最有限的军事行动,甚至在地月球系统内也是如此。原因在于不具备足够远距离的推进系统。至少就公众所知,没有人做出认真深入的努力去纠正这种情况。

如果太阳系被入侵,人类将处于被迫在本星球上保卫我们母星的尴尬境地。

历史给我们提供了大量案例,很多国家出于这样或那样的原因被迫完全在本国边境以内进行防御战争。它们有时成功,有时不是,但一律遭受沉重的平民伤亡和经济损失。

另外,我们以英格兰为例。在超过900年里,没有哪个敌人已曾登陆英格兰海岸。这主要是因为其海军优势。当然,如果边境有敌国,海军优势并不能保护你免受入侵,但一个星球就是一个岛屿,就像英国一样。

因此,似乎航天推进是可能以太空主义者的战争出现的所有呈现场景的一个共同主题。事实上,航天推进承担了所有太空实力活动,而提高在太空中的推进能力使得太空中的其他事物更容易。在行星防御和太空实力中航天推进确实属于"水涨船高"。

5.7 太空战略贯穿场景想定

从一个大国的天缘政治斗争到针对行星际碎片或外星智慧生命的行星防御,我们对可以描述太空主义者2053年战争的四个场景的探索已经经常强调轻信的局限性。从一种严格的概率心态来看,对于大多数人来说,每一种场景都不太可能,甚至可能完全被忽略,但所有这些场景都有可能,因为任何一种场景都不能被完全忽略。为判断这项工作的有效性,我们绝不能忘记,场景想定规划不意味着预测未来,而是为了展开自身思想:[22]

> 要想在不确定的世界中运转,人们需要能够再认识,即质疑他们对世界运转方式的假设,这样就能更清楚地看待世界。场景的目的在于帮助自身改变对现实的看法,使之与现实实际样子和实际发展趋势更紧密地结合起来……然而,最终的结果并不是对明天的准确描述,而是有关未来的更好决策。

艾伯特·圣乔治(Albert SzentGyorgi)讲述了一群士兵山中迷路的故事(维克(Weick)转述):[23]

> 一支匈牙利小分队在阿尔卑斯山进行军事演习。他们年轻的中尉恰巧在下雪的时候向野外派出了一支侦察队。下雪两天,部队没有返回。中尉忧虑他派出的人已身亡,但第三天部队返回了。他们去了哪里?怎么找到的回路?"是的,"他们说,"我们以为迷路了,等待着自己的结局,但我们有一个人在他的口袋里发现了一张地图。这使我们平静下来。我们找到扎营地坚持到暴风雪结束,然后用地图找到了方向。最终回到这里。"中尉仔细看了看地图,惊讶地发现那是比利牛斯山脉的地图。

维克建议:"如果你迷路了,旧地图总比手无寸物要好。"地图使士兵们得以行动。他们曾经精神涣散;但现在相信地图展示了周围环境,给了他们新的理解和行动的理由……地图让他们摆脱了之前的涣散状态。精确度并未涵盖其中。

因此,从这本书和这些场景中所学东西当中,我们可以展开一幅图谱。我们的场景设想都未充分展开,无法对未来可能挑战美国太空实力的事件提供一种准确描述,但我们所学到的东西可以提供一幅为未知的未来做准备的图谱。我们的图谱将使太空主义者为可能面对的任何战争做好准备,它由三条工作线组成:一条技术工作线、一条军事行动线和一条组织工作线。这三项努力将不是一份完整的太空实力发展计划,但将提供一个用以制订一份完整太空实力计划的框架,美国需要为准备应对可能直奔她而来的任何未来制定太空实力计划。

5.8 技术工作线:核冲击

本节简要回顾的所有场景都有一个共同的有益技术——航天推进技术。为应对四种场景中的任何一种,运载火箭或深空推进技术(或两者)都必须得到显著改进。幸运的是,在新的技术飞跃中有一个首要争夺者,将为美国的太空实力提供真正的太空实力所需要的推进器革命——核能。

回顾第3章中对S曲线的讨论,目前使用化学火箭的运载火箭技术能够在其S曲线的最顶端进行考虑。也就是说,即使为改进化学运载火箭做出了重大努力,但也没有进一步改善要拥有的能力。航天爱好者的一个共同遗憾是,我们今天使用的运载火箭与20世纪60年代使用的运载火箭相同。这是错误的。当今的"阿特拉斯"5号(Atlas V)和"泰坦"4号(Titan IV)运载火箭远比早期的"阿特拉斯"和"泰坦"先驱先进得多,而且技术远要好得多。不幸的是,由于化学火箭固有的局限性,对运载火箭的改进或当前一代运载火箭并未显著提高我国火箭的效率和效能。化学火箭不能得到比现在好得多的效能。例如,逆向飞行和可重复使用的助推器等新改进能够在一定程度上推进技术现状,但即使有了这些进步,化学火箭在太空中也只能将我们带到这么远了。

向另一种火箭动力源的一次飞越必不可少,它保证了一条新的S曲线,能够最终将航天推进能力拓展到将整个太阳系以及以远向美国太空实力开放的层次水平。以核热火箭(即NTR,基本上是使用核反应而非化学反应作为废气推进剂以产生热量的常规火箭)和核脉冲推进(利用小型核装置的外部引爆以惊人的效率将航天器推进到惊人速度的火箭)为形式的核火箭,有望从化学火箭中轻松转型,并有可能提供最终能够使我们轻松进行行星际旅行并提供一种用于星际旅行的入门级能力的一条S曲线。

美国已经沿着核动力航天推进S曲线走了相当长的路。核热火箭发动机的原型在20世纪60年代核能火箭飞行器应用计划下已经进行了广泛试验,表明我们已经沿 S 曲线走得足够远,从化学运载火箭向核运载火箭的一次可用跃迁将已经提供一种能力改善。为研制出一款适用的运载火箭,还需要解决一些工程问题。例如,对辐射泄漏和其他安全问题的改进型防护,但工程上的挑战对于第一代可用于军事行动的火箭而言相对众所周知。核热火箭应用于深空推进也将在美国能力上提供巨大飞跃。但是,一款核能火箭飞行器应用型核热火箭载具仅仅只是保证以后更大效能的一项技术初案。

1819 年,蒸汽驱动的远洋轮船与"莽原号"号蒸汽动力船热切地启动穿越大西洋的航行。它以仅仅几个海里每小时的速度进行漫长且危险的穿航,远不及燃气涡轮机动力的速度和现代美国海军驱逐舰的安全。然而,两艘船所用技术非常相似,现代驱逐舰能够被认为是"进化创新"的一款产品,它将蒸汽动力 S 曲线从"莽原号"的低微起点延续到当今状态。尽管现代舰船可能远远超出了第一艘轮船制造者的技术实力,但"莽原号"的设计者仍然能够在当今海军发动机中看到"莽原号"的大量设备。因此,我们可以想象,未来将能够使用核能火箭飞行器应用的核热火箭概念背后相同基本准则,建造更多能力更强的宇宙飞船。一枚核热火箭的两个基本限制是推进剂(理想的是液态 H_2)的分子重量和核反应的热度。核能火箭飞行器应用核热火箭基于固态芯级(即反应器在整个运行过程中保持一种固体状态)且其温度性能受限。因此,一个保持固体的核反应堆只是提供超出化学火箭的少量性能提升。

然而,正如詹姆斯·德瓦尔(James Dewar)所言,核热火箭的概念"不受热度和重量的限制,就像化学火箭发动机一样,而是受任何给定时间点的知识状态的限制"。[24]具体地说,如何抑制高温反应。一枚固态芯级核热火箭在高推力和重载下能够达到约 800~1250 秒的特定脉冲。不过,随着材料处理和温度控制技术的改进(本质上是演化,不是被迫跃升新的 S 曲线),液态和汽态态芯级核热火箭在技术上将可能是可行的。采用这项技术,极大地更高反应温度存在可能,引发特定脉冲数达到数千也许高达 8000 秒。随着核热火箭发动机达到理论极限(因此 S 曲线也达到)的高度,核动力航天推进 S 曲线的核热火箭部分能够使得我们得以掌控跨星际航行。

如果将核脉冲推进的潜力加到 S 曲线上,将得到甚至更广阔的技术前沿。第一代核脉冲推进设计,如"猎户座"计划(见第 3 章)能够为运载火箭提供极高的有效载荷(每次发射约数千吨)和大约 1000 秒的特定脉冲,比化学火箭的潜力高得多,根本上消除对有效载荷重量的任何担忧,并推平目前大规模太空行动的最大障碍,即太空实力不足。即便是第一代核脉冲推进发射或太空行动飞行器,也将是美国太空实力方面的一次巨大飞跃,将永远重新定义我们对太空航行的思维。然而,对 NPP 型推进最大理论能力的调研能够为建造能达到光速10%的真正的"战斗星银河系"或"集群型"战舰提供可能性!这将是可以在 44 年内到达离我们最近恒星的真正星舰,无须曲速传动。核热火箭技术和核脉冲推进技术都是我们所知的"革命性创新"。如果将美国的太空实力从精疲力竭的化学火箭 S 曲线转变到核 S 曲线,就能实现一项直接能力提升并开启一条新的路径,它只需必要的增量和演进性改进,就将使我们成为太阳系的主人并开始探索本星系的星际邻居。这确实是一场太空实力本领的革命!

  但是,除一场革命战争外,这场革命的诞生别无他求。对于开启核航天推进 S 曲线必不可少的核技术已得到充分理解。事实上,大多数技术都已经解决。如果当今的工程师们尚未能够研发第一代可运维的核太空飞行器,那么只需一些努力重新学习 20 世纪 60 年代开发的技术。太空实力革命的困境将几乎完全是政治性的。20 世纪 60 年代原子能航天计划没有实现的部分原因在于财政压力和登月之后太空竞赛变得停滞,但主要在于 60 年代后期公众对所有核事物的反对,并最终累计成立 70 年代引发了反对核技术的示威。今天,即使深空探测器上的一台相对小型且无害的放射性同位素热电发生器(本质上是一个核热灯)都能够诱发环保团体的大型抗议,对于核热火箭所需的大规模反应堆几乎更是不可想象。为一艘星际"猎户座"型核脉冲推进飞行器爆炸数百枚核弹,将使大量反核活动分子陷入疯狂状态。然而,只有通过这些活动,我们才有可能在太空中完成任何非凡事情。太空实力倡导者必须向美国人民表明立场并使他们相信,一项核航天计划是既安全也极有价值的,反核活动人士司空见惯的示威抗议是不理性的,对于任何可在太空中值得拥有的未来都是毁灭性的。如果想要曲速传动,必须接受核曲速芯级。只有消除当今社会的反核航天偏见,才能拥有一项强大的航天计划和一种成熟的太空实力。

  因此,美国太空实力路线图的第一阶段必须从化学动力航天计划跃升到技术限制远小得多的核动力航天计划。这样至少会带给我们四个直接优势。首先,使用核能研发的第一代航天器将在本领上得到一种巨大增强,几乎在一夜间为太空开辟大量可能性。由于原有限制将让位于革命的可能性,这些机会将在航天计划中注入一针极大的刺激并带来乐观前景。其次,跃升到核航天计划将提供一次脑力突破,将使我们的太空职业人员在太空方面不再狭隘地思考而开始雄心勃勃地考虑太空行动。我们可以再次考虑月球和火星殖民地,而不是相信未来在于环绕低地球轨道的微卫星;可以朝向外空的太阳系进行挑战和冒险,而非聚焦朝向地球。最后,从运维这些第一代核发动机中取得的工程和可运维的经验,将开始增加我们对如何沿着核 S 曲线运维系统的共同理解。正如从 19 世纪运维危险的蒸汽动力船来之不易的经验中学到的安全规则如今得以直接应用一样,今天在核航天飞行器运维中吸取的经验也将可能在数百年后直接应用于深空行动,因为核 S 曲线将可能在未来几个世纪里支撑载人航天事业。

  最后,应对一项巨大的新技术挑战和该技术带来的巨大机遇,将为我们太空实力路线图的下两个阶段奠定基础。有了这种新的核技术,我们将需要解决如何利用该新技术以及如何培训将要运维该新技术的人才并为其配备装备。路线图的下一步将是阐释如何从军事行动角度开发利用这种新的核冲击：和平的战略进攻性。

5.9 军事行动工作线：和平的战略性攻势

海军战略的目的确实在于找到、保障和提升一国在和平和战争中的海上实力。[25]

——阿尔弗雷德·马汉 美国海军上将

按霍姆斯和吉原所言,航海国家在和平和战争时期同样永远处于攻势。海军战略不是始于战争开始并消逝于结束。[26]在战争期间,海军能够强行开放敌方市场和基地使用权,同时拒止对手的使用权。在和平时期,各国通过"获取战略级地理特征"加强海上实力,这将有助于扩大并捍卫对海洋财富的进入并利用,包括努力获得新市场并通过外交手段或新市场构建来增强现有基地。作为一个世界性海上帝国,大英帝国的发展是数百年来英国攻势海军战略的结果,它以民族繁荣的名义为海上实力的开放并发展了新市场。[27]

海军战略不同于航海战略,马汉写道,因为它"为了最终找到、保障和提升一国在和平和战争中的海上实力"。在和平时期,找到和确保战略性地理节点是和平时期加强海上实力的一种方法,掌控对市场和基地开放使用权的努力也一样。一个决心实行海上实力的国家,在战争和平时期总是处于攻势。[28]

太空战略也致力于扩大和平和战争中的一国太空实力。太空战略的目标在于来自太空的财富,它要求对太空的战略使用权。而且,就像海上实力一样,战略使用权通过战略性攻势获得。战略性攻势能够通过暴力或和平手段进行,但占支配地位的太空大国应始终处于战略性攻势。当今,有力的战略性攻势缺乏充足理由,因为在被军事大国有效阻挡的太空中没有战略使用权。因此,如果未来一场战争需要,即不存在通过军事手段拒止释出使用权,也不存在任何真正的理由拒止他人在任何容量而非潜力上对太空的使用权。那么,我们如何扩大对太空的使用权呢？幸运的是,和平的战略性攻势不仅可获得,而且已经得到一大群航天爱好者的支持,尽管他们对和平攻势的看法略有不同。

航天爱好者群体经常谈论太空定居、航天产业化和创建一种航天社会。所有这些都意味着永久地将人类生态系统和经济散播到太空。换言之,它们倡导一种和平的战略性攻势,以迅速提升对太空的国家和国际战略使用权。以旅游太空站、推进剂库、制造与科学站为形式的近地轨道产业化增加对地球轨道的战略使用权。月球殖民地和为到达该星体建造的交通基础设施将重建一座通往人类已经失去近半个世纪的第二人类世界的桥梁。想要塑造一种全新文明的火星爱好者都正在支持人类历史上任何时候在任何环境中获得大概是最大的战略使用权。所有这些项目都能够被视为潜在的和平的战略性攻势——它们是意在声索新领地的使用权用于人类商业的"攻势"。

爱好者团体的崇高目标确实是拥护在太空中实施和平的战略性攻势的唯一支持者。军方大多数想要聚焦军事拒止能力,错误地满足于当前但微不足道的战略级太空使用权。在军事界,甚至对低成本运载火箭技术极为重要的使用权倍增器的投资也颇为不满。对大多数军事领导人来说,扩大商业太空能力简直堪比幻想。在谈论航天爱好者的话题时,NASA 的管理被许多人看成是宁愿花有限的钱以在战略上不可靠的集群里维系臃肿的官僚机构。航天爱好者群体和一些爱好者创办的商业太空公司,如 SpaceX 和"维珍银河",是当今和即将到来的未来战略性攻势的唯一拥护者。

然而,我们如何知晓一个太空开发项目是否真正促进了战略使用权和一种太空实力的本领?如果一个项目将一个合法市场、地区或自然资源开放给商业开发利用,从而在一种长期和高成本效益的基础上产生财富,就会推进战略使用权。前往火星或月球的"插旗与踏足"任务不会开辟一条使私人商业飞行任务在物质上和财政上更易于跟随(如留下永久性太空加注平台或其他一些运输基础设施)的蹊径,不能增强战略使用权。战略使用权不像一战中一艘旗舰暴风雨般扫荡一片敌方战壕。简单地在某处放置一件标识物并宣称"我们已抵达此处"并不能推进战略使用权。相反,任何使命都必须开辟一条道路,其他人能够跟随它去产生财富。侦察兵绝不能简单地前往,而是向勘探者和跟随他们的定居者提供帮助。

必须通过回答以下问题来筛选太空项目扩大战略使用权的潜力:①太空项目是否会开放一个新的领域、市场或一种自然资源用于商业和经济开发利用?②它是否具有成本效益、在财政上可持续并且保证为自身或纳入预算(不只是含糊的"已规划")的后续任务带来利润回报?如果对这两个问题的答复都肯定,那么所论项目可能很有价值。利润回报可能来自物质财富、政治实力或科学知识,最宝贵的是物质财富。非正当的钱财是项目和国家的命脉。政治实力虽然存在但往往短暂,比如阿波罗计划产生的声誉。科学知识也常常被航天科学家和爱好者高估。科学知识只在一个太空强国具有价值,由于它具备一种提供扩大的市场、资源或运输可能性的重大潜力。简言之,知识是否经得起应用研究和开发的考验?如果知识经不起考验,那么就不可能从一种战略意义上严格理解为太空财富,它只不过是对科学家或科学爱好者群体的政治赞助。

任何和平的战略性攻势都必须试图增强战略使用权。因此,并非所有拟议的使命任务都可以视为战略性攻势。无论某个支持者对一项特定任务或行动的游说有多强烈,如果该项目不是以一种高成本效益、财政稳定的方式开辟新领域用于商业开发利用,就不能视为一种战略性攻势,也不能从马汉意义上推进太空实力。如果该项目确实肯定地回答了这些根本问题,那么可以确信继续该项目将增加人类和国家对太空的战略使用权,因而增加国家的财富、实力和福祉并为人类在天空中的未来建立一个更好的立足点。

将海军上将马汉的海上实力理论作为太空实力理论基础的一种潜在反对意见是,一部分由于马汉的著作原因,人们在19世纪末和20世纪初意识到暴力的投入。例如,1898年西班牙-美国战争,第一次世界大战前英德之间昂贵的"大无畏"时代海军建设和美国对波多黎各、夏威夷与菲律宾的殖民统治,实在能够部分归因于马汉的海上实力愿景。然而,正如我们所见,马汉的理论并不支持侵略战争,而是和平的商贸。马汉时代发生的大量海军侵略都是由马汉之外的人所犯下,只是把马汉作为他们无论如何本应完成的侵略行动的一个正当借口。此外,一种太空主义者海军至上主义的一个重要优势是,虽然19世纪的海上实力从根本上是一场零和博弈,在这场博弈中,全球得到安排且资源必不可少地经外交或武力征服领土中获得,可预见的未来太空实力是一套开放系统,拥有财富、太空和所有足够勇于冒险迈足并抵达者可获得的自由。也许,太空实力相关的最佳之处在于,一个国家的殖民冲动如今将会激活死亡世界而不是像过去那样将强者的奴役带给弱者,把许多人认为是一股邪恶的冲动转化为对生命的服务。这一变化以及和平的战略性攻势的可怕潜力具有崇高和救赎之处。因此,美国太空实力诉诸太空中的一种和平的战略性攻势是紧迫现实。然而,要实现攻势将要求我们的人具有抵达星际并抢夺天际的能力……

5.10 组织工作线:培育太空主义者官员

上述场景和对每种场景的一些潜在技术发展路径有用性的调研,使我们得以考虑以和平的战略性攻势即通过发展更好的太空输送迅速扩大太空使用权,作为太空主义者采取的最优潜在路线。拥有一项战略,我们现在必须转向培养能够实施这项战略并组成新的太空军种之人。

"太空实力通论"主要从思想产生角度来审视发展。思想产生既包含提供使用权(语义)的要素组合,也包含将一般太空实力引入应用型国家实力(战略)的转变器。然而,思想产生只为发展提供原材料。为了使发展取得成功,所产生的思想必须改善有用的使用权并提高一个施动者的太空实力本领。这意味着发展既要求产生思想,也要求对所产生的思想进行战略性分析。

尽管任何人都可以做出贡献,但思想生成和要素改进通常将由科学家和工程师完成。然而,战略性分析技能也许是太空军官,即太空主义者们,能够提供给太空主义者们为战争所做的准备工作。斯特藩・泊松尼、杰弗里・普梅尔博士和空军学院弗朗西斯・凯恩在《技术战略》中投入了大量时间探索战略性分析师的概念。作者们探讨了他们的技术战争概念,其中太空主义者们发展太空实力的动力

将是一个主要剧情,他们描述为:

技术战是对国家技术基础以及由此基础产生的特定进步直接且有目的地应用,以实现战略和战术目标。它与其他形式的国家实力协同使用。这种战争的目的和所有形式的战争一样,向敌国施加国家意志,促使其改变其目标、战略、战术和军事行动,取得协助或支持其他冲突手段的一种安全确保或支配地位,促进并投资技术进步达到优势军事实力,防止公开战争,并使得和平艺术得到蓬勃发展以满足社会的建设性目标[29]……国际技术竞争有时能达到最好描述为经济战争的水平,这些竞争性斗争的结果能够对决定性的军事技术战争产生惊人的长远影响。[30]

既然技术战争是看待国际关系和经典战争的一种不同方式,那么获胜与战败的概念有所不同。他们继续阐述:

当一队有限的博弈参与者(即希望通过赢得博弈而结束博弈的人)拥有一种技术领先优势,迄今为止先进到其对手在领先者已将其技术转化为决定性武器系统之后才能够攻克,则技术战争达成胜利。失败者可能清楚自身已经失败,并已知道很长一段时间,但却也对此无能为力……

总而言之,适当开展技术战争要求战略最有力地推动技术,技术战争的一套总体战略必须根据明确界定的目标和一套行动计划分配资源,而不仅仅是军事化利用技术产品的战略要素。指挥权必须处于那些理解技术战争的人手里,并非控制这场决定性战争的补给军官和弹药设计者,这要求他们首先理解战争的本质。

为避免读者混淆,我们不主张把技术战争交给科学家控制,也不主张科学家应以某种方式创建一套技术发展战略。我们的意思是,一种对战争艺术的理解比熟悉某项技术专业更重要。一位非凡的科学家造就一名优秀的战略家,而技术战争的将军们不必是科学家,正如过去的将军们无须是优秀的步枪手或铁路工程师一样。

像所有战争一样,技术战争必须由一名指挥官借助一份战略实施。正是由于缺乏这样一份战略才使美国走到20世纪70年代的威望和实力低点,其船只在世界各地被查没,战略性攻势兵力受到日益壮大的苏联战略性攻势兵力的威胁,而美国则困于是否尝试保卫其人民免遭敌方热核炸弹袭击这样简单的问题,而不能在东南亚打赢一场次要战争。

我们既没有将军,也没有战略,并且胡乱混过国家史上最具决定性的冲突……但这种令人不满的美国表现总有例外。伯纳德·施里弗(Bernard Schriever)将军建立了一个用于战略分析的军事组织,负责在弹道导弹方面早期权威性领先于苏联,尽管事实上美国早在第二次世界大战后曾允许苏联在导弹发展方面多年领先。空军预测项目和后来的75

号项目曾试图让战略对技术做出响应而后驱动技术,这些也都是施里弗将军所创建。[31]

尽管太空主义者的战争可能变成热战,但是其积累将可能成为以技术战争为特点的热和平。因此,太空主义者需在技术战争领域和热战领域都是太空主掌人。这将要求深度理解技术战争的属性。

5.10.1 技术战争的属性

到目前为止,技术战主要限于热战前冲突。这是一场无声且显然是和平的战争,参与技术战争大体上符合我们大多数人民对"和平"的强烈渴望。技术战争的暂时胜利者能够继续技术战争作为一场无限博弈,如果做出这样的选择,就能够维护和平与秩序、充当国际事务的稳定者、防止枪炮战争。

可能会有一种不同结果。如果拥有一种决定性优势的一方将博弈视为有限的,胜利者能够出于自身关系选择结束博弈。失败者别无选择,只能接受胜利者的条件,或参与已经失败的一场枪炮战。

技术战争能够和其他任何形式的军事冲突、外交策略、和平攻势、贸易协定、缓和改善以及崩塌惨败同时展开。它是用于所有形式战争的先进武器和装备的来源,它赋予冷战活动可信性和效力。技术战与心理社会行动相结合,能够形成一种战略支配地位。[32]

在太空的战略性(逻辑)支配必须是太空主义者为太空主义者的战争做准备的终极目标。事实上,足够支配性的太空兵力也许最终阻止太空主义者战争的发生。正如泊松(Posony)等继续强调建立一个能够成功进行技术战的组织之重要性:[33]

我们对技术战争的误解表现在我们未能建立一个进行技术战争的组织。对基础研究、应用研究、研发和采办方面进行年度预算和个人项目审查是我们直接控制技术发展的唯一流程。诸如如需求说明和军事价值评价等其他影响仅在个人项目层次有所感受。最起码是对研发工作及其与战略的关系的全面评价。

1969年1月20日出版的《航空周与航天技术》杂志是空天领域最具影响力的刊物,其中包括一份题为"越南间歇期促推新武器"的报告。该文明确指出,包括研发、基础技术和实际系统采办的许多先进新武器系统的预算资金水平在很大程度上取决于越南战争是否延续一个"间歇期"。考虑到技术战争的一套恰当策略和对工作的恰当指挥,标题应为"先进新武器结束越南战争"。

尽管他们并没有阻止太平洋战争,但海军的确为组织技术战争提供了一个良好模式。采用致力于路径(5)发展的一套类似于海军"海军战争学院-总理事会-

海军军事行动部长"三角体的架构非常适合进行技术战。发展一个太空战争学院、一个航天总理事会并将两者与美国军事航天部队的太空军事行动司令部紧密联系起来的一套协同三角体,对于诉诸在太空的技术战争是一套被历史证明且从理论上有效的组织方法。

5.10.2　太空战争学院

建立一所太空战争学院,致力于太空实力问题高水平研究、高级太空主义者领导人教育培养和对先进的太空实力理念进行战争博弈,是建立太空主义者文化并使美国走上发展成熟太空实力道路几乎必不可少的第一步。海军战争学院是美国真正的第一所战争学院,是海军军官行业"职业化",并成为海军思想中心。美国空军军团战术学校(现为空军大学)的军官们没有首创将空中实力推向成熟的战略轰炸等理论,但他们确实把先前的思想改进为有用的学说条令,促成重型轰炸机得以建造,使空中征战取胜助力战争努力,并促成美国空军成为独立军种部门。同样,太空战争学院必须致力于研究、实验、战争博弈,并发展当今有关太空实力经常分歧的思想,并将其凝结为可用的战术、战略、物资技术需求和一套条理清晰、逻辑严密的太空制胜理论。最重要的是,它必须有助于教育和激励今日的太空官员,使之成为明天的新海军军官——太空军官。泊松等从技术战争角度阐释了一所战争学院的目的:[34]

　　正如博弗雷(Beaufre)将军①所指出,战略家不能仅将自身限定于可能情况,必须找到办法做必要之事。希望拥有一项技术能力并不一定给我们带来该能力,但技术发展史特别是武器发展史使我们相信,确定一种技术需求会提高实现该要求的可能性……

　　我们必须鼓励战略思想,特别是在更年轻的军官当中,确保那些真正展现战略才干的军官得到晋升。国家一直总是忧虑于设立一个总参谋部,错误地将这一有用的军事手段与普鲁士和纳粹德国相提并论,认为它与民主制度不相容。当解释一个总参谋部军团的组织时,1000 个美国人里不到一个人意识到它是何物,然而当真正理解了它的时候就不再畏惧。拒绝总参谋部的概念可能理由正当,但我们斗胆提出,拒绝这一概念是为比一场幻想更好的东西,譬如在基蒂·霍克(Kitty Hawk)的历史性事件②中终结的幻想。

　　事实上,总参谋军团的概念是这样的:在职业生涯的早期阶段,某些

---

　　①译者注:法国将军安德烈·博弗雷(André Beaufre),曾作为法国陆军总理司令部的参谋参加过第二次世界大战并经历敦刻尔克大撤退。曾评论法兰西第三共和国的崩溃是 20 世纪最重要的事件。

　　②译者注:1903 年 12 月 17 日,在美国北卡罗来纳州的基蒂·霍克(Kitty Hawk),莱特兄弟进行"飞行者一号"首次试飞。当时拍摄的照片显示,奥威尔担任驾驶员,威尔伯在翼尖处跟跑。

年轻军官被选为潜在的战略家、情报专家和参谋军官。然后,他们的职业生涯由总参谋部管理;他们被派往参谋岗位和学校研究战争、战略、战术、军事学说条令和历史。指派到学校和在炮兵、步兵、装甲等特殊武器业务岗位服役交替进行。直至被认为不适合担任总参谋部职务前,他们都在总参谋部军团留任,此后能够调任到军种部门某级或退休。在他们任职军团的职业生涯期间,选定的军官轮换于总参谋部及其专业分部(如后勤和外勤岗职)的任命和业务部门任命,继而在更大单位担任业务指挥官的参谋长。因此,指挥官学习指挥,参谋学习参谋工作的职能。指挥官和参谋都有各自的晋升途径,在担任最高职位之前不会相互竞争。即便是那些岗位,竞争也可能保持在最低限度,因为参谋军官往往使得优良的指挥官晋升至军团以上层级。

简而言之,这就是总参谋部军团制度。它产生对战略有相当了解的军官,要求他们熟悉军种部门的行动和业务兵力的战术,鼓励他们用理智而非指挥术语进行思考。事实证明,这一制度尽管有待改进但行之有效。

无论是通过总参谋部概念还是其他概念,我们必须找到对战略人才进行选拔、培训、晋升和授勋的方法,并将他们置于能够制定获胜战略的岗位。没有战略家就没有战略。至少在科技战争中最需要战略。

战争学院是美国军队现代战略发展的传统策源地。太空战略家、海军司令约翰·克雷依(John Klei)认为,太空战争学院既是关键一步也是最关键的第一大步骤,原因有很多:[35]

尽管当前不需要一支独立太空军种,但应当建立一所太空战争学院。只有改变职业战争者的心智,太空才能被公认为像陆地、海上和空中战争一样截然不同且地位同等的一种战争介质。为此,应当建立一所独立战争学院。这将表明,太空战也是一类必须捍卫和保护重大利益的战争。除设立一支独立太空军种之外,建立一所太空战争学院是唯一方法,由此战争者和决策者将认识到,应该花费更多思考和努力来保护我们国家在太空的利益和安全。当然设立这样一所学校会有启动和运维成本,但相比于目前国内外依赖太空的商业和贸易,这笔费用相当小。

因此,太空战争学院既是战略形成的重要组成部分,也是为太空主义者根本文化奠定基础的一条相对廉价的途径。太空战争学院也不需要完全从头开始发展。利用现有的军事培训学校,如美国空军大学高等空天研究班、科罗拉多州科罗拉多斯普林斯的国家安全太空研究所和高等太空军事行动学校(统称为太空教育与培训中心),将使发展太空战争学院更划算而且更具吸引力。但太空战争学院只是太空主义者三元体的其中一个分支。

5.10.3 航天总理事会

总理事会的概念并非海军独有,在第4章也做了讨论。事实上,空军在20世纪20年代和30年代以空军(后来的空军军团)理事会的形式拥有所属理事会。在这两种情形中,总理事会都是将战争学院的理论工作与军事行动兵力的实际需要联系起来的重要纽带。泊松等描述如下:[36]

> 我们任何时候都必须拥有赢得战争所必需的自备兵力。这意味着在可预见的将来随时准备行动,同时为未来能力的重大进步奠定基础。这些是争夺资源的要求。我们的自备能力不是静态的,不能允许它萎缩或废止。因此,我们的兵力现代化必须持续不断,但不能对在任何特定时间拥有足够实力造成损害。

在现代化和当前行动之间保持适当平衡将是航天总理事会的作用。总理事会将适当考虑战争学院提出并作战争博弈推演的思想,并就执行军事行动的太空兵力酌情采纳该思想提出建议。同样,总理事会将考量军事行动兵力提出的问题,并指导战争学院在必要时加以研究。同以前海军和空军理事会一样,该理事会将由来自战争学院和军事行动司令部的高级与中级军官组成。

在海军和空军的案例中,早期的董事会一般都位于战争学院紧邻处——中级军官尤其通常被分配到两家单位。由于国家安全航天研究所或高等太空军事行动学校、空军航天司令部总部都设在科罗拉多斯普林斯的彼得森空军基地,因此很容易将相同理念的参谋人员用于航天总理事会。以一个航天总理事会的形式界定两者之间的工作关系从组织方面非常容易,且在后勤方面无足轻重。三元体的两个分支设定了,就能够最终完成太空主义者的三元体。

5.10.4 航天学院

太空主义者三元体的第三个分支是与太空战争学院和总理事会充分联系的一个军事行动司令部。那么为何需要讨论一所太空学院呢?答案在于已经具备一个与海军至上主义者的"海军行动部长-海军航天司令部"性质相似的军事行动太空组织。作为一个组织,空军航天司令部不需要真正的调整来满足太空主义者们对一个军事行动司令部的需求。为成为太空主义者三角体的第三个分支,空军航天司令部需要做的是致力于进行类似于两次战争间隙期海军"舰队问题"的大规模实验,以便纳入由战争学院和总理事会提出的路径(5)太空实力发展的创新。阿尔伯特·诺菲解释了海军学院对"舰队问题"取得成功的作用:[37]

> 说到海军在两次战争间隙期的"舰队问题"及其成功的原因,实际上所有海军军官都是海军学院的毕业生,舰队只有一个"群体",由甚至包括飞行员和潜艇员在内共同组成的巨头海军,对军事行动与战术规程、物

资和"文化"有共同的理解。

简而言之,海军学院实际上将整个军官军团引入共同的海军至上主义者文化,使海军创新得以进行。海军学院造就了所有海军至上主义者。以同样方法,太空学院是发展一个清晰太空"群体",即太空主义者群体,必不可少的工具,对规程、一套共同文化和一幅共同宏伟愿景共享共同理解(尽管对于鼓励创新至关重要且在更小层级阻碍集体考虑)。因此,航天学院将是随着时间的推移将空军航天司令部变为一个太空主义者组织的关键节点。特拉维斯·泰勒(Travis Taylor)博士在其著作《一项美国航天新计划》中认识到需要建立一个航天学习中轴枢纽和一套相关文化:[38]

> 我们所需要的是一所完备的学校,一所航天学院……一种集中式的大学环境(我更喜欢在火箭城,但我有偏见),年轻人能够在此取得面向航天的科学、工程甚至管理学位。课程应包括从天体物理学到火箭、试飞培训、飞行任务控制、医学培训等各方面和之间的所有内容。正是在美国太空舰队学院,任何人都能够(通过标准的大学要求和飞行员身体状况)进入该大学并获得航天教育。这些学位都会为毕业生落定航天工作而量身定制。飞行学员可以借由该跳板进入军事、民用或商业航空进行进一步培训并保持精通的飞行状态。其他学员(非飞行员)将在其特定领域取得采办科学学士、理学硕士和哲学博士学位。
>
> 该学院的产出将是一代受过充分训练的年轻人,他们充满热情地推进到太空,开创人类参与太空的一个新时代。我们围绕太空探索和利用的益处教育培养的学生越多,太空探索和利用就越成为我们的文化、社会和商业的主流。
>
> 私企和大学活动确实无法自我产生推动力去创建受到国家乃至全球关注的真正的太空探索计划。美国航天舰队学院可以产生这种推动力。只用少量的国家太空探索预算设立这样一个组织会很容易。相较于"阿波罗时代"的预算,如果跟本应设立的预算相匹配,那就非常容易了。NASA预算的5%可以很容易建立这样一所学院,还可以有所节省。由于其他军种部门和行业将参与,他们也可以成为费用开支的合作伙伴。目前,太空探索预算的5%每年大约在5亿~10亿美元之间。这可以建立飞行训练能力、航天任务模拟器、实验室、教室、世界级教员,甚至像一所学院这样更普通的后勤设施,如购买一所校园、建设建筑、推销校园等。
>
> 我们仅仅是忽略了一些航天计划,比如这样一所学院。如果训练一支太空舰队,该舰队很快就会想要进入太空。如果未能发生,他们会对政治家们感到沮丧。我们还将就人类延伸到天宇的重要性培训一大批人,他们将与家人朋友沟通并扩散信息。太空中的人道概念就像"陆军强

大"概念一样传播,或者帮助纽约巨人赢得超级保龄球。

泰勒本能地抨击航天学院将为太空主义者群体提供的重要心理好处。航天学院不仅将培养年轻的太空主义者军官,还将为一项强大且创新性的美国太空实力计划提供一批健康且不断增多的政治拥护选民。正是由于这种心理和文化上的促进以及对于受过训练以支配太空的高素质青年新成员而言,航天学院是一项必不可少的太空主义者项目。

有趣的是,泰勒得出结论,该航天学院不应专为军种部门培训毕业生。相反地,泰勒会把美国航天产业的毕业生送到军事、民用和商业计划中。人们能够猜到,这种非军事性重点关注是因为泰勒本人不是一名军人,但其观点实际上相当普遍。陆军中将丹尼尔·格雷厄姆("德尔塔"快艇(DC-X)项目的领衔支持者和20世纪90年代初天基导弹防御的倡导者)也提出了相同概念:[39]

> 现在需要的是沿用美国商船队学院方向的一所航天学院,美国年轻人或许还有来自其他土地的年轻人可以在此专精于太空相关学科钻研,可以取得航天科学学士学位,为在空天产业、商业航天实体或政府民用与军事航天计划中就职做好准备。
>
> 近三十年来,航天医学、太空法、太空外交、航天建造、航天文学等诸多面向航天的学科得到了发展。为一所航天学院符合授予学位的所有必要标准的学员制定一套面向航天的课程不会有任何困难。
>
> 此外,进入该所学院的标准可以设定得很高,但仍不能容纳所有提出申请且符合资质的青年。具有计算机素养、技术才能、身体健康且个人标准高的一个学生团体和一支能干、积极进取的教职人员队伍,将容易集合起来。
>
> 如果追求我所建议的总体太空政策,这样一所航天学院的毕业生需求会很大,对从事航天相关活动的一种职业生涯充满兴趣的年轻人志向就能够得到有效引导。

太空主义者需要遍布美国太空界。因此,航天学院的毕业生们将需无处不在。太空实力具有经济、政治和军事规模,健康的发展将拥抱创新,要求对三方面进行有效管理。对于航天学院而言,允许毕业生在他们所选择的任何太空实力领域寻求职业生涯,完全有意义且合情合理。

美国商船队学院(USMMA, U. S. Merchant Marine Academy)模式为航天学院提供了一个可供考虑的独特优势。就像美国军事院校对学生免费一样,美国商船队学院候补军官可获得全额奖学金。通过要求毕业生在他们所选择的一个经审批的航海行业中度过一定年头(委任到一个现役军事部门也是一个选择),美国从美国商船队学院的毕业生培训中获益匪浅。然而,所有未继续现役军人身份的美国商船队学院毕业生,都作为官员委任到美国海军预备役部队。因此,美国商船队学院的所有毕业生都是军官,在国家紧急时期能够加以征召。同样,美国航天学院应当使得毕业生得以去往对美国航天产业最感兴趣的地方,同时确保美国航天学院每名毕业生都拥有一套太空主义者制服,并做好了必要时响应美国征召的准备。

随着太空战争学院、航天总理事会和航天学院携手合作,为路径(5)太空实力发展形成一个有效的航天三元体,针对我们太空实力规划的组织工作线将结束。循着技术性(核航天推进)、军事行动化(和平的战略性太空攻势)和组织化(太空三元体)这三条工作线,美国将走上一条坚实可靠、积极进取且回报丰厚的真正的太空实力发展道路。

5.11 结　　论

通过理解太空实力的逻辑和语义并应用其经验,美国太空实力的一个创新性和全国性珍贵时代将被发起。当今,这种美国太空实力并不存在。正如格雷厄姆将军所叹惋的那样:[40]

1967年5月,著名航天科学家和先驱克拉夫特·埃里克(Krafft A. Ehricke)告诉美国宇航学会:"效用,即满足人类需求的能力,是未来几十年和几百年维持探索性宇航学不断增长的上层建筑唯一足够强大的基础。"

埃里克绝对是正确的。但美国政府的航天计划几乎没有遵从其建议。相反,太空努力越来越成为一项政府垄断,几乎不考虑实用性应用,即"满足人类需要"。

本书所培育和探讨的太空实力模型的最终效用在于确保人类需求必须是所有太空努力的目的。这些目的实质可以是经济、政治或军事性的,但所有活动都必须满足人类需要。

普林斯顿大学太空研究所所长李·瓦伦泰恩(Lee Valentine)博士用一则声明总结了其航天路线图:[41]天空采矿、保卫地球、定居宇宙。无论人们如何看待其优点,它是一个完整太空实力平台的一次简要总结,因为,不论有意或无意,瓦伦泰恩博士设想了用于太空实力的一个经济平台、军事平台、政治平台——触及太空实力逻辑的所有要点。不论美国愿意采纳瓦伦泰恩的太空实力法则与否,通过坚持太空实力的逻辑和语义,美国将确保作为世界支配性太空强国的地位。

章 节 引 注

引言

1. The Space Report 2013. The Space Foundation. Colorado Springs, Colorado. 2013, p. 74.

2. Ibid. , p. 71.

3. Ibid. , p. 69.

4. John J. Tkacik, "China Space Program Shoots for Moon," The Washington Times, 8 January 2010. http://www. washingtontimes. com/news/2010/jan/08/china-eyes-high-ground/? page = 2#ixzz2czkK0BhW (accessed 2 September 2013).

5. Joan Johnson-Freese, "Will China Overtake America in Space?" CNN. com. 20 June 2012. http://www. cnn. com/2012/06/20/opinion/freese-china-space.

6. Robert Bigelow, speech given in Las Cruces, NM, 19 October 2011. http://bigelowaerospace. com/The_New_China_Syndrome. pdf. (accessed 20 February 2014).

7. Erik Seedhouse, The New Space Race: China vs. the United States. Chichester, UK: Praxis, 2010, p. 220.

8. Futron Corporation. Futron's 2012 Space Competitiveness Index. Bethesda, MD: Futron, 2012, p. 2. The 2012 report is used because the 2013 SCI report is proprietary information and distribution is limited by Futron Corporation.

9. Ibid. , p. 10.

10. Ibid. , p. 50.

11. Ibid. , p. 122.

12. Joseph Schumpeter, The Theory of Economic Development. Cambridge, MA: Harvard University Press, 1934. Reprint, New Brunswick, NJ: Transaction Press, 2008, p. 64 (note).

13. J. C. Wylie, Military Strategy: A General Theory of Power Control. Annapolis, MD: Naval Institute Press, 1967, p. 31.

14. Harold Winton, "On the Nature of Military Theory." In Lutes and Hayes, eds. Toward a Theory of Spacepower. Washington, DC: National Defense University Press, 2011, p. 22.

15. Winton, p. 23.

16. Winton, p. 32.

第 1 章

1. Colin S. Gray, "The American Way of War." In McIvor, ed., Rethinking the Principles of War. Annapolis, MD: Naval Institute Press, 2005, p. 21.

2. William Mitchell, "Winged Defense." In Jablonsky, ed. Roots of Strategy, Book Four. Mechanicsburg, PA: Stackpole Books, 1999, p. 425.

3. Frederick Baier, 50 Questions Every Airman Can Answer. Maxwell AFB, AL: Air University Press, 1999, p. 7.

4. Baier, p. 7.

5. Philip S. Meilinger, 10 Propositions Regarding Air Power. Washington, DC: Air Force History and Museums Program, 1995, p. 20.

6. David Lupton, On Space Warfare: A Space Power Doctrine. Maxwell AFB, AL: Air University Press, 1988, p. 7.

7. Mitchell, p. 425.

8. Lupton, p. 7.

9. Carl von Clausewitz, On War. Howards and Paret (editors). New York: Knopf, 1999, p. 731.

10. James Holmes and Toshi Yoshihara, "Mahan's Lingering Ghost." U. S. Naval Institute Proceedings, December 2009. Annapolis, MD: Naval Institute Press, 2009, p. 41.

11. Alfred T. Mahan, The Influence of Sea Power Upon History, 1600-1783. Cambridge, MA: John Wilson and Sons, 1890, p. 28.

12. Influence, p. 44.

13. James E. Oberg, Space Power Theory. Colorado Springs, CO: United States Space Command, 1999, p. 44.

14. Ibid.

15. Influence, pp. 28-29.

16. Holmes and Yoshihara, p. 43.

17. Ibid., p. 41.

18. Alfred T. Mahan, Retrospect and Prospect. Boston, MA: Little, Brown and Co., 1902, p. 246.

19. Holmes and Yoshihara, p. 43.

20. Ibid., 44.

21. Ibid., 43.

22. Ibid.

23. Susan Ward, "Business Plan." http://sbinfocanada.about.com/cs/startup/g/businessplan.htm (accessed 20 February 2014).

24. Joan Johnson-Freese, Spaceas a Strategic Asset. New York: Columbia University Press, 2007, p. vii.

25. Joseph S. Nye, Soft Power. New York: Public Affairs, 2004, p. 5.

26. I. B. Holley, Technology and Military Doctrine. Maxwell AFB, AL: Air University Press, 2004, p. 3.

27. Ibid., p. 2.

28. JosephSchumpeter, The Theory of Economic Development. Cambridge, MA: Harvard University Press, 1934. Reprint, New Brunswick, NJ: Transaction Press, 2008, p. xix. (Introduction by John E. Elliott.)

29. Ibid., p. 66.

30. Ibid.

31. Everett C. Dolman, Pure Strategy. London: Frank Cass, 2005, p. 42.

32. Ibid., p. 42. Emphasis original.

33. John S. Lewis, Mining the Sky. Reading, MA: Addison-Wesley, 1996, p. ix. Emphasis original.

34. Ibid., p. ix-x.

35. Ibid., p. x.

36. Stephan T. Possony and J. E. Pournelle, The Strategy of Technology. Cambridge, MA: Dunellen, 1970, pp. 45-46.

37. William H. Goetzman, Exploration and Empire. New York: History Book Club, 1966, pp. 600-601.

38. Holmes and Yoshihara, p. 43.

第 2 章

1. Schumpeter, p. 74.

2. Ibid., p. 75.

3. Ibid.

4. I. B. Holley, p. 88.

5. Ibid., p. 105.

6. Ibid. Italics original.

7. Richard V. Adkisson, "The Original Institutionalist Perspective on Economy and Its Place in a Pluralistic Paradigm." International Journal of Pluralism and Economics Education. Vol 1, No. 4 (2010), p. 361.

8. Ibid. ,p. 362.

9. Quoted in Holley,p. 94.

10. Quoted in Holley,p. 105-106. Emphasis added.

11. Wernher Von Braun (White,Henry,trans.). The Mars Project. Urbana:University of Illinois Press,1953.

12. W. Patrick McCray, The Visioneers. Princeton: Princeton University Press, 2013,p. 3.

13. Mark Erickson,Into the Unknown Together. Maxwell AFB,AL:Air University Press,2005,p. 61.

14. Ibid.

15. Ibid. ,p. 61.

16. Ibid. ,p. 60.

17. Ibid. ,p. 61.

18. Ibid. ,p. 156.

19. Project Horizon:A U. S. Army Study for the Establishment of a Lunar Military Outpost. Volume I. U. S. Army Ballistics Missile Agency. 8 June 1959, p. 2. http://www. history. army. mil/faq/horizon/Horizon_V1. pdf (accessed 20 February 2014).

20. James R. Ronda,Beyond Lewis & Clark:The Army Explores the West. Tacoma: Washington State Historical Society,2003,p. 1.

21. Ibid. ,p. 28.

22. Ibid. ,p. 94.

23. Nathaniel Philbrick, Sea of Glory: America's Voyage of Discovery, The U. S. Exploring Expedition,1838-1842. New York:Viking,2003,p. xix.

24. Simon P. Worden and John E. Shaw,WhitherSpace Power? Forging a Strategy for the New Century. Maxwell AFB,AL:Air University Press,2002,p. 110.

25. Ibid. ,p. 114.

26. Ibid. ,p. 116.

27. Quoted in Erickson,pp. 77-78.

28. Erickson,p. 105.

29. Quoted in Erickson,p. 107.

30. Quoted in Robert Godwin, editor, Dyna-Soar: Hypersonic Strategic Weapons System. Burlington,ON:Apogee Press,2003,pp. 203-204. Emphasis added.

31. Erickson,p. 108.

32. Ibid. ,p. 109.

33. Quoted in Erickson,p. 110. Emphasis added.

34. To paraphrase physicist and astronomer Dr. Michael Papagiannis somewhat outof context. He originally used this logic to defend study of UFOs.

35. Erickson, p. 110.

36. Ibid.

37. Quoted in Erickson, p. 109.

38. Quoted in Erickson, p. 106.

39. Quoted in Erickson, pp. 106-107.

40. George Dyson, Project Orion: The True Story of the Atomic Spaceship. New York: Owl Books, 2002, p. 191.

41. George Dyson, "Project Orion: Deep Space Force." 4 March 2008. http://makezine.com/magazine/make-13/project-orion-deep-space-force/ (accessed 20 February 2014).

42. "Deep Space Force," p. 182.

43. Quoted in "Deep Space Force," pp. 182-183. Emphasis added.

44. Project Orion, p. 206.

45. "Deep Space Force," p. 183.

46. Ibid.

47. Project Orion, p. 284.

48. Ibid., pp. 285-286.

49. Quoted in Erickson, p. 67.

50. John Tirpak, "The Space Commission Reports." AIR FORCE Magazine. March 2001, p. 34.

51. Ibid.

52. J. C. Wylie, Military Strategy: A General Theory of Power Control. Annapolis, MD: Naval Institute Press, 1967, p. 150.

53. Holley, pp. 115-116.

54. Holley, pp. 113, 116-117.

55. Adkisson, p. 367.

56. Holley, pp. 117-118.

第3章

1. Stephan T. Possony and J. E. Pournelle, The Strategy of Technology. Cambridge, MA: Dunellen, 1970, pp. 45-51.

2. Ibid., p. 48.

3. Ibid., p. 45.

4. Ibid., p. 46.

5. Ibid. , pp. 46-47.

6. Ibid. , p. 46.

7. Schumpeter, p. 223.

8. Ibid. , pp. 13-15.

9. John M. Collins, Military Strategy. Washington, DC: Potomac Books, 2008, p. 224.

10. Possony, Pournelle, and Kane, pp. 4-5.

11. Ibid. , p. 16.

12. Ibid. , p. 10.

13. Stefan Possony, Jerry Pournelle, and Francis Kane. The Strategy of Technology. 1997 Revision (electronic). Chapter 1. http://www.jerrypournelle.com/slowchange/Strat.html (accessed 22 September 2013).

14. Richard N. Foster, Innovation: The Attacker's Advantage. New York: Summit Books, 1986, pp. 31-32.

15. Possony and Pournelle, p. 50.

16. Michael I. Handel, Masters of War. Third Revised Edition. New York: Routledge, 2001, p. 165.

17. Clausewitz, pp. 625-626.

18. Ibid. , p. 528.

19. Handel, p. 187 (minor changes to align with author's Figure 2, emphasis original).

20. Holley, p. 14.

21. Possony and Pournelle, p. 12.

22. Handel, p. 187.

23. Clausewitz, p. 80.

24. Ibid. , p. 570 (emphasis original).

25. Ibid. , pp. 572-573 (emphasis original).

26. This section is adapted from Foster, pp. 265-277.

27. Foster, p. 267.

28. Possony and Pournelle, p. 55.

29. Holley, pp. 5-6.

30. Ibid. , p. 178.

31. James Rickards, Currency Wars: The Making of the Next Global Crisis. New York: Penguin, 2011, p. 151.

32. Ibid. , p. 149.

33. Ian Fletcher, Free Trade Doesn't Work. Sheffield, MA: Coalition for a Prosperous America, 2011. p. 15.

34. Robert W. Shufeldt, The Relation of the Navy to the Commerce of the United States. Washington, DC: John L. Gink, 1878, p. 5.

35. Ibid. Emphasis original.

36. Ibid. , p. 6. Emphasis added.

37. Ibid. , pp. 6-7.

38. Ibid. , p. 7.

39. Ibid. , p. 8.

40. Ibid.

41. Ibid. , pp. 3-4.

42. Ibid. , p. 4.

43. Ralph Gomory and William Baumol, Global Trade and Conflicting National Interests. Cambridge, MA: MIT Press, 2000, p. 16.

44. Ibid. , p. 4.

45. Ibid. , p. 5.

46. Ibid. , p. 69.

47. Ibid. , p. 70.

48. Michael Porter, The Competitive Advantage of Nations. New York: Free Press, 1990, p. 119.

49. Fletcher, p. 241.

50. Ibid. , p. 233. Emphasis original.

51. Wingo Dennis, "Economic Development of the Solar System: The Heart of a 21st-Century Spacepower Theory. " In Lutes, et al. , eds. , Toward a Theory of Spacepower: Selected Essays. Electronic Version. http://www. ndu. edu/press/lib/pdf/spacepower/spacepower. pdf (accessed 22 February 2014) , p. 174.

52. James Dewar, The Nuclear Rocket: Making the Planet Green, Peaceful, and Prosperous. Burlington, ON: Apogee Books, 2009, p. 37.

53. Ibid.

54. Ibid.

55. Ibid.

56. Ibid.

57. Dewar, p. 37.

58. Ibid. , p. 38.

59. Ibid. , p. 39.

60. Ibid. ,p. ,38.

61. Ibid.

62. Ibid. ,p. 37.

63. Michael Okuda and Denise Okuda. The Star Trek Encyclopedia. Revised Edition. New York:Pocket Books,1999,pp. 204-205.

64. K. F. Long,Deep Space Propulsion. New York:Springer,2012,p. 191.

65. Jerry Sellers, Understanding Space: An Introduction to Astronautics. Revised Second Edition. Boston:McGraw-Hill,2004,p. 361.

66. Dewar,p. 53.

67. Ibid.

68. Ibid.

69. Stann Gunn, John Napier, and James Dewar, "Development of First-through-Fourth-Generation Engines," reprinted in Dewar,The Nuclear Rocket,p. 185.

70. Dewar,p. 47.

71. Paraphrased by Dewar, p. 53. Note the deletion of Dewar's original fission fragment (Orion-class) engine, which explodes small nuclear fission bombs behind the ship to provide propulsion.

72. Dewar,p. 53.

73. Ibid.

74. Frank O. Braynard,S. S. Savannah:The Elegant Steamship. Atlanta:University of Georgia Press,1963. Reprint,Garden City,NY:Dover,1988,p. xi.

75. Ibid. ,p. 211.

76. Ibid. ,p. 213.

77. Ibid.

78. Edward Radlauer and Ruth Radlauer. Atoms Afloat! The Nuclear Ship Savannah. London:Abelard-Schuman,1963,p. 17.

79. Radlauer and Radlauer,p. 110.

80. Dewar,p. 39.

81. Schumpeter,p. 65,emphasis added.

82. William J. Holland,Jr. ,"Strategy and Submarine. " United States Naval Institute Proceedings. December 2013,pp. 48-49.

第4章

1. John B. Hattendorf, et al. Sailors and Scholars: A Centennial History of the United States Naval War College. Newport,RI:Naval War College Press,1984,p. 1.

2. Mark R. Shulman,Navalism and the Emergence of American Sea Power,1882-

1893. Annapolis, MD: Naval Institute Press, 1995, p. 151.

3. John T. Kuehn, Agents of Innovation: The General Board and the Design of the Fleet That Defeated the Japanese Navy. Annapolis, MD: Naval Institute Press, 2008, pp. 12–13.

4. J. A. S. Grenville, Diplomacy and War Plans in the United States, 1890 – 1917. Transactions of the Royal Historical Society, Fifth Series, Vol. 11 (1961), pp. 1–21.

5. Kuehn, p. 8.

6. Ibid. , p. 1.

7. John Hayes and John Hattendorf, eds. The Writings of Stephen B. Luce. Newport, RI: Naval War College Press, 1975, pp. 39–40.

8. Kuehn, p. 162.

9. Peter Perla, The Art of Wargaming. Annapolis, MD: Naval Institute Press, 1990, pp. 72–74.

10. Hattendorf, p. 161.

11. Henry Beers, " The Development of the Office of the Chief of Naval Operations, Part II. " Military Affairs. American Military Institute. Washington, DC. Fall 1946. pp. 17–18.

12. Albert A. Nofi, To Train the Fleet for War: The U. S. Navy Fleet Problems, 1923–1940. Newport, RI: Naval War College Press, 2010, p. xxvi.

13. Ibid. , p. 1.

14. Ibid. , p. 4.

15. Ibid. , pp. 20–21.

16. Ibid. , p. 21.

17. Ibid. , p. 275.

18. Ibid. , p. 294.

19. Ibid. , p. 286.

20. Ibid. , p. 288.

21. Ibid. , p. 292.

22. Ibid. , p. 311.

23. Ibid. , pp. 159–60.

24. Ibid. , p. 303.

25. Ibid. , p. 310.

26. Ibid. , p. 40.

27. Ibid. , p. 41.

28. Ibid. ,p. 2.

29. Ibid. ,p. 313.

30. Ibid. ,p. 319.

31. Ibid. ,p. 314.

32. Ibid. ,p. 282.

33. Ibid. ,p. 319.

34. Ibid. ,p. 321.

35. Hayes,et al. ,p. 41.

36. Edward S. Miller,War Plan Orange:The U. S. Strategy to Defeat Japan,1897–1945. Annapolis,MD:Naval Institute Press,1991,pp. 32–33.

37. Miller,pp. 351–352.

38. John A. Butler,Sailing on Friday:The Perilous Voyage of America's Merchant Marine. Washington,DC:Brassey's,1997,pp. 164–165.

39. Andrew Gibson and Arthur Donovan,The Abandoned Ocean:A History of United States Maritime Policy. Columbia,SC:University of South Carolina Press,2000,pp. 144–145.

40. Alex Roland,et al. ,The Way of the Ship:America's Maritime History Reenvisioned,1600–2000. Hoboken,NJ:John Wiley & Sons,2008,p. 299.

41. Gibson and Donovan,pp. 166–167.

42. Roland,p. 372.

43. Ibid. ,pp. 302–303.

44. Ibid. ,pp. 319–320.

45. Ibid. ,pp. 308–309.

46. Miller,p. 145.

47. Ibid. ,p. 25.

48. Ibid.

49. Ibid. ,p. 187,emphasis added.

50. Ibid. ,p. 29.

51. Bradley A. Fiske,The Navy as a Fighting Machine. Annapolis,MD:U. S. Naval Institute Press,1916,pp. 326.

52. Miller,p. 32.

53. John A. Adams,If Mahan Ran the Great Pacific War. Bloomington:University of Indiana Press,2008,p. 28.

54. Ibid. ,p. 26.

55. Ibid. ,p. 32.

56. Ibid.

57. Ibid. ,p. 38,emphasis original.

58. Ibid. ,p. 130.

59. Ibid.

60. Ibid. ,p. 142.

61. Ibid. ,p. 65.

62. Ibid. ,pp. 178-179.

63. United Nations Treaties and Principles on Outer Space. New York：United Nations,2002,p. 4.

64. Ibid. ,p. 4.

65. Ibid. ,p. 31.

66. Ibid.

67. Kuehn,p. 176.

68. Grossnick,pp. 489-506.

69. Dudley W. Knox, The Eclipse of American Sea Power. New York：American Army and Navy Journal,1922,pp. 35-36.

70. Nofi,p. 320.

第5章

1. Peter Schwartz, The Art of the Long View. New York：Currency Doubleday, 1991,pp. 3-4.

2. Kees Van Der Heijden, Scenarios：The Art of Strategic Conversation. 2nd ed. Hoboken,NJ：John Wiley & Sons,2005,p. 4.

3. Van Der Heijden,pp. 26-27.

4. Schwartz,p. 19.

5. Ibid. ,p. 247-8.

6. Report of the Commission to Assess United States National Security Space Management and Organization. Washington, DC：Government Printing Office, 11 January 2001,p. 22.

7. Everett C. Dolman,Astropolitik：Classical Geopolitics in the Space Age. London：Frank Cass,2002,pp. 156-158.

8. Peter Garretson and Douglas Kaupa, "Planetary Defense：Potentail Mitigation Roles of the Department of Defense. " Air & Space Power Journal. Maxwell AFB,AL：Air University, Fall 2008. http：//www. airpower. au. af. mil/airchronicles/apj/apj08/fal08/garretson. html (accessed 20 February 2014).

9. Duncan Steel, Target Earth：The Search for Rogue Asteroids and Doomsday

Comets That Threaten Our Planet. Pleasantville, NY: Reader's Digest, 2000, pp. 110-111.

10. "LINEAR." http://www.ll.mit.edu/mission/space/linear (accessed 20 February 2014).

11. Garretson and Kaupa.

12. Steel, p. 131.

13. Garretson and Kaupa.

14. Travis S. Taylor, A New American Space Plan. Riverdale, NY: Baen, 2012, p. 177.

15. William E. Burrows, The Survival Imperative. New York: Forge, 2006, pp. 247-248.

16. Colin Gray and John Shelton, "Space Power and the Revolution in Military Affairs: A Glass Half Full?" Airpower Journal. Fall 1999. http://www.airpower.maxwell.af.mil/airchronicles/apj/apj99/fal99/gray.html (accessed 20 February 2014).

17. Michael A. G. Michaud, Contact with Alien Civilizations. New York: Copernicus Books, 2007, pp. 312-313.

18. Michaud, pp. 375-376.

19. Michael D. Papagiannis, "The Importance of Exploring the Asteroid Belt." Acta Astronautica. Vol. 10, No. 10 (1983), p. 711.

20. Travis Taylor and Bob Boan, Alien Invasion. Riverdale, NY: Baen, 2011, pp. 180-181.

21. Taylor and Boan, p. 181.

22. Schwartz, p. 9.

23. Van Der Heijden, pp. 36-37.

24. James Dewar, The Nuclear Rocket: Making the Planet Green, Peaceful, and Prosperous. Burlington, ON: Apogee Books, 2009, p. 37.

25. Alfred T. Mahan, The Influence of Sea Power upon History, 1600-1783. Cambridge, MA: John Wilson and Sons, 1890. p. 23.

26. James Holmes, and Toshi Yoshihara, "Mahan's Lingering Ghost." U. S. Naval Institute Proceedings, December 2009. Annapolis, MD: Naval Institute Press, 2009, p. 43.

27. Holmes and Yoshihara, p. 43.

28. Toshi Yoshihara and James Holmes, Red Star over the Pacific: China's Rise and the Challenges to U. S. Maritime Strategy. Annapolis, MD: Naval Institute Press, 2010, p. 9.

29. Stefan Possony, Jerry Pournelle, and Francis Kane, The Strategy of Technology. 1997 Revision (electronic). Chapter 1. http://www.jerrypournelle.com/slowchange/Strat.html (accessed 22 September 2013), p. 13.

30. Ibid., p. 10.

31. Ibid., pp. 12–13.

32. Ibid., p. 12.

33. Ibid., pp. 17–18.

34. Ibid., pp. 79–82.

35. John J. Klein, Space Warfare: Strategy, Principles, and Policy. New York: Routledge, 2006, pp. 162–163.

36. Ibid., p. 52.

37. Albert A. Nofi, To Train the Fleet for War: The U.S. Navy Fleet Problems, 1923–1940. Newport, RI: Naval War College Press, 2010, p. 319.

38. Taylor, pp. 188–189.

39. Daniel O. Graham, Confessions of a Cold Warrior. Fairfax, VA: Preview Press, 1995, pp. 226–227.

40. Graham, p. 216.

41. Lee Valentine, "A Space Roadmap." http://ssi.org/reading/papers/space-studies-institute-roadmap/ (accessed 20 February 2014).

参 考 文 献

[1] Adams, John A. If Mahan Ran the Great Pacific War. Bloomington: University of Indiana Press,2008.
[2] Adkisson, Richard V. "The Original Institutionalist Perspective on Economy and Its Place in a Pluralistic Paradigm." International Journal of Pluralism and Economics Education. Vol. 1, No. 4 (2010).
[3] Baier, Frederick. 50 Questions Every Airman Can Answer. Maxwell AFB, AL: Air University Press,1999.
[4] Beers, Henry. "The Development of the Office of the Chief of Naval Operations, Part II." Military Affairs. American Military Institute. Washington, DC. Fall 1946.
[5] Bigelow, Robert. Speech given in Las Cruces, NM, 19 October 2011. http://bigelowaerospace.com/The_New_China_Syndrome.pdf (accessed 20 February 2014).
[6] Braynard, Frank O. S. S. Savannah: The Elegant Steamship. Atlanta: University of Georgia Press, 1963. Reprint, Garden City, NY: Dover, 1988.
[7] Burrows, William E. The Survival Imperative. New York: Forge, 2006.
[8] Butler, John A. Sailing on Friday: The Perilous Voyage of America's Merchant Marine. Washington, DC: Brassey's, 1997.
[9] Clausewitz, Carl von. On War. Howards and Paret, eds. New York: Knopf, 1999.
[10] Collins, John M. Military Strategy. Washington, DC: Potomac Books, 2008.
[11] Dewar, James. The Nuclear Rocket: Making the Planet Green, Peaceful, and Prosperous. Ontario: Apogee Books, 2009.
[12] Dolman, Everett C. Astropolitik: Classical Geopolitics in the Space Age. London: Frank Cass, 2002.
[13] _____. Pure Strategy. London: Frank Cass, 2005.
[14] Dyson, George. "Project Orion: Deep Space Force." 4 March 2008. http://makezine.com/magazine/make-13/project-orion-deep-space-force/ (accessed 20 February 2014).
[15] _____. Project Orion: The True Story of the Atomic Spaceship. New York: Owl Books, 2002.
[16] Erickson, Mark. Into the Unknown Together. Maxwell AFB, AL: Air University Press, 2005.
[17] Fiske, Bradley A. The Navy as a Fighting Machine. Annapolis, MD: U. S. Naval Institute Press, 1916.
[18] Fletcher, Ian. Free Trade Doesn't Work. Sheffield, MA: Coalition for a Prosperous America, 2011.

[19] Foster, Richard N. Innovation: The Attacker's Advantage. New York: Summit Books, 1986.

[20] Futron Corporation. Futron's 2012 Space Competitiveness Index. Bethesda, MD: Futron, 2012.

[21] Garretson, Peter, and Douglas Kaupa. "Planetary Defense: Potential Mitigation Roles of the Department of Defense." Air & Space Power Journal. Maxwell AFB, AL: Air University, Fall 2008. http://www.airpower.au.af.mil/airchronicles/apj/apj08/fal08/garretson.html (accessed 20 February 2014).

[22] Gibson, Andrew, and Arthur Donovan. The Abandoned Ocean: A History of United States Maritime Policy. Columbia: University of South Carolina Press, 2000.

[23] Godwin, Robert, ed. Dyna-Soar: Hypersonic Strategic Weapons System. Burlington, ON: Apogee Press, 2003.

[24] Goetzman, William H. Exploration and Empire. New York: History Book Club, 1966.

[25] Gomory, Ralph, and William Baumol. Global Trade and Conflicting National Interests. Cambridge, MA: MIT Press, 2000.

[26] Graham, Daniel O. Confessions of a Cold Warrior. Fairfax, VA: Preview Press, 1995.

[27] Gray, Colin, and John Shelton. "Space Power and the Revolution in Military Affairs: A Glass Half Full?" Airpower Journal. Fall 1999. http://www.airpower.maxwell.af.mil/airchronicles/apj/apj99/fal99/gray.html (accessed 20 February 2014).

[28] Gray, Colin S. "The American Way of War." In McIvor, ed., Rethinking the Principles of War. Annapolis, MD: Naval Institute Press, 2005.

[29] Grenville, J. A. S. Diplomacy and War Plans in the United States, 1890–1917. Transactions of the Royal Historical Society, Fifth Series, Vol. 11. 1961.

[30] Grossnick, Roy A. United States Naval Aviation, 1910–1995. 4th ed. Washington, DC: Naval Historical Center, 1997.

[31] Handel, Michael I. Masters of War. Third Revised Edition. New York: Routledge, 2001.

[32] Hattendorf, John B., et al. Sailors and Scholars: A Centennial History of the United States Naval War College. Newport, RI: Naval War College Press, 1984.

[33] Hayes, John, and John Hattendorf, eds. The Writings of Stephen B. Luce. Newport, RI: Naval War College Press, 1975.

[34] Holland, William J., Jr. "Strategy and Submarine." United States Naval Institute Proceedings. December 2013.

[35] Holley, I. B. Ideas and Weapons. New Haven, CT: Yale University Press, 1953. Reprint, Washington, DC: Air Force History and Museums Program, 1997.

[36] _____. Technology and Military Doctrine. Maxwell AFB, AL: Air University Press, 2004.

[37] Holmes, James, and Yoshihara, Toshi. "Mahan's Lingering Ghost." U.S. Naval Institute Proceedings, December 2009. Annapolis, MD: Naval Institute Press, 2009.

[38] Johnson-Freese, Joan. Spaceas a Strategic Asset. New York: Columbia University Press, 2007.

[39] _____. "Will China Overtake America in Space?" 20 June 2012. http://www.cnn.com/2012/06/20/opinion/freese-china-space/ (accessed 20 February 2014).

[40] Knox, Dudley W. The Eclipse of American Sea Power. New York: American Army and Navy Journal, 1922.

[41] Kuehn, John T. Agents of Innovation: The General Board and the Design of the Fleet That Defeated the Japanese Navy. Annapolis, MD: Naval Institute Press, 2008.

[42] Lewis, John S. Mining the Sky. Reading, MA: Addison-Wesley, 1996.

[43] "LINEAR." http://www.ll.mit.edu/mission/space/linear (accessed 20 February 2014).

[44] Long, K. F. Deep Space Propulsion. New York: Springer, 2012.

[45] Lupton, David. On Space Warfare: A Space Power Doctrine. Maxwell AFB, AL: Air University Press, 1988.

[46] Mahan, Alfred T. The Influence of Sea Power Upon History, 1600–1783. Cambridge, MA: John Wilson and Sons, 1890.

[47] _____. Retrospect and Prospect. Boston, MA: Little, Brown, 1902.

[48] McCray, W. Patrick. The Visioneers. Princeton: Princeton University Press. 2013.

[49] Meilinger, Philip S. 10 Propositions Regarding Air Power. Washington, DC: Air Force History and Museums Program, 1995.

[50] Michaud, Michael A. G. Contact with Alien Civilizations. New York: Copernicus Books, 2007.

[51] Miller, Edward S. War Plan Orange: The U.S. Strategy to Defeat Japan, 1897–1945. Annapolis, MD: Naval Institute Press, 1991.

[52] Mitchell, William. Winged Defense. In Jablonsky, ed., Roots of Strategy, Book Four. Mechanicsburg, PA: Stackpole Books, 1999.

[53] Nofi, Albert A. To Train the Fleet for War: The U.S. Navy Fleet Problems, 1923–1940. Newport, RI: Naval War College Press, 2010.

[54] Nye, Joseph S. Soft Power. New York: Public Affairs, 2004

[55] Oberg, James E. Space Power Theory. Colorado Springs, CO: United States Space Command, 1999.

[56] Okuda, Michael, and Denise Okuda. The Star Trek Encyclopedia. Revised Edition. New York: Pocket Books, 1999.

[57] Papagiannis, Michael D. "The Importance of Exploring the Asteroid Belt." Acta Astronautica. Vol. 10, No. 10, 1983.

[58] Perla, Peter. The Art of Wargaming. Annapolis, MD: Naval Institute Press, 1990.

[59] Philbrick, Nathaniel. Sea of Glory: America's Voyage of Discovery, The U.S. Exploring Expedition, 1838–1842. New York: Viking Press, 2003.

[60] Porter, Michael. The Competitive Advantage of Nations. New York: Free Press, 1990.

[61] Possony, Stefan T., and Jerry Pournelle. The Strategy of Technology. Cambridge, MA: Dunellen, 1970.

[62] _____, and Francis Kane. The Strategy of Technology. 1997 Revision (electronic). Chapter 1. http://www.jerrypournelle.com/slowchange/Strat.html (accessed 22 September 2013).

[63] Project Horizon: A U.S. Army Study for the Establishment of a Lunar Military Outpost. Volume I. U.S. Army Ballistics Missile Agency. 8 June 1959. http://www.history.army.mil/faq/horizon/

Horizon_V1. pdf(accessed 20 February 2014).

[64] Radlauer, Edward, and Ruth Radlauer. Atoms Afloat! The Nuclear Ship Savannah. London: Abelard-Schuman, 1963.

[65] Report of the Commission to Assess United States National Security Space Management and Organization. Washington, DC: Government Printing Office, 11 January 2001.

[66] Rickards, James. Currency Wars: The Making of the Next Global Crisis. New York: Penguin, 2011.

[67] Roland, Alex, et al. The Way of the Ship: America's Maritime History Reenvisioned, 1600–2000. Hoboken, NJ: John Wiley & Sons, 2008.

[68] Ronda, James R. Beyond Lewis & Clark: The Army Explores the West. Tacoma: Washington State Historical Society, 2003.

[69] Schumpeter, Joseph. The Theory of Economic Development. Cambridge, MA: Harvard University Press, 1934. Reprint, New Brunswick, NJ: Transaction Press, 2008.

[70] Schwartz, Peter. The Art of the Long View. New York: Currency Doubleday, 1991.

[71] Seedhouse, Erik. The New Space Race: China vs. the United States. Chichester, UK: Praxis, 2010.

[72] Sellers, Jerry. Understanding Space: An Introduction to Astronautics. Revised Second Edition. Boston: McGraw-Hill, 2004.

[73] Shufeldt, Robert W. The Relation of the Navy to the Commerce of the United States. Washington, DC: John L. Gink, 1878.

[74] Shulman, Mark R. Navalism and the Emergence of American Sea Power, 1882–1893. Annapolis, MD: Naval Institute Press, 1995.

[75] Space Foundation. The Space Report 2013. Colorado Springs, CO: Space Foundation, 2013.

[76] Steel, Duncan. Target Earth: The Searchfor Rogue Asteroids and Doomsday Comets That Threaten Our Planet. Pleasantville, NY: Reader's Digest, 2000.

[77] Taylor, Travis S. A New American Space Plan. Riverdale, NY: Baen, 2012.

[78] _____, and Bob Boan. Alien Invasion. Riverdale, NY: Baen, 2011.

[79] Tirpak, John. "The Space Commission Reports." AIR FORCE Magazine. March 2001.

[80] Tkacik, John J. "China Space Program Shoots for Moon." The Washington Times, 8 January 2010. http://www.washingtontimes.com/news/2010/jan/08/china-eyes-high-ground/?page=2#ixzz2czkK0BhW (accessed 20 February 2014).

[81] United Nations Treaties and Principles on Outer Space. New York: United Nations, 2002.

[82] Valentine, Lee. "A Space Roadmap." http://ssi.org/reading/papers/space-studies-institute-roadmap/ (accessed 20 February 2014).

[83] Van Der Heijden, Kees. Scenarios: The Art of Strategic Conversation 2nd ed. Hoboken, NJ: John Wiley & Sons, 2005.

[84] Von Braun, Wernher. The Mars Project. Trans. Henry White. Urbana: University of Illinois Press, 1953.

[85] "Ward, Susan. "Business Plan." http://sbinfocanada.about.com/cs/startup/g/businessp-

lan. htm. (accessed 20 February 2014).

[86] Wingo, Dennis. "Economic Development of the Solar System: The Heart of a 21st-Century Spacepower Theory." In Lutes, et al., eds. Toward a Theory of Spacepower: Selected Essays. http://www.ndu.edu/press/lib/pdf/spacepower/spacepower.pdf (accessed 22 February 2014).

[87] Winton, Harold. "On the Nature of Military Theory." In Lutes, et al., eds. Toward a Theory of Spacepower 2. Washington, DC: National Defense University Press, 2011.

[88] Worden, Simon P., and John E. Shaw. Whither Space Power? Forging a Strategy for the New Century. Maxwell AFB, AL: Air University Press, 2002.

[89] Wylie, J. C. Military Strategy: A General Theory of Power Control. Annapolis, MD: Naval Institute Press, 1967.

[90] Yoshihara, Toshi, and James Holmes. Red Star Over the Pacific: China's Rise and the Challenges to U. S. Maritime Strategy. Annapolis, MD: Naval Institute Press, 2010.